高等学校计算机教育信息素养系列教材

大学计算机基础

（第2版）

包勇 曾康铭 ◎ 主编

罗维长 邓建青 陆涛 梁颖琳 ◎ 副主编

人民邮电出版社

北京

图书在版编目（CIP）数据

大学计算机基础 / 包勇，曾康铭主编. -- 2版. --
北京 : 人民邮电出版社，2022.10
高等学校计算机教育信息素养系列教材
ISBN 978-7-115-59939-1

Ⅰ. ①大… Ⅱ. ①包… ②曾… Ⅲ. ①电子计算机－高等学校－教材 Ⅳ. ①TP3

中国版本图书馆CIP数据核字(2022)第156464号

内容提要

本书是根据教育部高等学校大学计算机课程教学指导委员会提出的“大学计算机基础课程教学基本要求”，并结合全国计算机等级考试一级计算机基础及 MS Office 应用考试大纲要求编写而成的。全书共 8 章，主要内容包括计算机基础知识、操作系统基础、文字处理软件 Word 2016、电子表格软件 Excel 2016、演示文稿软件 PowerPoint 2016、计算机网络基础、多媒体技术基础和计算机新技术。本书理论完整，实验案例生动，既注重基础知识、基本原理，又兼顾实践操作，是一本应用性很强的实用型教材。本书配套有实践指导书《大学计算机基础实践（第 2 版）》，可有效促进教学中理论和实践紧密结合。

本书可作为高等学校非计算机专业“大学计算机基础”课程的教材，也可作为职场新人提升计算机能力的指导书或作为计算机初学者的自学参考书。

◆ 主　　编　包　勇　曾康铭
副 主 编　罗维长　邓建青　陆　涛　梁颖琳
责任编辑　刘　定
责任印制　王　郁　陈　犇
◆ 人民邮电出版社出版发行　　北京市丰台区成寿寺路 11 号
邮编　100164　　电子邮件　315@ptpress.com.cn
网址　https://www.ptpress.com.cn
北京七彩京通数码快印有限公司印刷
◆ 开本：787×1092　1/16
印张：12.75　　2022 年 10 月第 2 版
字数：207 千字　　2025 年 1 月北京第 8 次印刷

定价：49.80 元

读者服务热线：(010)81055256　印装质量热线：(010)81055316
反盗版热线：(010)81055315
广告经营许可证：京东市监广登字 20170147 号

前言

PREFACE

“大学计算机基础”是高等学校非计算机专业的一门基础课程，是后续计算机相关课程的导引。这门课程应用性很强，对培养学生的实践能力、创新能力和就业能力不可或缺，并且它涉及的学生面非常广，因而在培养学生方面有着非常重要的地位。

从 2011 年开始，连续两届的教育部高等学校大学计算机课程教学指导委员会致力于推进以“计算思维”为导向的计算机通识课程改革。计算思维是运用计算机科学的基本概念去求解问题、设计系统，甚至理解人类行为的一系列思维，学生掌握了计算机应用的基础知识并具备了计算思维，就完全有能力通过自学或者深造，解决在专业学习和工作中遇到的问题。因而本书在编写过程中，既结合了高等学校“大学计算机基础”课程的实际教学需要，又融合了“培养学生计算思维”的改革思想。

本书以学生为中心，以学生认知规律为准则，注重学生的能力培养，除了传授计算机知识，还兼顾计算机应用能力、工程思维等计算思维和能力的持续培养，提高学生的信息素养，让学生具备良好的信息获取、信息储存、信息处理、信息共享能力。为了培养学生的计算思维，本书不拘泥于技术细节，而是着眼于从整体上把握计算机科学中各分支的特点和各分支之间的联系，提升学生综合应用这些知识解决问题的能力。

大学计算机基础的理论知识面广，非计算机专业学生普遍觉得枯燥。本书综合考虑了目前大学计算机基础课程的实际情况和计算机技术的发展现状，以案例讲解的形式兼顾理论知识的传授和实践能力的培养。本书既能满足高校对计算机相关课程教学改革的要求，也能在强调增强学生动手能力的同时，加强学生对理论知识的掌握，使学生对计算机有全面、系统的认识。结合本书配套的实践指导书《大学计算机基础实践（第 2 版）》开展教学，可更好地培养学生的计算机应用能力。

另外，本书还增加了介绍我国计算机领域的科学家及其成就，以及介绍我国在计算机方面取得的成就等内容。

本书由包勇、曾康铭担任主编，由罗维长、邓建青、陆涛、梁颖琳担任副主编，参加编写的人员还有唐诗、张保庆、刘昊、吴杏、汪小威、王海等。

由于本书涉及的知识面较广，知识细节较多，且需要大量的实验作为支撑，加上计算机技术飞速发展，所以编写难度较大，书中不足和疏漏之处在所难免，敬请广大读者提出宝贵的意见和建议。

编者

2022 年 4 月

目录

CONTENTS

第 7 章 多媒体技术基础 171

第 8 章 计算机新技术 185

Chapter 1

第 1 章

计算机基础知识

计算机（Computer）是 20 世纪人类最伟大的发明之一，它的出现使人类迅速进入了信息社会。计算机是一种信息处理的工具，是能够按照指令对各种数据和信息进行自动加工和处理的电子设备。计算机的广泛应用，推动了社会的进步和发展，改变了社会的生产和生活方式。可以说，计算机已经渗透到社会的各个领域，成为信息社会中必不可少的工具。在今天这个信息时代，学习计算机知识，掌握计算机应用已成为人们的迫切需求。

本章主要介绍计算机基础知识，包括计算机的诞生与发展、计算机的基本类型、计算机的基本工作原理及结构等内容，为后面章节的学习打下基础。

1.1 计算机的诞生与发展

计算机是现代人类社会中不可缺少的基本工具。计算工具的演化经历了由简单到复杂、从低级到高级的不同阶段，计算技术发展的历史是人类文明史的一个缩影。从“结绳记事”中的绳结到算筹、算盘、计算尺、机械计算机等，这些计算工具在不同的历史时期发挥了各自的历史作用，同时也启发了现代电子计算机的研制。现代计算机是一种按程序自动进行信息处理的通用工具，它的处理对象是信息，处理结果也是信息。

1.1.1 早期的计算工具

1. 人类早期的记数方式

人类最早的计算工具也许是手指和脚趾，因为这些计算工具与生俱来，无须任何辅助设施。人有 10 个手指和 10 个脚趾，所以很多古老的民族使用二十进制记数法。例如，在藏文中人字就有 20 的意思，法语中也是用 4 个 20 来表示 80。但是手指和脚趾只能实现计算，不能存储，而且局限于 0～20 以内的计算。当然还有用手肘、耳朵和眼睛计算的，总之约定俗成，互相遵守。

人类最早保存数字的方法有结绳和刻痕。在一根绳子上打结来表示事物的多少，比如猎到 5 头羊，就在绳子上打 5 个结来表示。约定 3 天后再见面，就在绳子上打 3 个结，过一天解一个结。中国古代文献《周易·系辞下》有“上古结绳而治”之说，“结绳而治”即结绳记数或结绳记事。结绳记数这种方法，不仅在远古时候被使用，后来也一直被某些民族沿用。宋朝有文献记载：“鞑靼无文字，每调发军马，即结草为约，使人传达，急于星火。”这就是用结草来调发军马，传达要调发的数量。

2. 十进制记数法

人类普遍用十进制记数法，可能跟人类有十根手指有关。亚里士多德称人类普遍使用十进制，只不过是绝大多数人生来就有 10 根手指这样一个解剖学事实的结果。实际上，在古代世界独立开发的有文字的记数体系中，除了巴比伦文明的楔形数字为六十进制，玛雅数字为二十进制外，其余几乎全部为十进制。只不过，这些十进制记数体系并不是按位的。公元前 3400 年左右，古埃及已有十进制记数法，不过这些十进制记数体系还没有位值的概念。

西周早期青铜器大盂鼎，其上铭文记载：“自驭至于庶人，六百又五十又九夫，易夷司王臣十又三白人鬲，千又五十夫。”这里的三、五等数都具有位值记数功能。也就是说，我国周朝的十进制已经有了明显的位值概念。

3. 算筹

算筹的出现年代已经不可考，但据史料推测，算筹最晚出现在春秋晚期战国初年（公元前 722 年～公元前 221 年）。根据史书和考古材料，古代的算筹实际上是一根根同样长短和粗细的小棍子，一般长为 13～14 厘米，径粗 0.2～0.3 厘米，多用竹子制成，也有用木头、兽骨、象牙、金属等材料制成的，大约二百七十几枚为一束，放在一个布袋里系在腰部随身携带。需要记数和计算的时候，就把它们取出来，放在桌上、炕上或地上都能摆弄，如图 1-1 所示。

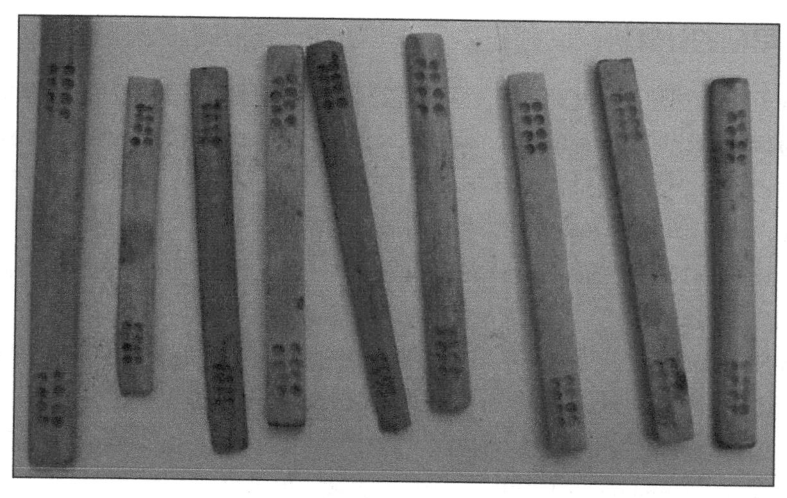

图 1-1　两端刻有记号的古代算筹

4. 算盘

中国算盘如图 1-2 所示，它起源于何时？珠算专家华印椿认为算盘是由算筹演变而来的，但此观点至今没有定论。“珠算”一词最早见于东汉时期徐岳（？—220 年）《数术记遗》一书，书中有述：“刘会稽（注：刘洪）博学多闻，偏于数学……隶首注术，乃有多种……其一珠算”“珠算控带四时，经纬三才”。

图 1-2　中国算盘

值得注意的是，算盘一词并不专指中国算盘。从现有文献资料来看，许多文明古国都各自有与算盘类似的计算工具。古今中外的各式算盘大致可以分为三类：沙盘类，算板类，穿珠算盘类。其中，影响最大、使用范围最广的是中国发明的穿珠算盘。2013 年，我国的穿珠算盘被联合国教科文组织列入人类非物质文化遗产代表作名录。从计算技术角度看，算盘主要有以下进步：一是出现了五进制，如“上档一珠当五”；二是具有临时存储功能（类似于内存），能连续运算；三是建立了一套完整的算法规则，如“三下五去二”；四是制作简单，携带方便。

1.1.2 早期的计算机

公元前5世纪，中国人发明了算盘，算盘相当于最早的计算机，算盘在某些方面的运算能力甚至可能超过现在的计算机。后来直到1642年，法国人布莱士·帕斯卡（Blaise Pascal）发明了自动进位加法器，称为Pascalene。1694年，德国数学家戈特弗里德·威廉·莱布尼茨（Gottfried Wilhemvon Leibniz）改进了Pascaline，使之可以计算乘法。后来，法国人查尔斯·泽维尔托马斯·科尔马（Charles Xavier Thomas de Colmar）发明了可以进行四则运算的计算器。

在计算机的发展史中，“计算机之父”的称号一直在阿兰·图灵（Alan Turing）和冯·诺依曼（John von Neumann）之间徘徊。但是有一点是毋庸置疑的，所有讲述计算机发端的故事，一定是从19世纪的一位英国发明家查尔斯·巴贝奇（Charles Babbage）讲起的。

查尔斯·巴贝奇最早提出建造强大计算机器的想法。1823年，他在政府的支持下，启动了制造差分机（Difference Engine）的项目。尽管最终失败，但是这是人类尝试制造大型计算机的开始。阿兰·图灵曾经在1953年设计了自动计算机（Automatic Computing Engine），选用“Engine”这个词就是为了向查尔斯·巴贝奇致敬。

1906年，美国人德·福雷斯特（Lee De Forest）发明了电子管，为电子计算机的发展奠定了基础。没有电子管，制造数字电子计算机是不可能的。

1937年，阿兰·图灵提出了被后人称为“图灵机”的数学模型。同年，贝尔（BELL）试验室的乔治·斯蒂比兹（George Stibitz）展示了用继电器表示二进制的装置，这是第1台二进制电子计算机。

1939年11月，美国人约翰·阿塔纳索夫（John V. Atanasoff）和他的学生克里夫·贝瑞（Clifford Berry）完成了一台16位的加法器，这是第1台真空管计算机。

在二次世界大战中，军事需要大大促进了计算机技术的发展。

1940年1月，贝尔实验室的萨缪尔·威廉姆斯（Samuel Williams）和斯蒂比兹制造了一个能进行复杂运算的计算机。它大量使用了继电器，并借鉴了一些电话技术，使用了先进的编码技术。

1941年夏，阿塔纳索夫和学生贝瑞完成了能解线性代数方程的计算机，取名叫ABC（Atanasoff-Berry Computer，阿塔纳索夫-贝瑞计算机），它完成一次加法运算用时一秒。

1941年12月，德国康拉德·楚泽（Konrad Zuse）完成了Z3计算机的研制，这是第1台可编程的电子计算机。

1943年到1959年时期的计算机通常被称作第1代计算机。

1943年1月，Mark I自动顺序控制计算机在美国研制成功，它被用来为美国海军计算弹道火力表。

1943年4月，麦克斯·纽曼（Max Newman）、永利-威廉姆斯（Wynn-Williams）和他们的研究小组研制成功希斯·罗宾逊（Heath Robinson），这是一台密码破译机。

同年9月，威廉姆斯和斯蒂比兹完成了继电器插值器（Relay Interpolator），后来命名为Model II Relay Calculator，这是一台可编程计算机。

1946 年，冯 • 诺依曼提出计算机的基本原理：存储程序和程序控制。计算机由二进制代替十进制，采用存储程序思想，从逻辑上分为 CPU（运算器、控制器）、存储器、输入设备、输出设备。

同年，第 1 台计算机 ENIAC（Electronic Numerical Integrator And Calculator，埃尼阿克），在美国宾夕法尼亚大学问世并正式投入运行，参与研制工作的是宾夕法尼亚大学莫尔电机工程学院的以莫奇利（Mauchly）和埃克特（Eckert）为首的研制小组，如图 1-3 所示。冯 • 诺依曼并没有参加 ENIAC 的研制，而是在了解到 ENIAC 项目后，在其基础上带领 ENIAC 的原班人马研制了 EDVAC（Electronic Discrete Variable Automatic Computer，离散变量自动电子计算机），他重新设计了整个架构，从而奠定了当今所有计算机的结构，从此计算机开始采用二进制进行运算。

ENIAC 重 30 吨，使用了约 18800 个真空电子管，功率达 174 千瓦，占地约 140 平方米，使用十进制运算，每秒能运算 5000 次加法。但是它不像现在的计算机有输入控制设备，它只能通过人工扳动庞大面板上的各种开关来进行数据和信息的输入。虽然现在看来它很落后，但在当时它代表着人类计算技术的最高成就，奠定了电子计算机的发展基础，开辟了信息时代。

图 1-3　世界上第 1 台通用意义上的计算机 ENIAC

1.1.3　现代计算机

现代计算机所采用的基本电子元件经历了电子管、晶体管、中小规模集成电路、大规模和超大规模集成电路 4 个发展阶段，如表 1-1 所示。

表 1-1　现代计算机发展的 4 个阶段

阶段	时间	基本电子元件	技术特点
1	1946—1953 年	电子管	穿孔卡片和磁鼓，使用机器语言和汇编语言
2	1954—1963 年	晶体管	主存储器采用磁芯存储器，磁鼓和磁盘开始用于辅助存储器。使用高级语言，主要用于科学计算，中、小型计算机开始大量生产
3	1964—1970 年	中小规模集成电路	大型化，集中式计算，远程终端
4	1971 年至今	大规模和超大规模集成电路	超大型化，计算机化，嵌入式，图形用户界面，多媒体，网络通信，网格计算

1. 第 1 代电子管计算机（1946—1953 年）

第 1 代计算机采用电子管作为基本电子元件，其特点是操作指令是为特定任务而编制的，每种机器有各自不同的机器语言，功能受到限制，速度也慢。另一个明显特点是使用真空电子管和磁鼓储存数据。在这一代计算机中，几乎没有什么软件配置，编制程序使用机器语言或汇编语言。

第 1 代计算机主要用于科学计算和军事应用，代表机型为 1952 年由冯·诺依曼设计的 EDVAC。冯·诺依曼“存储程序”的设想首次在这台计算机上得到了体现。EDVAC 采用 2300 个电子管，运算速度比 ENIAC 提高了 10 倍。

2. 第 2 代晶体管计算机（1954—1963 年）

第 2 代计算机采用晶体管作为基本电子元件，其特点是晶体管代替了体积庞大的电子管，使用磁芯存储器，计算机体积小、速度快、功耗低、性能更稳定。第 2 代计算机已有现代计算机的一些部件：打印机、磁带、磁盘、内存、操作系统等。在这一时期出现了更高级的 COBOL 和 FORTRAN 等编程语言，使计算机编程更容易。新的职业（程序员、分析员和计算机系统专家）和整个软件产业由此诞生。

第 2 代计算机另一个很重要的特点是存储器的革命。1951 年，哈佛大学计算机实验室的华人留学生王安发明了磁芯存储器，这项技术彻底改变了继电器存储器的工作方式和其与处理器的连接方法，也大大缩小了存储器的体积，为第 2 代计算机的发展奠定了基础。

3. 第 3 代集成电路计算机（1964—1970 年）

第 3 代计算机采用中小规模集成电路来构成计算机的主要功能部件，主存储器采用半导体存储器。这一时期，半导体存储器逐步取代了磁芯存储器的主存储器地位，磁盘成了不可缺少的辅助存储器，并且开始普遍采用虚拟存储技术。运算速度可达每秒几十万次至几百万次基本运算。同时，计算机的软件技术也有了较大的发展，操作系统日趋完善。出现了编译系统，出现了更多的高级程序设计语言，计算机的应用开始进入更多领域。计算机的体积和耗电量有了显著减小，计算速度也显著提高，存储容量大幅度增加。第 3 代计算机的代表产品为 IBM 公司 1964 年推出的 IBM 360 计算机。

4. 第 4 代大规模和超大规模集成电路计算机（1971 年至今）

第 4 代计算机是采用大规模集成电路（Large Scale Integrated circuit，LSI）和超大规模集成电路（Very Large Scale Integrated circuit，VLSI）为主要电子器件制成的计算机，其重要分支是以大规模、超大规模集成电路为基础发展起来的微处理器和微型计算机。在这个时期，计算机体系结构有了较大发展，并行处理、多机系统、计算机网络等都已进入实用阶段。主存储器使用了集成度更高的半导体存储器，计算机运算速度高达数亿次每秒甚至数百万亿次每秒。计算机软件更加丰富，出现了网络操作系统和分布式操作系统及各种实用软件。

1.1.4 微型计算机

爱德华·罗伯茨（Edward Roberts）是第 1 台微型计算机（Microcomputer，简称微机）的发明人，他拥有电子工程学学位，是一名计算机业余爱好者。1975 年 1 月《大众电子》杂志封面刊登了罗伯茨的“牛郎星”（Altair 8800）计算机广告，Altair 8800 由机箱、电源、操作显示板、存储器和 Intel 8080 处理器等元器件组成。Altair 8800 十分简单，没有输入输出设备。接通电源，按下开关，通过二进制数与机器交流，通过面板上的几排小灯泡忽明忽灭来表示计算结果。

Altair 8800 当时掀起了一场改变整个计算机世界的革命，它的一些设计思想，如开放式设计思想、硬件与软件分离、微型化设计方法、OEM 生产方式等，直到今天也具有重要的指导意义。Altair 8800 更像一台简单的游戏机，市场售价为 375 美元。Altair 8800 进入市场销售后，市场反应出人意料地好，订货单纷至沓来，购买 Altair 8800 的大都是初出校门的高中生或正在读书的大学生。

一些大型计算机公司对微机的兴起不屑一顾，认为微机只是计算机爱好者的试验品而已。但是，随着苹果公司的微机 Apple Ⅱ在市场取得了巨大成功后，这些大型计算机公司看到了微机带来的巨大的经济利益，它们开始坐立不安。

第 1 台 16 位个人计算机 IBM PC 5150，于 1981 年 8 月 12 日由 IBM 公司推出。这台微机采用 Intel 8088 CPU（频率为 4.77 MHz），内存为 16 KB，包括一个 11.5 英寸（1 英寸=2.54 厘米）的单色显示器和一个 160 KB、5.25 英寸的软盘，没有硬盘驱动器，操作系统为微软（Microsoft）公司的 DOS 1.0，价格为 3045 美元。IBM 公司将这台计算机命名为 PC（Personal Computer，个人计算机），现在 PC 已经成为微机的代名词。自此计算机终于突破了只为计算机爱好者个人使用的状况，迅速普及到工程技术领域和商业领域中。

1983 年 3 月，IBM 公司发布了改进机型 IBM PC/XT，它采用 Intel 8086 CPU，在主板上预装了 256 KB 的 DRAM（Dynamic Random Access Memory，动态随机存储器，最常用的计算机内存）和 40 KB 的 ROM（Read-only Memory，只读存储器），总线扩展插槽从 5 个增加为 8 个。它还带有一个容量为 10 MB 的 5 英寸硬盘，这是硬盘第 1 次成为微机的标准配置。IBM PC/XT 预装了 DOS 2.0 操作系统，DOS 2.0 支持文件的概念，并以目录树结构存储文件。

1984 年 8 月，IBM 公司推出了 IBM PC/AT 微机。IBM PC/AT 第 1 次采用了与以前 CPU 兼容的设计思想；采用 DOS 3.0 操作系统，支持多任务、多用户；采用 Intel 80286 CPU，频率为 6 MHz，并增加了网络连接能力。

1985年6月，我国第1台自行研制的PC兼容微机，长城微机研制成功。

进入20世纪90年代后，每当英特尔（Intel）公司推出新型CPU产品时，马上会有新型的微机推出。

为满足市场需求，在微机发展的各个时期，都会相应地推出一些主流应用技术。为解决计算机的普及问题，早期的微机主要采用BASIC等简单语言编程。为解决微机只能处理字符的问题，推出了2D图形技术，显示技术也得到了很好的应用。音频处理技术的发展主要解决了音频和视频播放问题，并促进了多媒体技术的发展。Windows操作系统的出现则实现了图形化操作界面，使普通用户也可以很简单地使用微机。微机性能不断增强，不同开发商推出了越来越多的微机设备和接口卡，为了简化这些设备的安装和配置，即插即用技术得到了很好的应用。近年来，3D图形处理技术和无线网络通信技术则不断加强。毫不夸张地说，经过四十多年的发展，微机已经成为人们工作和生活中重要的组成部分，它的功能越来越强大，应用和涉及的领域越来越多，性能也得到了极大的提高。

1.2 计算机的基本类型

1.2.1 计算机的分类

1. 计算机的定义

计算机俗称电脑，是能够按照程序运行，自动、高速处理海量数据的现代化智能电子设备。计算机可以进行数值计算，也可以进行逻辑计算，还具有存储记忆功能。计算机由软件系统和硬件系统所组成，没有安装任何软件的计算机称为裸机。

2. 计算机的类型

1989年IEEE将计算机按计算性能划分为：巨型计算机、小巨型计算机、主机、小型计算机、工作站、个人计算机6种类型。随着时间推移这种按计算性能分类的方法不再合理，如目前的微机计算性能并不比20世纪90年代的巨型计算机弱。随着计算机集群技术的发展，小、中、大型计算机之间的界限变得模糊，服务器也逐渐取代工作站。

很难对计算机进行精确的分类，因为计算机技术更新快，计算机性能不断提高，行业发展迅速。根据当前应用情况，计算机大致可以分为嵌入式计算机、微型计算机、大型计算机等类型。

1.2.2 大型计算机

1. 计算机集群技术

大型计算机主要用于大型计算项目，如军事、科研、金融、通信等领域的计算项目。在大型计算机应用领域，计算机集群的价格只有专用大型计算机的几十分之一。因此，只有少数大型计算机采用大规模并行处理（Massively Parallel Processing，MPP）结构，世界500强公司使用的大型计算机大多采用集群技术。

通过高速局域网将多台独立计算机组成一个机群，称为计算机集群技术。通过单一系统模式使多台计算机像一台超级计算机那样统一管理和并行计算。集群中每台计算机都承担部分计算任务，因此整个系统计算性能非常高。集群中运行的单台计算机并不一定是高性能计算机，但集群系统可以提供不间断的高性能服务。同时，集群系统具有很好的容错功能，当集群中某台计算机出现故障时，系统可将这台计算机隔离，并通过各台计算机之间的负载转移机制，实现新的负载均衡，同时向系统管理员发出故障报警信号。

通常计算机集群基于 Linux 操作系统和集群软件实现，并具有很好的扩展性，可以不断向集群中加入新计算机。集群提高了系统的可靠性和数据处理能力。

2. "天河二号"超级计算机

"天河二号"超级计算机是我国超级计算机的代表，如图 1-4 所示。2010—2015 年，它连续 6 年在全球超级计算机 500 强榜单中称雄，其持续速度（Rmax）达到 33862.7 TFLOPS（万亿次浮点运算每秒），代表了当时世界最先进的计算机性能水平。

图 1-4 "天河二号"超级计算机

"天河二号"采用麒麟操作系统，每个计算节点有 64 GB 主存，每个协处理器板载 8 GB 内存，每个节点共有 88 GB 内存，因此整体总计内存为 1375 TB，硬盘阵列容量为 12.4 PB。"天河二号"使用光电混合网络传输技术，由 13 个大型路由器通过 576 个连接端口将各个计算节点互联。

3. PC 服务器

PC 服务器是一种高性能计算机，它作为计算机网络的节点，存储、处理网络上 80%的数据和信息，因此也被称为网络的灵魂。可以将 PC 服务器比喻为邮局的交换机，而微机、笔记本、PDA、手机等固定或移动的网络终端，就如散落在家庭、办公场所、公共场所等处的电话机。人们在日常生活和工作中与外界的电话交流必须经过交换机，类似地，网络终端设备要上网，要获取资讯、与外界沟通、娱乐等，也必须经过 PC 服务器，因此可以说是 PC 服务器在"组织"和"领导"这些终端设备。

1.2.3 微型计算机

1971 年 11 月，Intel 公司推出了一套芯片——"MCS-4 微机系统"，包括 4001 ROM、4002 RAM

（Random Access Memory，随机存储器）、4003移位寄存器、4004微处理器。这是最早提出的“微机”概念，但这仅仅是一套芯片，并没有组成一台真正意义上的微机。通常将装有微处理器芯片的计算机称为微机，按产品范围大致可以分为个人计算机（PC）、苹果微机、平板微机、掌上微机等类型。

1. 个人计算机（PC）

1981年，IBM公司推出了个人计算机系统，它采用了Intel公司的CPU作为核心部件。此后，凡是能够兼容IBM PC的微机产品都称为PC。目前，大部分台式微机都采用Intel和AMD公司的CPU产品，这两个公司的CPU产品往往兼容Intel公司早期的80x86系列CPU产品。因此，也将采用这两家公司CPU产品的微机称为x86系列微机。

台式微机在外观上有立式和卧式两种类型，它们在性能上没有区别。台式微机主要用于企业办公和家庭应用，要求有较好的图形和多媒体功能。笔记本微机则主要用于移动办公，要求计算机具有体积小、轻薄的特点。笔记本微机一般具有无线通信功能。笔记本微机的尺寸虽然小于台式微机，但它的软件系统与台式微机是兼容的。

2. 苹果微机

苹果公司是早期微机生产厂商之一，苹果公司的微机产品在硬件和软件上均与PC不兼容。苹果微机一般采用Intel公司的CPU产品或自研的CPU产品，采用基于UNIX的macOS操作系统。

苹果微机有时直接称为Mac，它的外形漂亮时尚，图像处理速度快。由于软件与PC不兼容，大量PC软件不能在Mac上运行，另外，Mac没有兼容机，因此价格偏高，影响了它的普及。Mac在我国主要应用于美术设计、视频处理、出版等行业。

3. 平板微机

平板微机由Microsoft公司推出，也称Tablet PC。平板微机是一种小型的、方便携带的个人计算机，目前最典型的产品是苹果公司的iPad。平板微机主要采用苹果和安卓操作系统，以触摸屏作为基本输入设备，所有操作都通过手指或手写笔完成，而不是传统的键盘和鼠标。平板微机一般用于阅读、上网等。平板微机的应用软件专用性强，这些软件不能在台式微机或笔记本微机上运行，其他微机上的软件也不能在平板微机上运行。

1.2.4 嵌入式计算机

20世纪70年代，随着单片机的出现，通过内嵌电子装置，汽车、通信设备、工业设备、家电及成千上万种产品获得了更好的使用性能及更低廉的产品成本。这些电子装置已经初步具备了嵌入式的特点。目前，以嵌入式计算机为核心的嵌入式系统已经有40多年的发展历史。

1. 嵌入式系统的基本组成

“嵌入”是将微处理器设计和制造在某个设备内部的意思。嵌入式系统是一种为特定应用而设计的专用计算机系统，或者作为设备的一部分。嵌入式系统是一个外延极广的名词，凡是与工业产品结合在一起，并且具有计算机控制的设备都可以称为嵌入式系统。

嵌入式系统一般由嵌入式计算机和执行装置组成。嵌入式计算机是整个嵌入式系统的核心。执行装置也称被控对象，它可以接收嵌入式计算机发出的控制命令，执行所规定的操作或任务。执行装置可以很简单，如手机上的一个微型电机，当手机处于震动接收状态时打开；执行装置也可以很复杂，如 SONY 公司的智能机器狗，它集成了多个微型控制电机和多种传感器，从而可以执行各种复杂的动作和感受各种状态信息。

2. 嵌入式系统的主要特征

（1）系统内核小

一般嵌入式系统资源相对有限，主要用于小型电子装置，其系统内核比微机的操作系统要小得多。如，Google 公司的安卓嵌入式操作系统，其系统内核只有几兆字节，而 Windows 7 的系统内核达到了一百多兆字节。

（2）专用性强

嵌入式系统的软件与硬件的结合非常紧密，专用性强。即使在同一系列、品牌的产品中，要对软件进行增减或修改，也可能需要调整系统硬件来实现。针对不同的任务，往往需要对嵌入式系统的软件进行较大更改。

（3）系统精简

嵌入式系统一般没有系统软件和应用软件的明显区分，软件的功能设计及实现不会过于复杂，这样一方面利于控制产品成本，另一方面也利于保障产品安全。

（4）固态存储

为了提高嵌入式系统的运行速度和系统可靠性，操作系统和应用软件一般固化在嵌入式系统的 ROM 芯片中。在没有特殊设备的情况下，这些核心软件不能修改和删除。

3. 嵌入式系统的主要应用

嵌入式系统具有非常广阔的应用前景，其应用领域包括以下方面。

（1）交通管理领域

在车辆导航、流量控制、信息监测与汽车服务方面，嵌入式系统获得了广泛的应用，内嵌 GPS 模块、GSM 模块的移动定位终端已经在运输行业获得了成功的应用。目前，GPS 设备已经从尖端产品成为了普通百姓家庭的常见产品，数百元的 GPS 设备就可以很好地实现随时随地定位。

（2）工业控制领域

基于嵌入式芯片的工业自动化设备近年来获得了长足的发展，嵌入式系统是提高生产效率和产品质量、降低人力成本的主要途径。嵌入式系统主要应用在工业控制计算机、工业产品设备、工业过程控制、数字机床、电力系统、电网安全、电网设备监测、石油化工系统中。

（3）其他应用领域

其他应用领域主要包括军工设备、商业自动化设备、通信设备、办公自动化设备、家用电器产品等。

计算机是一个复杂的系统，若要详细地分析一台计算机的体系结构和工作原理，将是一件十分困难的事情。但如果按照层次结构的观点来分析它，事情要简单得多。

1.3 计算机的基本工作原理及结构

1.3.1 计算机的基本工作原理

计算机的基本工作原理是“存储程序控制”原理，1946 年由美籍匈牙利数学家冯 • 诺依曼（见图 1-5）提出，又被称为“冯 • 诺依曼原理”。该原理确立了现代计算机的基本组成和工作方式，直到现在，计算机的设计与制造依然沿用冯 • 诺依曼体系结构。

图 1-5 “计算机之父”冯 • 诺依曼

1. 冯 • 诺依曼体系结构计算机模型

由运算器、控制器、存储器、输入设备、输出设备五大基本部件组成计算机硬件体系结构，如图 1-6 所示。

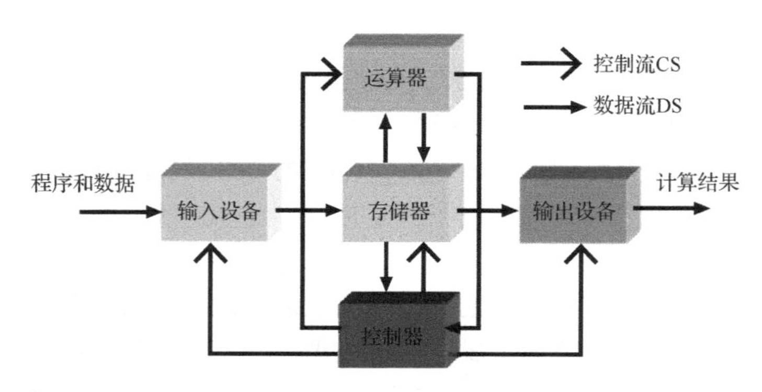

图 1-6 计算机五大基本部件

（1）运算器

运算器也称算术逻辑单元，是计算机进行算术运算和逻辑运算的部件。逻辑运算有非运算、比较、与运算、移位、或运算等，算术运算有加、减、乘、除等。在控制器的控制下，运算器从存储器中取出数据进行运算，然后将运算结果写回存储器中。

（2）控制器

控制器主要用来控制程序和数据的输入与输出，以及各个部件之间的协调运行。控制器由程序计数器、指令寄存器、指令译码器和其他控制单元组成。控制器工作时，它根据程序计数器中的地址，从存储器中取出指令送到指令寄存器，经指令译码器译码后，再由控制器发出一系列命令信号，送到有关硬件部位引起相应动作，完成指令所规定的操作。

（3）存储器

在冯 • 诺依曼体系结构计算机模型中，存储器是指内存单元。存储器的主要功能是存放运行中的程序和数据。存储器中有成千上万个存储单元，每个存储单元存放一组二进制数据。对存储器的基本操作包括数据的写入或读取，这个过程称为内存访问。为了便于存入或取出数据，存储器中的所有存储单元均按顺序依次编号，每个存储单元的编号称为内存地址。当运算器需要从存储器中某存储单元读取或写入数据时，控制器必须提供存储单元的地址。

（4）输入设备

输入设备的第 1 个功能是将现实世界中的数据输入计算机，如输入数字、文字、图形、电信号等，并将它们转换成计算机能够识别的二进制码；第 2 个功能是让用户对计算机进行操作控制。常见的输入设备有键盘、鼠标、数码相机等。还有一些设备既可以作为输入设备，也可以作为输出设备，如 U 盘、硬盘等。

（5）输出设备

输出设备的功能是将计算机处理的结果转换成用户熟悉的形式，如数字、文字、图形、声音、视频等。常见的输出设备有显示器、打印机、硬盘、U 盘、音箱等。

在现代计算机中，往往将运算器和控制器制造在一个集成电路芯片内，这个芯片称为 CPU。CPU 的主要工作是与内存系统或 I/O 设备之间传输数据，进行算术和逻辑运算，通过逻辑判断控制程序的流向。CPU 性能的高低，往往决定了一台计算机性能的高低。

2. 采用二进制表示数据和指令

指令是用户对计算机发出的用来完成一个最基本操作的工作命令，它由计算机硬件来执行。指令在计算机中采用二进制表示，二进制使信息数字化容易实现，并可以用二值逻辑元件对信息进行表示和处理。指令和数据在代码形式上并无区别，都是由 0 和 1 组成的二进制代码序列，只是各自约定的含义不同。

3. 存储程序

存储程序是冯 • 诺依曼体系结构的核心思想。程序是人们为解决某一问题而设计的指令序列，指令设计及调试过程称为程序设计。将程序预先存放在主存储器中，计算机在工作时将自动高速地从存储器中取出指令并执行。计算机的功能在很大程度上体现为程序所具有的功能，或者说，计算机程序越多，计算机的功能越强。

1.3.2 指令和指令系统

1. 指令

指令（Instruction）就是计算机程序发给计算机处理器的命令。最底层的指令是一串 0 和 1

组成的代码，它指示一项实体操作的运行。正在执行的指令存储在指令寄存器（register）中。

2. 指令系统

指令系统是计算机硬件的语言系统，一般也叫机器语言，它是机器所具有的全部指令的集合，是软件和硬件的最主要接口，反映了计算机所拥有的基本功能。

从系统结构的角度看，指令系统是系统程序员看到的计算机的主要属性。因此指令系统表征了计算机的基本功能，决定了机器所具备的能力，也决定了指令的格式和机器的结构。

3. 指令的执行

二进制数据传输和二进制数据操作是计算机处理事务的两种最基本的操作，从软件运行层次看，冯•诺依曼体系结构计算机模型是一台指令执行机器。指令执行主要由取指令、指令译码、指令执行和结果写回4种基本操作构成，这个过程是不断重复进行的。

（1）取指令

CPU内部的指令寄存器保存着正在执行的指令。计算机开始工作时，CPU通过指令总线从内存单元中读取指令，然后将指令传送到CPU内部的指令高速缓存。

（2）指令译码

指令的类型和内容通过CPU内部的译码单元解释，从而判定指令作用的对象，并将操作数从内存单元读入CPU内部的高速缓存中。译码实际上就是将二进制指令代码翻译成特定的CPU电路微操作，然后由控制器传送给算术逻辑单元（Arithmetic and Logic Unit，ALU）等处理单元。

（3）指令执行

控制器根据不同的操作对象，将指令送入不同的处理单元。如果是整数运算、逻辑运算、内存单元存取等一般控制指令，则送入ALU处理；如果操作对象是浮点数据，则送入浮点处理单元处理。如果在运算过程中需要相应的用户数据，则CPU首先从数据高速缓存中读取相应数据。如果数据高速缓存中没有用户需要的数据，则CPU通过数据通道，从内存中获取必要的数据，运算完成后输出运算结果。

（4）结果写回

结果写回是指将处理单元的执行结果写回到高速缓存或内存单元中。在CPU解释和执行指令之后，控制器告诉指令寄存器从内存单元中读取下一条指令。这个过程不断重复执行，最终产生用户在显示器上所看到的结果。事实上各种程序都是由一系列指令和数据组成的，计算机的工作就是自动和连续地执行一系列指令，而程序开发人员的工作就是编制程序。

1.3.3 微型计算机系统结构

微型计算机一般采用“1-3-5-7规则”系统结构，即1个CPU、3个芯片、5大接口、7大总线的控制中心分层结构。

1. 1个CPU

CPU处于系统结构的顶层（第1级），控制着系统运行状态，下层的数据必须逐级上传到CPU进行处理。从性能看，CPU的运行速度大大高于其他设备，越往下层，各个总线上的设备性能越低；从系统组成看，CPU的更新换代将导致南北桥芯片组的改变和内存类型的改变；从指令系统看，指令系统改变必然引起CPU结构的变化，而内存系统不一定改变。因此，目前微型计算机仍然是以CPU为中心进行设计的。

2. 3个芯片

在北桥芯片（MCH）、南桥芯片（ICH）和BIOS芯片（FWH）3大芯片中，北桥芯片主要负责内存与CPU的数据交换及图形处理器（Graphics Processing Unit，GPU）与CPU的数据交换，南桥芯片主要负责数据的上传与下送。北桥芯片虽然功能较少，但是担负的数据传输任务繁重，对主板而言，北桥芯片的好坏决定了主板性能的高低。南桥芯片连接着多种低速外部设备，它提供的接口越多，微机的功能扩展性越强。BIOS芯片则关系到硬件系统与软件系统的兼容性。

3. 5大接口

5大接口包括SATA（串行ATA接口）、eSATA（外部硬盘接口）、SIO（超级输入输出接口）、LAN（以太网接口）、HAD（音频接口）等。

4. 7大总线

7大总线包括FSB（FrontSide Bus，前端总线）、MB（MemoryBus，内存总线）、PCI（Peripheral Component Interconnect，外部设备互连总线）、IHA（Inter Hub Architecture，南北桥连接总线）、PCI-E（PCI Express，外部设备互连扩展总线）、LPC（Low Pin Count，少针脚总线）、USB（Universal Serial Bus，通用串行总线）。

1.3.4 未来的新型计算机

目前，芯片的集成度主要受芯片发热的极大制约，从而限制了计算机的运行速度。未来有可能引起计算机技术革命的技术有4种：纳米技术、光技术、生物技术和量子技术。未来有前景的新型计算机有：超导计算机、量子计算机、光子计算机等。目前，计算机集成电路的内部线路尺寸将接近极限，这些新型计算机的研究和开发已取得一定进展。

1. 超导计算机

超导计算机是指使用超导元器件制造的计算机。所谓超导，就是指有些物质在接近绝对零度（-273.15℃）时电流流动的电阻消失。超导计算机预计将在21世纪得到广泛应用。由于超导现象只有在超低温状态下才能发生，因此，要在常温状态下获得超导效果还有许多困难需要克服。

超导计算机与传统计算机相比具有很多优点，比如耗电低、速度快等，国外许多公司和机构竞相研究超导计算机。日本电器技术研究所研制成功世界上第1台完善的超导计算机，它采用4个约瑟夫森大规模集成电路芯片，每个集成电路芯片体积只有3～5立方毫米，每个芯片上有上千个约瑟夫森元件。目前，虽已建成了完善的超导计算机，但由于超导技术的制约，超导计算机还不能在实际工作中大量应用。

2. 量子计算机

量子计算机就是基于量子力学基本原理制造的计算机，和常规计算机的区别主要在于其基本信息单元不是比特（bit）而是量子比特（qubit）。传统计算机用0和1表示两个状态，而量子计算机的两个状态用 0 和 1 的相应量子叠加态来表示，单个量子 CPU 具有强大的并行处理能力，其性能随 CPU 的个数指数增加。

现在的笔记本电脑计算速度已经很快了，但是当多任务并行的时候，比如快速、同时打开杀毒软件、浏览器、办公软件、音视频软件，就可能会卡顿。之所以卡顿，是受传统计算机的计算方式所限，即串行计算。而量子计算是并行计算，可同时处理多任务进程而互不影响，这样就不容易出现卡顿的情况。量子计算机适合海量数据的计算。

3. 光子计算机

1990 年初，美国贝尔实验室制成世界上第 1 台光子计算机。光子计算机是一种由光信号进行数字运算、逻辑运算、信息存储和处理的新型计算机。光子计算机的基本组成部件是集成光路（包括激光器、透镜和核镜等元件）。由于光子比电子速度快，光子计算机的运行速度比传统计算机快许多，它的信息存储量也是传统计算机的几万倍。

目前，许多国家都投入巨资进行光子计算机的研究。随着现代光学技术与计算机技术、微电子技术相结合，在不久的将来，光子计算机可能成为普遍使用的工具。

4. 生物计算机

生物计算机又称仿生计算机，是以生物芯片取代集成电路芯片制成的计算机。它的主要元器件是用生物工程技术产生的蛋白质分子，并以此作为生物芯片。生物芯片本身具有并行处理的功能，与传统计算相比，其运算速度快，能量消耗低，存储信息的空间占用低。

5. 神经网络计算机

神经网络计算机是模仿人的大脑神经系统制造的计算机，具有判断能力和适应能力，具有并行处理实时变化的大量、多种数据的功能。传统的信息处理系统只能处理条理清晰、内容分明的数据，而人的大脑神经系统却可以处理支离破碎、含糊不清的数据，神经网络计算机具有类似于人脑的智慧和灵活性。神经网络计算机的信息不是存储在存储器中的，而是存储在由神经元构成的联络网中的，若有节点断裂，神经网络计算机仍有重建数据的能力。此外，它还具有联想记忆、视觉和声音识别能力。

未来的计算机技术将向超高速、超小型、并行处理、智能化等方向发展。计算机将普遍采用并行处理技术，可同时执行多条指令或同时处理大量数据。计算机也将进入人工智能时代，将具有感知、思考、判断、学习等能力。随着新技术的发展，未来计算机的功能将越来越多，处理速度也将越来越快。

1.4 计算机硬件系统

1.4.1 计算机系统

1. 计算机系统的组成

计算机系统由硬件系统和软件系统组成。硬件系统是构成计算机系统的各种物理设备的总称，它包括主机和外设两部分。硬件系统可以从系统结构和系统组成两个方面进行描述。软件系统是运行、管理和维护计算机的各类程序和文档的总称。通常把不安装任何软件的计算机称为“裸机”。计算机之所以能够应用到各个领域，是由于丰富多彩的软件能够出色地按照人们的意图完成各种不同的任务。

2. 计算机硬件系统的组成

不同类型的计算机在硬件组成上有一些区别。例如，大型计算机往往安装在成排的大型机柜中，网络服务器往往不需要显示器，笔记本微机将大部分外设都集成在一起。

1.4.2 CPU

CPU 也称微处理器，它是计算机硬件系统中最重要的一个部件，如图 1-7 所示。CPU 是整个计算机系统的控制中心，它严格按照规定的频率工作。一般来说，工作频率越高，CPU 速度越快，单位时间内能够处理的数据量也就越大，功能也就越强。在 CPU 市场上，Intel 公司一直是技术领头人，其他的 CPU 设计和生产厂商主要有 AMD 公司、IBM 公司、ARM（安媒）公司等。

图 1-7 Intel 公司生产的 CPU

1. CPU 的组成

CPU 外观看上去是一个矩形块状物，由半导体硅晶片核心、基板、引脚、电容、金属封装壳等部件组成。CPU 中间凸起部分是 CPU 核心部分的金属封装壳，在金属封装壳内部是一片指甲大小的、薄薄的硅晶片，我们称它为 CPU 核心。目前，CPU 主要采用 FC-PGA 封装和 LGA 封装两种形式。LGA 封装是指将 CPU 核心封装在有机基板之上，以便缩短连线，利于散热。

Intel 公司的 Core i7 是采用 22 nm 工艺制造的 4 核 CPU，它在 160 mm^2 的 CPU 核心上集成了 14.8 亿个晶体管，平均每平方毫米约有 900 万个晶体管。对于 CPU 来说，更小的晶体管制造工艺意味着更高的 CPU 工作频率、更高的处理性能和更低的发热量。集成电路制造工艺几乎成了 CPU 每个时代的标志。

2. Intel CPU 的类型

由于 Intel 公司的 CPU 产品在市场中占据了主导地位，因此本部分主要介绍 Intel CPU 的类型。

目前，Intel公司的CPU产品有酷睿、至强、凌动等系列，它们在技术上差异不大，在外观上也没有太大差别，但适用于不同的商业市场。

酷睿系列CPU是Intel公司的主流产品，其性能高于凌动系列CPU，低于至强系列CPU。酷睿系列CPU主要用于台式微机和笔记本微机。

至强系列CPU主要面向服务器市场，性能优越，但价格较高。

凌动系列CPU主要用于平板微机，产品性能比酷睿系列CPU低，但是功耗非常低，发热量小，并且支持无线通信。

3. CPU的技术性能

CPU始终围绕着速度与兼容两个目标进行设计。CPU的技术指标相当多，包括系统结构、指令系统、处理字长、工作频率、高速缓存（Cache）容量、线宽、工作电压、插座类型等参数。

CPU处理字长指CPU内部运算单元一次处理二进制数据的位数。目前，CPU通用寄存器的宽度有32位和64位两种类型，64位CPU的处理速度更快。由于x86系列CPU是向下兼容的，因此，16位、32位的软件可以运行在32位或64位的CPU中。目前，微机CPU绝大部分是64位产品。

CPU线宽指硅晶片上内部各元件之间的连接线宽度，通常以nm为单位。线宽数值越小，生产工艺越先进，CPU内部功耗和发热量就越小。目前，CPU生产工艺已经达到3 nm的加工精度。

高速缓存可以极大地改善CPU的性能。目前，CPU的高速缓存容量为1～10 MB，甚至更高，高速缓存结构也从一级发展到了三级。

提高CPU工作频率也可以提高CPU的性能，现在主流的CPU工作频率为2.0 GHz以上。继续大幅度提高CPU工作频率受到了生产工艺的限制。CPU是在半导体硅晶片上制造的，硅晶片上的元件之间需要导线进行连接，提高工作频率要求导线越细越短越好，这样才能减小导线分布电容等杂散信号干扰，以保证CPU运算正确。

CPU工作频率越高，功率越大，发热量也越大。部分台式微机CPU的功率达到了90 W以上。CPU的发热会造成工作不稳定等一系列问题，对于笔记本微机，还会造成电池消耗加快，工作时间缩短等问题。因此，降低CPU功率一直是CPU设计、制造的技术难题。而发热问题主要采用风冷散热方式和热管散热方式解决。风冷散热器由散热片和风扇组成，一般来说，散热片表面积越大，散热效果越好，表面积越小，散热效果就越差；风扇吹出来的风力越强，空气流动的速度越快，越能加速热循环运动，迅速将CPU产生的热量带走。

4. CPU技术的新发展

2004年以前，CPU技术的重点在于提升CPU的工作频率，但是CPU工作频率的提升遇到了一系列的问题，如能耗问题、发热问题、工艺问题、量子效应问题、兼容问题等。近年来，CPU技术发展的重点转向了多核CPU、64位CPU、低功耗CPU、嵌入式CPU等。

（1）多核CPU

与传统的单核CPU相比，多核CPU带来了更强的并行处理能力，并大大减少了CPU的发热和功耗。在CPU产品中，双核、4核甚至8核CPU已经占据了主要地位。2007年2月，美国发布的万亿级计算速度的 80 核研究用 CPU 芯片，只有指甲盖大小，功耗只有 62 W 而在 1996 年，同样性能的 CPU 大约需要 1 万个 Pentium Pro 芯片组成，功耗为 500 kW。

多核 CPU 的内核拥有独立的 L1 缓存，共享 L2 缓存、内存子系统、中断子系统和外设。因此，多核 CPU 设计的一个核心问题让每个内核独立访问某种资源，并确保资源不会被其他内核上的应用程序争抢。

为什么不采用单核架构满足 CPU 性能不断提高的要求呢？这是因为功耗和发热问题限制了单核 CPU 的性能提升。如果通过提高 CPU 工作频率来提高 CPU 的性能，就会使 CPU 的功耗以指数（3 次方）速度急剧上升，很快就会触及所谓的“频率高墙”。因此，CPU 厂商一般采用多核架构来提高 CPU 性能。

多核 CPU 的出现让微机系统的设计变得更加复杂。例如，运行在不同内核上的应用程序为了互相访问、相互协作，需要进行一些独特的设计，如高效的进程之间的通信机制、共享内存的数据结构等。程序代码的迁移也是个问题，大多数厂商在针对单核 CPU 架构的程序设计上进行了大量投资，如何使这些程序最大限度地利用多核资源也是一个急需解决的问题。只有在基于线程的软件上应用多核 CPU，才能发挥出多核 CPU 应有的效能。目前，绝大多数的软件都是基于单线程的，多核处理器并不能为这些应用带来任何效率上的提高，因此多核 CPU 的最大问题是软件问题。

（2）64 位 CPU

64 位是指 CPU 通用寄存器的数据宽度为 64 位。也就是说，CPU 一次可以处理 64 位二进制数据。

64 位 CPU 主要有两大优点：可以进行更大范围的整数运算和可以支持更大的内存。不能简单地认为 64 位 CPU 的性能是 32 位 CPU 的性能的 2 倍，实际上在 32 位操作系统和 32 位应用软件条件下，32 位 CPU 的性能甚至会比 64 位 CPU 强。要实现真正意义上的 64 位计算，光有 64 位 CPU 是不够的，还必须有 64 位操作系统及 64 位应用软件的支持才行，三者缺一不可，缺少其中任何一种要素都无法实现 64 位计算。

在 64 位 CPU 方面，Intel 和 AMD 两大厂商都发布了多个系列、多种规格的 CPU 产品。而在操作系统和应用软件方面，目前的情况不容乐观，真正适合 PC 使用的 64 位应用软件并不完善，一个明显的例子就是各种硬件设备的 64 位驱动程序很不完善，而且大量的 32 位软件还在应用中。

1.4.3 主板

1. 主板的功能

主板是微机中重要的部件，如图 1-8 所示，微机的性能是否能够充分发挥，微机的硬件功能是否足够，微机的硬件兼容性如何等，都取决于主板的设计。主板制造质量的高低，也决定了硬件系统的稳定性。主板与 CPU 的关系密切，每一次 CPU 的重大升级，必然导致主板的更新换代。

主板由集成电路芯片、电子元件、电路系统、各种总线插座和接口组成。主板的主要功能是传输各种电子信号，部分芯片也负责初步处理一些外围数据。从系统结构的观点看，主板由芯片组和各种总线构成。目前，市场上主流主板的系统结构为控制中心结构。

主板分为XT主板、AT主板、ATX主板、BTX主板等类型，目前的市场主流为ATX主板。不同类型的CPU，往往需要不同类型的主板与之匹配。主板性能的高低主要由北桥芯片决定，北桥芯片性能的好坏对主板总体技术性能产生举足轻重的影响。主板功能的多少，往往取决于南桥芯片与主板上的一些专用芯片。主板BIOS芯片将决定主板兼容性的好坏。主板的芯片组确定后，主板上电子元件的选择和主板生产工艺将决定主板的稳定性。

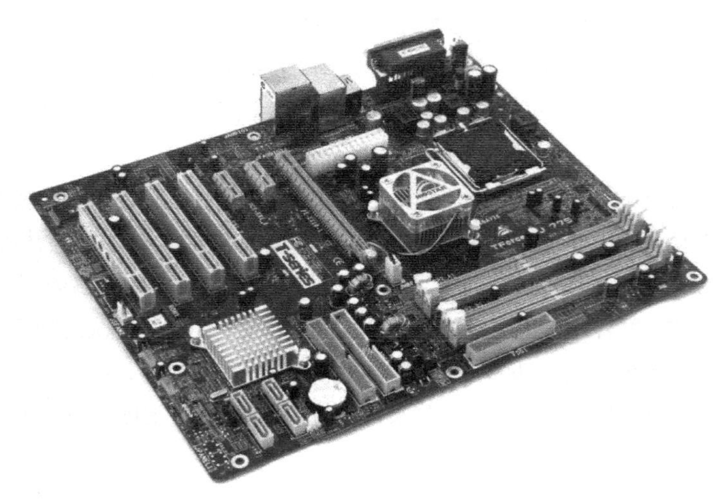

图1-8　主板

2. CPU插座

Intel公司的CPU插座采用全金属制造，这种CPU插座机械强度较高，并且随着CPU功率的增加，CPU的表面温度也增高，金属材质的插座比较耐得住高温。

Intel公司的CPU主要采用LGA封装，没有针脚，只有一排排整齐排列的金属圆点，因此，不能利用针脚进行固定，而需要在主板上安装扣架固定。主板上与之相应的Socket插座由于内部的触针非常柔软和纤薄，如果在安装时用力不当，就非常容易造成触针的损坏，另外，针脚也容易变形，相邻的针脚很容易搭在一起，造成CPU内部电路短路，造成烧毁设备等后果。此外，多次拆装CPU将导致触针失去弹性，进而造成硬件方面的彻底损坏，这是Socket插座的最大缺点。

3. 芯片组

由于芯片组属于计算机核心技术，与CPU关系密切，产品利润高，因此，往往由CPU厂商进行设计和生产。有时 CPU 厂商也发放生产许可证给其他厂商进行改进设计和生产。生产芯片组的厂商主要有Intel、AMD、VIA、SIS等少数企业。

1.4.4　存储器

1. 存储器的类型

随着计算机功能的增强，操作系统和应用软件也越来越庞大，对存储器容量的需求随之增长。不同存储器的工作原理不同，性能也不同。

计算机的存储器分为内部存储器（简称内存或主存）和外部存储器（简称外存或辅存）。能够直接与CPU进行数据交换的存储器称为内存，与CPU间接交换数据的存储器称为外存。

内存主要采用以CMOS工艺制作而成的半导体存储芯片。内存可以进行随机读写操作，读写速度高于其他类型的存储器，但是断电后会丢失其中的数据。内存一般安装在计算机主板上。

外存采用的材料和工作原理更加多样化。由于外存需要保存大量数据，因此要求容量大、价格便宜，更为重要的是，外存中的数据在断电后不能丢失。外存的存取速度相对内存要慢得多，但存储的数据很稳定，停电后数据不会消失。外存的材料主要有：采用半导体材料的闪存，如SSD、U盘、CF卡等；采用磁介质材料的硬盘；采用光介质存储的CD-ROM、DVD-ROM、BD-ROM光盘等。

2. 内存

内存用于存放计算机进行数据处理所必需的原始数据、中间结果、最后结果及指示计算机工作的程序。内存是微机的主要技术指标之一，其容量大小和性能直接影响系统运行情况。

（1）内存的计量单位

内存由大量的半导体存储单元组成，每个存储单元可存放1位（bit）二进制数据，8个存储单元称为一个字节（Byte）。内存容量是指存储单元的字节数，通常以KB、MB、GB、TB作为单位。其中，8 bit = 1 Byte，1024 Byte = 1 KB，1024 KB = 1 MB，1024 MB = 1 GB，1024 GB = 1 TB。

（2）内存的类型

内存可分为随机访问存储器（RAM）和只读存储器（ROM）。RAM又可分为静态随机访问存储器（SRAM）和动态随机访问存储器（DRAM）。

SRAM存储单元的电路工作状态稳定，速度快，不需要刷新，只要不断电，数据就不会丢失。SRAM一般应用在CPU内部作为高速缓存。

DRAM中存储的信息以电荷形式保存在集成电路中的小电容中，由于电容可能漏电，因此数据容易丢失。为了保证数据不丢失，必须对DRAM进行定时刷新。

现在常说的内存均采用DRAM芯片安装在专用电路板上，称为“内存条”。目前，内存条类型有DDR4 SDRAM等，内存条容量有2 GB、4 GB、8 GB、16 GB等规格。内存条由内存芯片、序列存在检测（Serial Presence Detect，SPD）芯片、印制电路板（Printed Circuit Board，PCB）、金手指、散热片、贴片电阻、贴片电容等部分组成。不同技术标准的内存条在外观上并没有太大区别，但是它们的工作电压、引脚数量和功能不同，定位口位置也不同，互相不能兼容。

ROM与SRAM、DRAM不同，ROM中存储的数据在断电后能保持不丢失。ROM只能一次写入数据，但可以多次读出数据。微机主板上的ROM用于保存系统引导程序、自检程序等。目前，在微机中常用的ROM为闪存，这种存储器可以在断电的情况下长期保存数据，必要时也能对数据进行快速擦除和重写。

高速缓存在前面已经介绍过，为了提高CPU的运算速度，通常在CPU内部增设一级（L1）、二级（L2）、三级（L3）高速缓存。高速缓存大大缓解了CPU与内存的速度匹配问题，它可以与CPU运算单元同步执行。目前，CPU内部的高速缓存容量一般为1～10 MB。

3. 外存

（1）闪存

闪存具备 DRAM 快速存储的优点，也具备硬盘永久存储的特性。闪存读写速度较 DRAM 慢，而且擦写次数也有限。

闪存的数据读写不是以单个字节为单位的，而是以固定的区块为单位的，区块大小一般为 8～128 KB。由于闪存不能以字节为单位进行数据的随机写入，因此，闪存目前还不能作为内存使用。另外，硬盘也是以区块（扇区）为单位进行数据读写的，因此，硬盘目前受到了闪存的极大挑战。

U 盘又名“闪存盘”，它是一种采用闪存为存储介质，通过 USB 接口与计算机交换数据的可移动存储设备。U 盘具有即插即用的功能，只需将它插入 USB 接口，计算机就可以自动检测到 U 盘。U 盘在读写、复制及删除数据等操作上非常方便。

（2）硬盘

硬盘是一种外存，由于它具有存储容量大、数据存取方便、价格便宜等优点，目前已经成为保存用户数据的重要外部存储设备。但是，硬盘也是微机中最“娇气”的部件，容易因各种故障损坏。硬盘如果出现故障，意味着用户的数据安全受到了严重威胁。另外，硬盘的读写是一种机械运动，因此相对于 CPU、内存等设备，其数据处理速度要慢得多。从“木桶效应”来看，可以说硬盘是阻碍计算机性能提高的瓶颈。

硬盘（这里指机械硬盘）是利用磁介质存储数据的机电式产品。硬盘中的盘片由铝质合金和磁性材料组成。盘片中的磁性材料没有磁化时，内部磁粒子的方向是杂乱的，不同方向的磁粒子的磁性相互抵消，对外不显示磁性。当外部磁场作用于它们时，内部磁粒子的方向会逐渐趋于统一，对外显示磁性。当外部磁场消失时，由于磁性材料的“剩磁”特性，内部磁粒子的方向不会回到从前的状态，因而具有了记录数据位的功能。每个内部磁粒子都有南（S）、北（N）两极，可以人为地设定磁记录位的极性与二进制数据的对应关系，如用磁记录位的南极表示数字“0”，北极表示数字“1”，这就是磁记录的基本原理。

1.4.5 总线及其接口

1. 总线

总线是微机中各种部件之间共享的一组公共数据通信线路。

总线由多条数据通信线路组成，每条数据通信线路可以传输一个二进制的 0 或 1 信号。例如，32 位的 PCI 总线就意味着有 32 条数据通信线路，可以同时传输 32 位二进制信号。任何一条系统总线都可以分为 5 个功能组：数据总线、地址总线、控制总线、电源线和地线。数据总线用来在各个设备或单元之间传输数据和指令，它们是双向传输的。地址总线用于指定数据总线上数据的来源与去向，一般是单向传输的。控制总线用来控制对数据总线和地址总线的访问与使用，它们大部分是双向传输的。

总线的性能可以通过总线宽度和总线频率来描述。总线宽度为一次并行传输的二进制位数。例如，上面提到的 32 位总线一次能传输 32 位数据，而 64 位总线一次能传输 64 位数据。微机中总线的宽度有 8 位、16 位、32 位、64 位等。总线频率则用来描述总线的速度，常见的总线频率有 33 MHz、66 MHz、100 MHz、133 MHz、200 MHz、400 MHz、800 MHz、1066 MHz 等。

主板上有 7 大总线，它们是 FSB、MB、IHA、PCI-E、PCI、USB、LPC。

FSB 负责 CPU 与北桥芯片之间的通信与数据传输，总线宽度为 64 位，数据传输频率为 100～1000 MHz。FSB 由主板上的线路组成，没有插座。

MB 负责北桥芯片与内存条之间的通信与数据传输，总线宽度为 64 位，数据传输频率为 200 MHz、266 MHz、400 MHz、533 MHz 或更高。主板上一般有 4 个 DIMM 内存总线插座，用于安装内存条。

PCI-E 是目前微机上流行的一种高速串行总线。PCI-E 总线采用点对点串行连接方式，这和以前的并行通信总线大为不同，它允许和每个设备建立独立的数据传输通道，不用再向整个系统请求带宽，这样也就轻松地提高了总线带宽。PCI-E 总线根据接口对位宽要求的不同而有所差异，分为 PCI-E x1/x2/x4/x8/x16/x32，它们的接口长短也不同，x1 最短，往上则越长。PCI-E x16 图形总线接口包括两条通道，一条可由显卡单独到北桥芯片，而另一条则可由北桥芯片单独到显卡，每条单独的通道均拥有 4 GB/s 的数据传输带宽。PCI-E x16 总线插座用于安装独立显卡。有些主板将显卡集成在主板北桥芯片内部，因此不需要另外安装独立显卡。

PCI 总线插座一般有 3～5 个，主要用于安装一些功能扩展卡，如声卡、网卡、电视卡、视频卡等。PCI 总线宽度为 32 位，工作频率为 33 MHz。

USB 总线是一个通用串行总线，一般在主板后部，它支持热插拔。

2. 输入/输出接口

接口是计算机硬件系统中，在两个设备之间起连接作用的逻辑电路。接口的功能是在各个设备之间进行数据交换。主机与外部设备之间的接口称为输入/输出接口（I/O 接口）。

计算机的外部设备多种多样，它们与 CPU 的处理速度相差很大，所以需要在系统总线与输入/输出设备之间设置接口，来进行数据缓冲、速度匹配和数据转换等工作。外部设备与主机之间相互传送的信号有 3 类：数据信号、状态信号和控制信号。接口中有多个端口，每个端口传送一类数据。从数据传送的方式看，接口可分为串行接口（简称串口）和并行接口（简称并口）两大类。在串行接口中，接口和外部设备之间的数据按位进行传送，而接口和主机之间则以字节或字为单位进行多位并行传送。串行接口能够完成“串→并”和“并→串”之间的转换。微机上的 USB 接口是一种常用的串行接口。在并行接口中，接口和外部设备之间的数据都按字节或字进行传送，其特点是多个数据位同时传送，具有较高的数据传送速度。早期微机上连接打印机的 LPT 接口就是一种并行接口。

主板上配置的接口有 SATA 串行硬盘接口和光驱接口、COM 串行接口、PS/2 键盘接口和鼠标接口、Line Out 音箱接口、MIC 话筒接口、RJ-45 网络接口等。

3. 接线

微机系统的接线可以分为信号线与电源线。信号线的布置应当尽量避免干扰信号源，如电视机、音响设备。电源线应当注意安全性。所有接线都应当接触良好，便于维护。

接线一般集中在主机后部，每个插座上都标记了不同的色彩，将插头“对色入座”就行。那么接口会不会插反呢？一般不会，因为绝大部分接口都有防反插装置，按照微机设计规范 ATX 2.0，微机接口的形状、位置和色彩都有严格规定。

1.4.6 计算机输入/输出设备

1. 键盘

键盘是向计算机输入数据的主要设备，由按键、键盘架、编码器、键盘接口及相应控制程序等组成。微机使用的标准键盘通常为 107 键，每个键相当于一个开关，如图 1-9 所示。

图 1-9 键盘

2. 鼠标

鼠标也是一个输入设备，广泛用于图形用户界面环境，一般通过 PS/2 串行接口与主机连接，如图 1-10 所示。鼠标的工作原理是：当移动鼠标时，它把移动距离及方向信息转换成脉冲信号传入计算机，计算机再将脉冲信号转换为光标的坐标数据，从而达到指示位置的目的。目前，常用的鼠标为光电式鼠标，上面一般有滚轮和两三个按键。对鼠标的操作主要有移动、单击、双击、拖曳等。

图 1-10 鼠标

3. 显示器

显示器能以数字、字符、图形和图像等形式显示运行结果或信息的编辑状态，常见的显示器外观如图 1-11 所示。显示器的主要技术参数如下。

（1）屏幕尺寸

屏幕尺寸指显示器屏幕对角线的长度，以英寸（in）为单位，表示显示屏幕的大小，主要有 14～27 英寸几种规格。

（2）点距

点距是屏幕上像素点间的距离，它决定了像素的大小，以及屏幕能达到的最高显示分辨率。点距越小越好，常见的点距规格有 0.20 mm、0.25 mm、0.26 mm、0.28 mm 等。

（3）显示分辨率

显示分辨率指屏幕像素的点阵，通常写成“水平像素点×垂直像素点”的形式。常见的规格有 1024×768、1920×1080、2560×1440 等，目前 1920×1080 较普及，更高的显示分辨率多用于大屏幕图像显示。

（4）刷新频率

显示器屏幕画面每秒更新的次数称为“刷新频率”。刷新频率越高，画面闪烁越不明显，一般为 60 Hz。

图 1-11　显示器

1.4.7　计算机的主要技术指标

计算机的主要技术指标有性能、功能、可靠性、兼容性等，技术指标的好坏由硬件和软件两方面因素决定。

1. 性能指标

计算机的性能主要指微机的速度与容量。微机运行速度越快，在单位时间内处理的数据就越多，微机的性能也就越好。存储器容量也是衡量微机性能的一个重要指标，大容量的存储器的产生一方面是由于海量数据的需要，另一方面是为了保证微机的处理速度（对数据进行预存放，增加了对存储器容量的要求）。微机的性能往往可以通过专用的基准测试软件进行测试。例如，微机能不能播放高清视频是有没有这项功能的问题，但是画面质量如何是性能问题。为了得到好的画面质量，就必须使用高频率 CPU 和大容量内存，因为高清视频的数据量巨大，低性能计算机可能出现马赛克效果。

微机的主要性能指标有以下4种。

（1）CPU字长

前面已经介绍过，CPU字长是指CPU能够同时处理的二进制数据的位数，它直接关系到计算机的运算速度、精度和性能。CPU字长有8位、16位、32位、64位之分，当前主流产品为64位。

（2）时钟频率

时钟频率指在单位时间内（s）发出的脉冲数，通常以兆赫兹（MHz）为单位。微机中的时钟频率主要有CPU时钟频率（也称CPU主频）和总线时钟频率两种。如Core i7 CPU，其CPU主频为3.4 GHz。CPU主频越高，计算机的运行速度越快。

（3）内存容量

计算机的内存容量越大，运行速度越快。一些操作系统和大型应用软件常对内存容量有要求，如Windows XP的最低内存配置为1 GB，建议内存配置为2 GB；Windows 10操作系统的最低内存配置为2 GB，建议内存配置为4 GB。

（4）外部设备配置

外部设备的性能对计算机也有直接影响，如硬盘的容量、硬盘接口的类型、显示器的分辨率、打印机的型号与速度等。

2. 功能指标

计算机的功能指它能提供的服务。随着微机的发展，3D图形功能、多媒体功能、网络功能、无线通信功能等都已经在微机中实现，语音识别、笔操作等功能也在不断探索解决之中，微机的功能将越来越丰富。计算机硬件提供了实现这些功能的基本硬件环境，而功能的多少、实现的方法主要由计算机软件决定。例如，网卡提供了信号传输的硬件基础，而浏览网页、收发邮件、下载文件等功能则由软件实现。

3. 可靠性指标

可靠性指计算机在规定的工作环境下和恶劣的工作环境下稳定运行的能力。例如，微机经常死机或重新启动，都说明微机的可靠性不好。可靠性是一个很难测试的指标，往往只能通过制造工艺、硬件的质量和厂商的市场信誉来衡量。在某些情况下，也可以通过极限测试方法进行检测。例如，不同厂商的主板，由于采用同一芯片组，它们的性能相差不大，但是，由于采用不同的工艺流程、不同的电子元件材料、不同的质量管理方法，产品的可靠性将有很大差异。为了提高主板的可靠性，有些厂商采用8层印刷电路板、蛇行布线、大量贴片电容、高质量的接插件、高温老化工艺等措施。

4. 兼容性指标

“兼容”这个词在计算机行业中可以说是流行语了，但是要对“兼容”下一个准确定义，却是一件不容易的事情。软件兼容指在某一个操作系统下，软件可以正常运行而不发生错误。例如，某一DOS软件可以在Windows XP下正常运行，我们说Windows XP与此DOS软件兼容。硬件兼容则指不同硬件在同一操作系统下运行情况的好坏。

1.5 计算机中数据的表示

信息是丰富多彩的，有数值、文字、声音、图形、图像、视频等，但是计算机本质上只能处理二进制的“0”和“1”，因此，必须将各种信息转换成计算机能够接收和处理的二进制数据。这种转换往往由外部设备和计算机自动进行。进入计算机中的各种数据都要转换成二进制数据，计算机才能进行运算和处理。同样，从计算机中输出的数据也要进行逆向转换。

1.5.1 常用数制

进位制是一种记数方式，也称进位记数法，它可以用有限的数字符号（也称数码）表示不同的数值。可使用的数字符号的数目称为基数，如十进制的基数为10，二进制的基数为2，十六进制的基数为16；位于不同数位上的数字符号有不同的位权，简称权。任意的R进制数可以表示为

$$(A_n\cdots A_1A_0A_{-1}\cdots A_{-m})_R = A_nR^n + \cdots + A_1R^1 + A_0R^0 + A_{-1}R^{-1} + A_{-2}R^{-2} + \cdots + A_{-m}R^{-m},$$

其中，A为任意进制的数字符号，R为基数，n、m为数字位数（即权），整数为$n+1$位，小数为m位。

1. 十进制

十进制是以10为基础的数字系统。由于人类有10个手指，十进制自然成为人类最早使用的数制。

十进制的运算规则是“逢10进1，借1当10”，用到的数字符号有10个，分别是0、1、2、3、4、5、6、7、8、9。十进制中各数字符号的权为10的整数次幂，即个位的权为1（10^0），十位的权为10（10^1），百位的权为100（10^2）……例如，十进制数23可以表示为$2\times10^1+3\times10^0$。为了便于区分，十进制数用下标10或在数字尾部加D表示，如$[23]_{10}$或23D。

2. 二进制

二进制是计算技术中广泛采用的一种数制。二进制用0和1两个数字符号来表示数，它的基数为2。如果计算机技术中采用十进制，会导致计算机的设计和制造非常复杂，因此，计算机一般采用二进制进行数据的存储、传输和计算。用户输入的各种信息，由计算机软件和硬件自动转换为二进制数，数据处理完成后，再由计算机自动转换为用户熟悉的十进制数或其他信息。

二进制数的运算规则是“逢2进1，借1当2”，各数字符号的权为2的整数次幂，即2^0、2^1、2^2…例如，二进制数10111可以表示为$1\times2^4+0\times2^3+1\times2^2+1\times2^1+1\times2^0$。为了便于区分，二进制数用下标2或在数字尾部加B表示，如$[10111]_2$或10111B。

3. 十六进制

当一个数比较大时，采用二进制来表示就会有位数太多的缺陷。因此，计算机专业人员为了方便，经常采用十六进制。计算机内部并不采用十六进制进行运算，引入十六进制的原因是计算机专业人员可以很方便地将十六进制数转换为二进制数。

十六进制的数字符号有0、1、2、3、4、5、6、7、8、9、A、B、C、D、E、F，其运算规则是“逢16进1，借1当16”。 为了便于区分，十六进制数用下标16或在数字尾部加H表示，

如$[18]_{16}$或18H。

表1-2所示为常用数制对照关系表，为了便于观察，以十进制作为基准。

表1–2 常用数制对照关系表

十进制数	二进制数	八进制数	十六进制数
0	0000	0	0
1	0001	1	1
2	0010	2	2
3	0011	3	3
4	0100	4	4
5	0101	5	5
6	0110	6	6
7	0111	7	7
8	1000	10	8
9	1001	11	9
10	1010	12	A
11	1011	13	B
12	1100	14	C
13	1101	15	D
14	1110	16	E
15	1111	17	F

【例1–1】 十进制数32.15可以表示为$3\times10^1+2\times10^0+1\times10^{-1}+5\times10^{-2}$。

【例1–2】 二进制数1010.01可以表示为$1\times2^3+0\times2^2+1\times2^1+0\times2^0+0\times2^{-1}+1\times2^{-2}$。

【例1–3】 十六进制数2E.13可以表示为$2\times16^1+14\times16^0+1\times16^{-1}+3\times16^{-2}$。

1.5.2 数制之间的转换

1. 二进制数转换为十进制数

二进制数转换为十进制数时，可以采用按权相加的方法，即按照十进制数的运算规则，将二进制数各位的数字符号乘以对应的权再累加起来。

【例1–4】 将$[1010.101]_2$转换成十进制数。

$[1010.101]_2=[2^3+2^1+2^{-1}+2^{-3}]_{10}=[8+2+0.5+0.125]_{10}=[10.625]_{10}$。

2. 十进制数转换为二进制数

十进制数转换为二进制数时，整数部分与小数部分要分开转换。

整数部分采用除2取余法。将整数部分反复除以2，如果余数为1，则对应的二进制数的相应位为1，如果余数为0，则相应位为0，第1次除二所得余数是二进制数的最低位，最后一次所得余数是二进制数的最高位，从低位到高位逐位取余，直到商为 0。记第 1 次所得余数为 K_0，最后一次所得余数为 K_n，那么所求二进制数的整数部分为 $K_nK_{n-1}K_{n-2}\cdots K_1K_0$。

小数部分则采用乘 2 取整法。将小数部分反复乘以 2，如果所得数的整数部分为 1，对应的二进制数的相应位为 1，如果整数部分为 0，则相应位为 0，从高位到低位逐位取整，直到满足精度要求或所得数的小数部分为 0 时为止。记最后一次所得数的整数部分为 K_{-m}。那么所求二进制数的小数部分为 $0.K_{-1}K_{-2}\cdots K_{-m}$。

【例 1-5】 将十进制 12.25 转换为二进制数。

$[12.25]_{10}=[1100.01]_2$，具体转换过程如下。

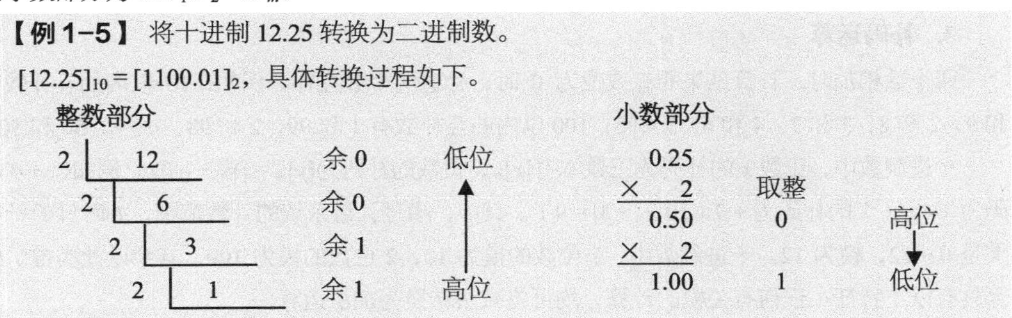

3. 二进制数转换为十六进制数

对于二进制整数，只要自右向左将每 4 位二进制数分为一组，不足 4 位时，在左面添 0 补足 4 位，每组对应一位十六进制数；对于二进制小数，只要自左向右将每 4 位二进制数分为一组，不足 4 位时，在右面添 0 补足 4 位，然后每组对应一位十六进制数，即可得到对应的十六进制数。

【例 1-6】 $[111101.010111]_2=[0011\ 1101.0101\ 1100]_2=[3D.5C]_{16}$，具体转换过程如下。

0011	1101	.	0101	1100
3	D	.	5	C

4. 十六进制数转换为二进制数

将十六进制数转换为二进制数非常简单，只要以小数点为界，向左或向右将每一位上的十六进制数用相应的 4 位二进制数表示，然后将其连在一起即可完成转换。

【例 1-7】 $[4B.61]_{16}=[0100\ 1011.0110\ 0001]_2=[1001011.01100001]_2$，具体转换过程如下。

4	B	.	6	1
0100	1011	.	0110	0001

1.5.3 移位运算和反码、补码

1. 原码在运算中存在的问题

用原码表示二进制数简单易懂，但使用二进制数原码进行加减运算时存在以下问题：一是在原码中，规定最高位是符号位，0 表示正数，1 表示负数，此时$[00000000]_2$表示$[+0]_2$，$[10000000]_2$表示$[-0]_2$，0 有两种形式，产生了“二义性”问题；二是两个带符号的二进制数原码进行运算时，在某些情况下符号位会对运算结果产生影响，导致运算出错。

【例 1-8】 $[01000010]_2+[01000001]_2=[10000011]_2$，进位导致的符号位错误。

【例 1-9】 $[00000010]_2+[10000001]_2=[10000011]_2$，符号位相加导致的错误。

2. 反码编码方法

正数的反码与原码相同，负数的反码是对原码除符号位外各位取反。

【例 1-10】 二进制数字长为 8 位时，$[+5]_{10}=[00000101]_{原}=[00000101]_{反}$。

【例 1-11】 二进制数字长为 8 位时，$[-5]_{10}=[10000101]_{原}=[11111010]_{反}$。

3. 补码运算

两个数相加时，计算结果的有效位为 0 时，称这两个数互补。例如，10 以内的互补数有 1 和 9，2 和 8，3 和 7，4 和 6，5 和 5；100 以内的互补数有 1 和 99，2 和 98，……，50 和 50 等。

十进制数中，正数 x 的补码为正数本身$[x]_{补}$，负数的补码为$[y]_{补}=[模-|y|]_{补}$。例如，+4 的补码为 +4，−1 的补码为 +9（$10-|-1|=9$）。其中，模是计量系统的计数范围，如时针的计数范围是 0～12，模为 12。十进制数中，1 位数的模为 10，2 位数的模为 100，其余以此类推。模运算具有以下特征：任何有关模的计算，均可将减法转换为加法运算。

（1）补码编码方法

二进制数中，正数的补码就是原码，负数的补码等于其绝对值原码“取反加 1”，即按位取反，末位加 1。负数的最高位（符号位）为 1，不管是原码、反码还是补码，符号位都不变。

【例 1-12】 $[10]_{10}$的二进制原码为$[10]_{10}=[00001010]_{原}$（最高位 0 表示正数）。

$[-10]_{10}$的二进制原码为$[-10]_{10}=[10001010]_{原}$（最高位 1 表示负数）。

【例 1-13】 $[10]_{10}$的二进制反码为$[10]_{10}=[00001010]_{反}$（最高位 0 表示正数）。

$[-10]_{10}$的二进制反码为$=[11110101]_{反}$（最高位 1 表示负数）。

【例 1-14】 $[10]_{10}$的二进制补码为$[10]_{10}=[00001010]_{补}$（最高位 0 表示正数）。

$[-10]_{10}$的二进制补码为$[-10]_{10}=[11110110]_{补}$（最高位 1 表示负数）。

（2）补码运算规则

补码运算的算法思想是：把正数和负数都转换为补码形式，使减法运算转换为加一个负数的运算，从而使加减法运算转换为单纯的加法运算。补码运算在逻辑电路设计中容易实现。

用补码表示的两数进行加法运算时，其结果仍为补码。补码的符号位可以与数值位一同参与运算。运算结果如有进位，则判断是否为溢出，如果不是溢出，就将进位舍去不要。不论对正数、负数或 0，补码都具有以下性质。

$$[A]_{补}+[B]_{补}=[A+B]_{补},$$

$$[[A]_{补}]_{补}=[A]_{原}。$$

【例 1-15】 $A=[-70]_{10}$，$B=[-55]_{10}$，求 A 与 B 相加之和。

先将 A 和 B 转换为二进制数的补码，然后进行补码加法运算，最后将运算结果（补码）转换为原码即可。原码、反码、补码在转换中，要注意符号位不变的原则。

$[-70]_{10}=[-(64+4+2)]_{10}=[11000110]_{原}=[10111001]_{反}+[00000001]_2=[10111010]_{补}$，

$[-55]_{10}=[-(32+16+4+2+1)]_{10}=[10110111]_{原}=[11001000]_{反}+[00000001]_2=[11001001]_{补}$。

相加后补码为$[10111010]_{补}+[11001001]_{补}=[10000011]_{补}$，进位 1 作为模丢弃。为什么要丢弃进位呢？因为加法器设计中，本位值与进位由不同逻辑电路实现。

由补码运算结果再进行一次求补运算就可以得到真值，

$[10000011]_{补}=[11111100]_{反}+[00000001]_{2}=[11111101]_{原}=[-125]_{10}$。

通过本例可以看到，进行补码加法运算时，不用考虑数值的符号，直接进行补码加法运算即可，减法可以通过补码的加法运算实现。如果运算结果不产生溢出，且最高位为 0，则结果为正数；如果最高位为 1，则结果为负数。

（3）补码运算的特征

所有复杂计算都可以转换为四则运算，四则运算理论上都可以转换为补码的加法运算。计算机中为了提高计算效率，乘法和除法采用移位操作和加法运算。CPU 实际设计中，内部只有加法器，没有减法器，所有减法都采用补码加法进行。程序编译时，编译器将数值进行补码处理，并保存在计算机存储器中，补码运算完成后，计算机将运行结果转换为原码或 10 进制数据输出给用户。CPU 对补码完全不知情，它只按照编译器给出的机器指令进行运算，并对某些溢出标志位进行设置。

4. 乘法运算

（1）二进制数的移位操作

移位操作是二进制数乘除法的基本操作之一，移位操作有逻辑移位和算术移位。

逻辑移位时，数码位置变化，数值不变，左移时低位补 0，右移时高位补 0。

算术移位时，数码位置变化，数值变化，符号位不变，左移 1 位相当于带符号数乘以 2，右移 1 位相当于带符号数除以 2。

【例 1-16】 如果对 8 位二进制数$[00001100]_{2}=[12]_{10}$进行算术移位操作，左移 1 位后，二进制数变为$[00011000]_{2}=[24]_{10}$，可见左移 1 位相当于带符号数乘以 2。

【例 1-17】 如果对 8 位二进制数$[00001100]_{2}=[12]_{10}$进行算术移位操作，右移 1 位后，二进制数变为$[00000110]_{2}=[6]_{10}$，可见右移 1 位相当于带符号数除以 2。

以上内容只是简单地说明移位操作的方法与功能，还有许多复杂的问题需要解决，如进位问题、溢出问题、符号问题等。

（2）乘法运算的基本思想

定点数的原码乘法运算规则为：乘积的符号位等于乘数与被乘数的符号位进行异或运算，乘积的值等于两数绝对值之积，即乘数与被乘数的绝对值进行移位后再相加。乘法运算步骤如下。

① 检测操作数是否为 0，如果有 1 个操作数为 0，则积置为 0。

② 取两数绝对值参加运算，积的符号为两数符号的异或值。

③ 用移位操作和加法运算实现乘法运算。即将 n 位数的乘法转换为 n 次累加与 n 次移位完成，例如当 8 位数乘 8 位数时，需要作 8 次移位运算和 8 次加法运算。值得注意的是，乘法运算移位时，手工计算采用相加数逐次左移 1 位，机器计算大多采用部分积逐次右移 1 位。

乘法运算需要多个寄存器保存中间运算结果。乘法运算的具体实现过程远比以上描述复杂，需要考虑的问题非常多。

5. 除法运算

除法运算采用原码比较方便，其运算规则为：商的符号位与原码乘法的处理方法相同，由两数的符号位进行异或运算，商的值由两数的绝对值部分进行相除得到。

定点数的原码除法运算有恢复余数法和加减交替法两种方法，在计算机中常用加减交替法，因为它的操作步骤少，而且也不复杂。定点数的原码除法运算基本步骤如下。

① 检测操作数是否为 0，如果有 1 个操作数为 0，则商置为 0。

② 取两数绝对值参加运算，商的符号为两数符号的异或值。

③ 用移位运算和加减运算实现除法运算。值得注意的是，除法运算移位时，手工计算采用除数逐次右移 1 位，机器计算大多采用余数逐次左移 1 位。

除法运算需要用多个寄存器保存中间运算结果。实现除法的逻辑电路与实现乘法的逻辑电路极其相似。

1.5.4 字符数据的表示

1. 英文字符的 ASCII 编码

除了数值计算外，计算机还要处理大量的非数值数据，其中字符数据占有很大比重。字符数据包括西文字符和汉字字符，它们也需进行二进制编码，才能存储在计算机中并进行处理。每个字符对应一个唯一的二进制数，这个二进制数称为“字符编码”。由于西文字符与汉字字符形式不同，使用的编码方式也不同。

在计算机发展过程中，出现过多种字符编码，美国标准信息交换码（American Standard Code for Information Interchange，ASCII）是目前使用得最为广泛的字符编码。1967 年，这一编码被国际标准化组织（International Standard Organization，ISO）确定为国际标准字符编码。常用字符的 ASCII 编码如表 1-3 所示。

ASCII 编码使用 7 位二进制数对 1 个字符进行编码，总共可以表示 $2^7 = 128$ 个字符。由于计算机存储器的基本单位是字节，因此，以 1 个字节来存放 1 个 ASCII 编码，每个字节的最高位为 0。

【例 1-18】 “Hello.”的 ASCII 编码如下。

H	e	l	l	o	.
0100 1000	0110 0101	0110 1100	0110 1100	0110 1111	0010 1110

【例 1-19】 对字符“book”进行 ASCII 编码。

查 ASCII 编码表可知，book 的 ASCII 编码为 01100010 01101111 01101111 01101011。

【例 1-20】 对字符“BOOK”进行 ASCII 编码。

查 ASCII 编码表可知，BOOK 的 ASCII 编码为 01000010 01001111 01001111 01001011。

【例 1-21】 对字符“1 + 2”进行 ASCII 编码。

查 ASCII 编码表可知，字符“1 + 2”的 ASCII 编码为 00110001 00101011 00110010。

ASCII 编码定义了 33 个无法显示的控制码，它们主要用于打印或显示时的格式控制、对外部设备的操作控制、信息分隔、数据通信时的传输控制等。

表 1-3　ASCII 编码表

字符	ASCII 编码			字符	ASCII 编码			字符	ASCII 编码		
	二进制	十进制	十六进制		二进制	十进制	十六进制		二进制	十进制	十六进制
回车	0001101	13	0D	?	0111111	63	3F	`	1100001	96	60
换码	0011011	27	1B	@	1000000	64	40	a	1100001	97	61
空格	0100000	32	20	A	1000001	65	41	b	1100010	98	62
!	0100001	33	21	B	1000010	66	42	c	1100011	99	63
"	0100010	34	22	C	1000011	67	43	d	1100100	100	64
#	0100011	35	23	D	1000100	68	44	e	1100101	101	65
$	0100100	36	24	E	1000101	69	45	f	1100110	102	66
%	0100101	37	25	F	1000110	70	46	g	1100111	103	67
&	0100110	38	26	G	1000111	71	47	h	1101000	104	68
'	0100111	39	27	H	1001000	72	48	i	1101001	105	69
(	0101000	40	28	I	1001001	73	49	j	1101010	106	6A
)	0101001	41	29	J	1001010	74	4A	k	1101011	107	6B
*	0101010	42	2A	K	1001011	75	4B	l	1101100	108	6C
+	0101011	43	2B	L	1001100	76	4C	m	1101101	109	6D
、	0101100	44	2C	M	1001101	77	4D	n	1101110	110	6E
−	0101101	45	2D	N	1001110	78	4E	o	1101111	111	6F
.	0101110	46	2E	O	1001111	79	4F	p	1110000	112	70
/	0101111	47	2F	P	1010000	80	50	q	1110001	113	71
0	0110000	48	30	Q	1010001	81	51	r	1110010	114	72
1	0110001	49	31	R	1010010	82	52	s	1110011	115	73
2	0110010	50	32	S	1010011	83	53	t	1110100	116	74
3	0110011	51	33	T	1010100	84	54	u	1110101	117	75
4	0110100	52	34	U	1010101	85	55	v	1110110	118	76
5	0110101	53	35	V	1010110	86	56	w	1110111	119	77
6	0110110	54	36	W	1010111	87	57	x	1111000	120	78
7	0110111	55	37	X	1011000	88	58	y	1111001	121	79
8	0111000	56	38	Y	1011001	89	59	z	1111010	122	7A
9	0111001	57	39	Z	1011010	90	5A	{	1111011	123	7B
:	0111010	58	3A	[	1011011	91	5B	|	1111100	124	7C
;	0111011	59	3B	\	1011100	92	5C	}	1111101	125	7D
<	0111100	60	3C	]	1011101	93	5D	～	1111110	126	7E
=	0111101	61	3D	^	1011110	94	5E				
>	0111110	62	3E	–	1011111	95	5F				

2. 中文字符的编码

英文为拼音文字，所有词句均由 52 个英文大小写字母拼组而成，加上数字及其他标点符号，常用的字符仅 95 个，因此 7 位二进制编码已经够用了。汉字数量庞大、构造复杂，这给计算机处理带来了困难。汉字是象形文字，每个汉字字符都有自己的形状，所以，每个汉字字符在计算机中都需要一个唯一的二进制编码。

1981 年，我国颁布了《信息交换用汉字编码字符 基本集》（GB/T 2312—1980），又称国标码。GB/T 2312—1980 规定：一个汉字用两个字节表示，每个字节只使用低 7 位，最高位为 0。例如，“大”字的国标码为 0011 0100 0111 0011。

GB/T 2312—1980 共收录 6763 个简体汉字和 682 个符号，其中一级汉字为 3755 个，是以拼音排序，二级汉字为 3008 个，是以偏旁排序。GB/T 2312—1980 的局部编码方法如表 1-4 所示。

表 1-4 GB/T 2312—1980 编码表（局部）

	第 2 字节	0100001	0100010	0100011	0100100	0100101	0100110	0100111	0101000
第 1 字节	位 区	01	02	03	04	05	06	07	08
0110000	16	啊	阿	埃	挨	哎	唉	哀	皑
0110001	17	薄	雹	保	堡	饱	宝	抱	报
0110010	18	病	并	玻	菠	播	拨	钵	波
0110011	19	场	尝	常	长	偿	肠	厂	敞
0110100	20	础	储	矗	搐	触	处	揣	川
0110101	21	怠	耽	担	丹	单	郸	掸	胆

由于国标码每个字节的最高位也为 0，与国际通用的 ASCII 编码无法区分，因此，在计算机内部，汉字编码全部采用机内码表示。机内码就是将国标码两个字节的最高位设定为 1，这就解决了国标码与 ASCII 编码的冲突，保持了中英文的良好兼容性，如“大”字的机内码为 1011 0100 1111 0011。

除此之外，为了利用计算机的西文键盘输入汉字，还要对每个汉字编一个西文键盘输入码（简称输入码），主要的输入码有拼音码、字形码、区位码等。

1.5.5 多媒体数据的表示

在计算机中，数值数据和字符数据都是转换成二进制来存储和处理的。同样，声音、图形和图像、视频等多媒体数据也要转换成二进制后才能在计算机中存储和处理，但不同类型的多媒体数据的表示方式是完全不同的。在计算机中，声音往往用波形文件、MIDI 音乐文件或压缩音频文件方式表示；图像主要有位图编码和矢量编码两种表示方式；视频由一系列“帧”组成，每个帧实际上是一幅静止的图像，需要连续播放才会变成动画。多媒体数据的表示、存储和处理方法，我们将在第 7 章中介绍。

1.6 计算机软件

1.6.1 软件的分类

计算机系统由硬件和软件组成。硬件是物理设备和相关元器件的统称，如显示器、主机、主板、输入/输出设备等。硬件就其逻辑功能而言，可以用来完成信息变换、信息存储、信息传输和信息处理，硬件是计算机系统实现各种操作的物质基础。软件是计算机程序、数据及相关文档的总称。软件就其逻辑功能而言，主要是描述和实现数据处理的规则和流程。

没有安装软件的计算机称为“裸机”，而裸机是无法进行任何工作的，它不能从键盘、鼠标接收信息和操作命令，也不能在显示器上显示信息，更不能运行可以实现各种功能的应用程序。

计算机软件可以分为系统软件和应用软件。系统软件的数量相对较少，其他绝大部分软件是应用软件。软件也可以分为商业软件与共享软件，商业软件功能强大，售后服务较好，收费也高，共享软件大部分是免费或少量收费的，一般不提供售后服务。

1.6.2 系统软件的类型

系统软件是指控制和协调计算机及外部设备，支持应用软件开发和运行的软件，是无需用户干预的各种程序的集合，主要功能是调度、监控和维护计算机系统，管理计算机系统中各种独立的硬件，使它们协调工作。系统软件使计算机使用者和其他软件将计算机当作一个整体而不需要考虑底层硬件是如何工作的。

1. 操作系统

操作系统（Operating System，OS）是管理计算机硬件与软件资源的系统软件。操作系统需要处理各种基本事务，如管理与配置内存、决定系统资源供需的优先次序、控制输入设备与输出设备、操作网络与管理文件系统等。操作系统也提供一个让用户与系统交互的操作界面。常用的PC 操作系统有 Windows/XP/Vista/7/8/10/11、Linux、DOS 等，常用的网络操作系统有 Windows Server、Linux、FreeBSD 等。

2. 网络服务

网络服务是指一些在网络上运行的，面向服务的，基于分布式程序的软件模块，网络服务一般采用 HTTP 和 XML 等互联网通用标准，使用户可以在不同的地方通过不同的终端设备访问网络上的数据，如网上订票，查看订座情况等。网络服务在电子商务、电子政务等领域有广泛的应用，被业内人士称为互联网的下一个重点。

3. 数据库系统

数据库系统（Database System，DBS）主要由数据库（Database，DB）和数据库管理系统（Database Management System，DBMS）组成。数据库可以简单地理解为“数据仓库”，它是按一定方式组织起来的相关数据的集合。数据库管理系统是对数据库进行有效管理和操作的软件，是用户与数据库之间的接口，它提供了用户管理数据库的一套命令，涉及数据库的建立、修改、检索、统计、排序等功能。数据库管理系统是建立信息管理系统的主要软件工具。常用的数据库管理系统有 Oracle、SQLServer、MySQL 等。

4. 程序设计语言

程序设计语言（Programming Language），是一组用来定义计算机程序的语法规则，它是一种被标准化的交流技巧，用来向计算机发出指令。计算机语言让程序员能够准确地定义计算机所需要使用的数据，定义在不同情况下计算机应当采取的行动。程序设计语言一般分为机器语言、汇编语言、高级语言3类。

机器语言（Machine Language）是用二进制代码表示的计算机能直接识别和执行的一种机器指令的集合。它是计算机的设计者通过计算机的硬件结构赋予计算机的操作功能。汇编语言是将机器语言的二进制代码指令，用便于记忆的符号形式表示出来的一种语言，所以又被称为符号语言。机器语言和汇编语言都是面向机器的语言，一般称为低级语言。低级语言对机器的依赖性大，所编程序的通用性差，用户较难掌握。高级语言是一种比较接近于自然语言和数学表达的语言。用高级语言编写的程序便于阅读、修改及调试，而且可移植性强。高级语言已成为目前普遍使用的语言，从结构化程序设计语言到广泛使用的面向对象程序设计语言都是高级语言，高级语言有上百种之多。

5. 语言处理程序

用汇编语言和高级语言编写的程序称为源程序。源程序不能被计算机直接执行，必须把它们翻译成机器语言程序，才能被计算机识别及执行。这个翻译过程也是由程序实现的，不同的语言有不同的翻译程序，这些翻译程序统称为语言处理程序。

通常翻译有两种方式：解释方式和编译方式。解释方式是通过相应的语言解释程序将源程序逐条翻译成机器指令，每译完一句立即执行一句，直至执行完整个程序。解释方式的特点是便于查错，但效率较低。编译方式是用相应语言的编译程序将源程序翻译成目标程序，再用连接程序将目标程序与函数库等连接，最终生成可在机器上运行的可执行程序。

1.6.3 应用软件的类型

应用软件可以分为两类。一类是针对某个应用领域的具体问题而开发的程序，它具有很强的实用性、专业性。这些软件可以由专业公司开发，也可以由用户自行开发。正是由于这些专用软件的应用，计算机日益渗透到社会的各行各业。但是，这类应用软件使用范围小，软件的开发成本过高，通用性不强，软件的升级和维护有很大的依赖性。另一类是一些专业软件公司开发的通用型应用软件，这些软件的功能非常强大，适用性非常好，应用也非常广泛。该类软件由于销售量大，相对于第1类应用软件而言，其价格便宜很多。这类应用软件的缺点是专用性不强，对于某些有特殊要求的用户不适用。

1. 办公自动化软件

办公自动化软件采用互联网技术，运用工作流的概念，使组织内的人员能够快速方便地交流信息，高效快速地协同工作，它能够克服传统办公低效、耗时长的缺点，能够迅速、全方位地收集信息，并及时处理信息，同时为企业管理者提供有效的决策依据。

办公自动化软件分为工具软件、平台软件及系统级应用软件几类。其中，工具软件和平台软件包括计算机的操作系统、网络操作系统、微软的Office软件、金山的WPS软件、语音识别软件、OCR文字识别软件、手写输入系统等。

2. 多媒体制作和应用软件

多媒体制作软件包括文字编辑软件、图像处理软件、动画制作软件、音频处理软件、视频处理软件以及多媒体创作或著作软件等。多媒体应用软件主要是一些创作工具或多媒体编辑工具，包括文字处理软件、绘图软件、图像处理软件、动画制作软件、声音编辑软件以及视频软件。

3. 辅助设计软件

辅助设计软件主要有机械和建筑辅助设计软件 Auto CAD、网络拓扑设计软件 Visio、电子电路辅助设计软件 PROTEL 等。

4. 企业应用软件

通用的企业应用软件有用友财务管理软件、统计分析软件 SPSS 等。

5. 网络应用软件

网络应用软件有网页浏览器软件 Edge、即时通信软件 QQ、网络文件下载软件迅雷等。

6. 安全防护软件

安全防护软件主要有火绒杀毒软件、360 杀毒软件等。

7. 系统工具软件

系统工具软件主要有 Windows 优化大师、鲁大师、CCleaner 等。

8. 娱乐休闲软件

娱乐休闲软件主要有各种电子杂志软件、音视频播放软件、游戏软件等。

Chapter 2

第2章 操作系统基础

操作系统（Operating System，OS）是最重要的系统软件，它在计算机系统中处于十分重要的位置，它是配置在硬件上的第 1 层软件，其他软件可以基于操作系统提供的服务进行工作，操作系统为用户管理着计算机的硬件和软件资源，是现代计算机必备的基本软件。本章将介绍操作系统概述和 Windows 10 操作系统的相关内容。

2.1 操作系统概述

2.1.1 操作系统的基本概念

1. 操作系统的定义

操作系统是控制计算机硬件和软件资源的一组系统程序。操作系统能有效地组织和管理计算机资源（包括硬件资源和软件资源），合理地组织计算机工作流程，控制程序的执行，并向用户提供各种友好的服务，使用户能够高效便捷地使用计算机，并使整个计算机系统能高效地运行。

计算机的很多功能实际上是由应用软件来实现的，操作系统只是负责控制和管理计算机，使它正常工作，而众多应用软件才充分发挥了计算机的作用。操作系统与软件和硬件的层次关系如图 2-1 所示。

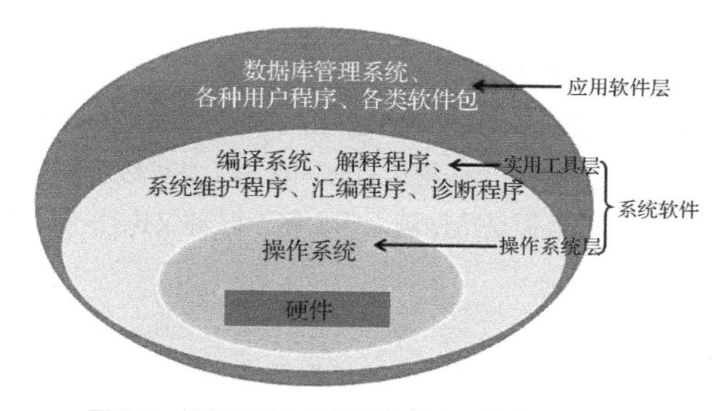

图 2-1　操作系统与计算机软件和硬件的层次关系

2. 操作系统的作用

操作系统是直接运行在硬件上的基本系统软件，任何其他软件都必须在操作系统的支持下才能运行。从用户角度看，操作系统具有以下作用。

（1）为用户提供友好的界面

在操作系统出现之前，普通用户是很难使用计算机的，只有专业的计算机人员才懂得怎样使用计算机。操作系统出现前专业人员每次使用计算机都需要编码才能实现对计算机硬件设备的控制，使用起来非常不方便，而且难度较大。有了操作系统后，操作系统给用户提供了友好的界面，包括命令输入输出界面、问答界面和可视操作界面，不管用户是否为专业人员，只要经过简单的培训，都能很容易地掌握计算机的使用方法。用户只需要把要做的事情“告诉”操作系统，操作系统再把任务安排给计算机去做，等计算机完成工作之后，操作系统再将结果“告诉”用户，这样就简单多了。

（2）统一管理系统中的各种资源

操作系统为所有应用程序提供了一个运行环境，并将应用程序与具体硬件设备隔离。操作系统是用户和计算机之间的接口，同时也是计算机硬件和其他应用软件的接口。操作系统就像计算机的大管家，管理着计算机的各种资源，如 CPU、内存、硬盘等。应用程序想使用这些资源，都必须经过操作系统同意，并且由操作系统统一安排使用时间；应用程序使用完资源后，必须将资源交还给操作系统，以便其他应用程序使用。计算机在操作系统的管理下，以尽可能高的效率有条不紊地工作。

（3）提高运行效率

对于操作系统而言，CPU、内存、硬盘等都是资源，操作系统要考虑如何最大限度地利用计算机的所有资源。

（4）增强扩展能力

在不妨碍系统运行的前提下，操作系统为计算机应用和开发提供扩展能力，支持程序的新功能（如支持最新版 OpenGL 图形库，提升游戏程序的用户体验），支持增加新设备（如触摸屏、智能感应设备等），支持新服务（如智能手机与 PC 的近场通信等）。

3. 操作系统的基本特征

（1）并发性

并发是指两个或多个事件或者活动在同一时间间隔内发生。在多核 CPU 环境下，并发性是指在一段时间内有多道程序同时在多个 CPU 中运行。在单核 CPU 环境下，程序被分成多个不同的线程，轮流在 CPU 中运行，由于每个线程运行时间极短（纳秒级），因此，从用户的角度（宏观）看，这些程序是并行运行的；但是从微观上看，每个时刻仅执行一个线程，因此微观上这些程序是交替执行的。

（2）共享性

共享性是操作系统的另一个重要特性，是指操作系统中的资源（包括硬件资源和软件资源）可被多个并发执行的进程共同使用，而不是被一个进程独占。共享方式有两种，一种是以互斥共享方式进行，另一种是以同时访问方式进行，例如打印机、显示器以互斥共享方式共享，而内存、硬盘等以同时访问方式共享。两种共享方式的区别主要是资源属性不同。

（3）虚拟性

虚拟是操作系统中的一种管理技术，它把一个物理上的实体映射为若干个逻辑上的对应物，它是操作系统对硬件的一种抽象，通过该技术可以实现虚拟处理器、虚拟存储器等。

（4）不确定性

不确定性主要表现为同一程序和数据多次运行可能得到不同的结果，程序的运行时间、运行顺序也可能不同，外部输入的请求、运行故障发生的时间也难以预测。在多道程序运行环境下，由于系统共享资源有限（如只有有限的内存），进程的执行通常并非“一气呵成”，而是以“走走停停”的方式进行。因此，进程何时执行，何时暂停，以怎样的方式向前推进，每个进程总共需要多少时间才能完成，都是不确定的。但尽管如此，只要运行环境相同，进程经过多次运行都会获得预期的结果。

2.1.2 操作系统的主要功能

操作系统的主要任务是有效管理系统资源及提供友好、便捷的用户接口。为实现其主要任务，操作系统具有以下 5 大功能：CPU 管理、存储器管理、文件系统管理、设备管理和接口管理。

1. CPU 管理

操作系统通过进程调度程序对进程进行调度，让其获得 CPU 资源。在单用户单任务的情况下，CPU 仅被一个用户的一个任务独占，进程管理的工作十分简单。但在多道程序或多用户的情况下，组织多个作业或任务时，就要解决 CPU 的调度、分配和回收等问题。因为 CPU 是计算机宝贵的资源，因此能否高效地使用 CPU 对系统的性能有重要影响。

在多道程序系统中，由于存在多道程序共享系统资源的情况，必然会引发对 CPU 的争夺。如何有效地利用 CPU 资源，如何在多个请求 CPU 的进程中选择和取舍，这就是进程调度要解决的问题。提高 CPU 的利用率，改善系统性能，在很大程度上取决于调度算法，因此，进程调度成为操作系统的核心。

2. 存储器管理

存储器（内存）管理的主要工作是为每道程序分配内存，以保证系统及各道程序的存储区互不冲突；当内存中有多个系统或多道程序在运行时，保证这些程序的运行不会有意或无意地破坏其他程序的运行；当某道程序的运行遇到系统提供的内存不足时，把内存与外存结合起来使用，给程序提供一个比实际内存大得多的虚拟内存，从而使程序能顺利地执行。为此，存储器管理应包括内存分配、地址映射、内存保护和扩充等功能。

3. 文件系统管理

在操作系统中，负责管理和存取文件信息的部分称为文件系统或信息管理系统。在文件系统的管理下，用户可以按照文件名访问文件，而不必考虑各种外存的差异，不必了解文件在外存上的具体物理位置及存放方式。文件系统为用户提供了一个简单、统一的访问文件的方法，因此它也被称为“用户与外存的接口”。

4. 设备管理

每台计算机都配置了很多设备，它们的性能和操作方式都不一样，操作系统的设备管理功能就是负责对设备进行有效的管理。设备管理的主要任务是方便用户使用外部设备，提高 CPU 和其他设备的利用率。

5. 接口管理

为了方便用户使用操作系统，操作系统又向用户提供了“用户与操作系统的接口”。该接口通常是以命令或系统调用的形式呈现在用户面前的，前者提供给用户在终端上使用，后者提供给用户在编程时使用。

2.1.3 操作系统的类型

对操作系统进行严格地分类是困难的。早期的操作系统，按用户使用的操作环境和功能特征的不同，可分为 3 种基本类型：批处理操作系统、分时操作系统和实时操作系统。随着计算机体系结构的发展，又出现了嵌入式操作系统、网络操作系统和分布式操作系统。

1. 批处理操作系统

批处理是指用户将一批作业提交给操作系统后就不再干预，由操作系统控制它们自动运行。

采用这种批处理技术的操作系统称为批处理操作系统。它的突出特征是“批量”处理，它把提高系统处理能力作为主要设计目标。批处理操作系统分为单道批处理操作系统和多道批处理操作系统。批处理操作系统的优点是用户脱机使用计算机，操作方便，成批处理，提高了 CPU 利用率。批处理操作系统的缺点是无交互性。

2. 分时操作系统

分时操作系统是使一台计算机采用时间片轮转的方式同时为几个、几十个甚至几百个用户服务的一种操作系统。由于时间片划分得很短，循环执行得很快，每道程序都能快速得到 CPU 的响应，这时用户好像在独享 CPU。分时操作系统的主要特点是允许多个用户同时运行多道程序，每道程序都是独立操作、独立运行、互不干涉的。分时操作系统的优点是有效增加资源的使用率，现代通用操作系统大多采用分时处理技术，Windows、Linux、macOS（见图 2-2）等都是分时操作系统。

图 2-2　macOS 操作系统桌面

3. 实时操作系统

实时操作系统是指当外界事件或数据产生时，能够快速被计算机接收并以足够快的速度予以处理，处理结果能在规定时间之内返回，并且控制所有实时设备和实时任务协调一致地运行的操作系统。实时操作系统通常是具有特殊用途的专用系统。例如，通过计算机对飞行器、导弹发射过程进行自动控制，计算机应及时对测量系统测得的数据进行加工，并输出结果，对目标进行跟踪或向操作人员显示运行情况。

在工业控制领域，早期常用的实时操作系统主要有 VxWorks 和 QNX 等，目前主流的操作系统（如 Linux 和 Windows 等）经过一定改造（定制），都可以成为实时操作系统。

4. 嵌入式操作系统

近年来，嵌入式操作系统的应用非常广泛，大到航天飞机、卫星和导航设备、气象监测站，小到电子钟表、电子体温计、电子翻译词典、电冰箱、电视机等。嵌入式操作系统给人们生产生活带来了极大的便利，并极大促进生产生活方式的变革，成为现代经济发展不可或缺的一部分，如图 2-3 所示。

图 2-3 身边的嵌入式操作系统

嵌入式操作系统具有以下特点。

（1）系统内核小

嵌入式操作系统一般应用于小型电子装置，系统资源相对有限，所以系统内核比其他操作系统要小得多。例如，Enea 公司的 OSE 嵌入式操作系统的内核只有 5 KB。

（2）专用性强

嵌入式操作系统专用性很强，其中的软件系统与硬件的结合非常紧密，一般要针对硬件进行系统移植，即使在同一品牌、同一系列的产品中，也需要根据硬件的变化对系统进行修改。因此，嵌入式操作系统需要根据不同设备更改系统功能模块，这需要可伸缩的体系结构。

（3）高实时性

嵌入式操作系统对软件的一个基本要求是高实时性，它一般采用固态存储以提高运行速度。

（4）强大的网络功能

嵌入式操作系统支持 TCP/IP 协议，为移动设备预留接口。

（5）需要开发工具和环境

嵌入式操作系统本身不具备自主开发能力，所以需要借助另外一套开发工具和环境进行开发，如果后期需要对程序进行修改，也需要借助其他通用计算机上的软硬件设备以及各种逻辑分析仪、混合信号示波器等才能完成。

5. 网络操作系统

网络操作系统是基于计算机网络的操作系统，它的功能包括网络管理、通信管理、安全管理、资源共享和各种网络应用。网络操作系统的目标是使用户可以突破地理条件的限制，方便地使用远程计算机资源，实现网络环境下计算机之间的通信和资源共享。Windows Server、Linux、FreeBSD 等都是网络操作系统。

6. 分布式操作系统

分布式操作系统是指通过网络将大量计算机连接在一起，以获取极高的运算能力、广泛的数据共享及分散资源管理等功能为目的的一种操作系统。Amoeba、Mach、Chorus 等操作系统就是用于学术研究的分布式操作系统。

分布式操作系统及常用的 PC 操作系统有以下优点：数据共享（允许多个用户访问一个公共数据库）、设备共享（允许多个用户共享昂贵的计算机设备）、通信（计算机之间通信更加容易）、灵活性（用最有效的方式将工作分配到可用的机器中）。分布式操作系统的缺点主要是工作的时候需要网络传输大量的数据，对网络传输有较高的要求，此外，分布式操作系统容易给数据保密带来一定的风险。

2.1.4　计算机人机界面

人机界面是指人与机器之间相互交流和影响的界面。在计算机使用中，人机界面可实现数据和信息的输入和输出方法，以及用户对机器的操作和控制。以人为中心的计算机操作方式更接近于人类自然交流形式，是未来人机界面的总体特征。

1. 控制台人机界面

20 世纪 50 年代，汇编语言和高级语言的问世改善了计算机的人机界面。如图 2-4 所示，早期程序员为了在计算机上运行一道程序，必须准备好一大堆穿孔纸带或穿孔卡片，这些穿孔纸带上记录了程序和数据。程序员将这些穿孔纸带装入输入设备，拨动控制台开关，计算机将程序和数据读入内存。接着，程序员在控制台启动汇编或编译程序，将源程序翻译成目标代码。如果程序不出现语法错误，程序员就可以通过控制台按键，设定程序执行的起始地址，并启动程序。在程序执行期间，程序员要观察控制台上各种指示灯，以监视程序的运行情况。如果发现错误，可以通过指示灯检查存储器中的内容，并在控制台上进行程序调试和排错。如果程序运行正常，而且计算机也没有发生故障，计算结果将通过电传打字机打印出来。

图 2-4　早期的穿孔纸带上的程序和控制台人机界面

2. 命令行人机界面

20 世纪 70 年代，控制台人机界面逐渐退出人们的视野，取代它的是命令行人机界面。命令行人机界面的出现得益于显示器（阴极射线管）和键盘的使用，用户通过键盘输入命令来操控计算机，计算机执行用户输入的代码，通过显示器来反馈，完成人机交互，这个时期的操作系统以微软的 DOS 系统为主要代表。

命令行人机界面通常不支持鼠标操作，用户通过键盘输入指令，计算机接收到指令后予以执行。在熟记操作命令的前提下，命令行界面操作速度更快，因此，在嵌入式操作系统中，命令行界面使用较多。命令行人机界面比控制台人机界面进步了很多，但是用户需要记住各种命令行。很早以前书店有专门售卖 DOS 操作系统使用手册，如图 2-5 所示，使用计算机就像使用字典一样，常用的命令可以记住，不常用的命令行需要查阅手册来使用。

图 2-5 早期 DOS 操作系统使用手册

Windows 操作系统的“命令提示符”窗口（见图 2-6）及 Linux 操作系统的 Shell 界面（见图 2-7）等都属于命令行人机界面。

```
管理员: C:\Windows\system32\cmd.exe
Microsoft Windows [版本 10.0.18363.592]
(c) 2019 Microsoft Corporation。保留所有权利。

C:\Users\Administrator>d:

D:\> cd ..

D:\>dir
 驱动器 D 中的卷是 DATA
 卷的序列号是 482E-6100

 D:\ 的目录

2019/10/13  周日    22:10    <DIR>          360Downloads
2022/04/23  周六    10:09    <DIR>          360安全浏览器下载
2017/11/21  周二    21:13    <DIR>          360极速浏览器下载
2017/03/14  周二    22:16    <DIR>          360用户文件
2022/03/21  周一    17:36    <DIR>          ApowerREC
2022/02/17  周四    21:38    <DIR>          BaiduNetdiskDownload
2020/01/20  周一    00:20                 9 BugReport.txt
2021/01/19  周二    22:17                91 c.txt
2018/07/03  周二    18:16    <DIR>          debug
2020/12/28  周一    11:36               103 f12-1.txt
2021/06/30  周三    17:23    <DIR>          FFOutput
2007/11/07  周三    08:03           562,688 install.exe
2019/12/15  周日    22:51    <DIR>          KSWJJ
2017/02/23  周四    22:13    <DIR>          KSXT
2018/11/30  周五    22:59    <DIR>          MyDownloads
2019/06/21  周五    10:19    <DIR>          NCRESJ
2022/02/06  周日    23:43    <DIR>          Program Files
```

图 2-6 Windows 操作系统的“命令提示符”窗口

```
linux@ubuntu:~/shelldemo$ vi prog2.sh
linux@ubuntu:~/shelldemo$ ls -l prog2.sh
-rw-rw-r-- 1 linux linux 54 Feb 29 18:11 prog2.sh
linux@ubuntu:~/shelldemo$ chmod u+x prog2.sh
linux@ubuntu:~/shelldemo$ ./prog2.sh
num:0
all paras:
all paras:
linux@ubuntu:~/shelldemo$ ./prog2.sh  29  hello
num:2
all paras:29 hello
all paras:29 hello
linux@ubuntu:~/shelldemo$ ./prog2.sh  29  hello 5.5 1 asd
num:5
all paras:29 hello 5.5 1 asd
```

图 2-7 Linux 操作系统的 Shell 界面

计算机技术中经常用到的“控制台”（Console）一词通常是指命令行人机界面。通常所说的控制台命令，就是指通过命令行人机界面输入的可以操作计算机的命令。例如，dir 是查看目录文件的控制台命令，md 是创建目录的控制台命令，rd 是删除文件的控制台命令。

3. 图形用户界面

图形用户界面，又称图形用户接口（Graphical User Interface，GUI），是指采用图形方式显示的计算机人机界面。与早期计算机使用的命令行人机界面相比，图形用户界面对于用户来说更为简便易用。图形用户界面的广泛应用是当今计算机发展的重大成就之一，它极大地方便了非专业用户，使用户从此不再需要死记硬背大量的人机交互命令，取而代之的是通过窗口、菜单、按键等方式来方便地进行操作，在操作上更简单易学，极大地提高了用户的工作效率。

图形用户界面的使用为计算机的普及奠定了基础，早期使用计算机的都是科研人员和工程师，20 世纪 80 年代以后，随着微机广泛进入人们的工作和生活领域，计算机用户发生了巨大的改变，非专业人员成了计算机用户的主体，这一重大转变使计算机的易用性问题日益突出。

1975 年，施乐公司的 Alto 计算机第 1 次采用图形用户界面；1984 年，苹果公司的 Macintosh 微机开始采用图形用户界面；1986 年，X-Window System 窗口系统发布；1992 年，微软公司发布 Windows 3.1。如图 2-8 和图 2-9 所示，目前主流的计算机操作系统基本都支持图形用户界面。

图 2-8　Windows 10 界面

图 2-9　Android 界面

4. 多媒体人机界面

近年来，触摸屏图形用户界面（见图 2-10）广泛流行。触摸屏是一个安装在液晶显示器表面的定位操作设备，由触摸检测部件和控制器组成。触摸检测部件安装在液晶显示器的表面，用于检测用户触摸位置，并且将检测到的信号发送到控制器。控制器从触摸检测部件接收触摸信号，并将它转换成触摸点坐标。

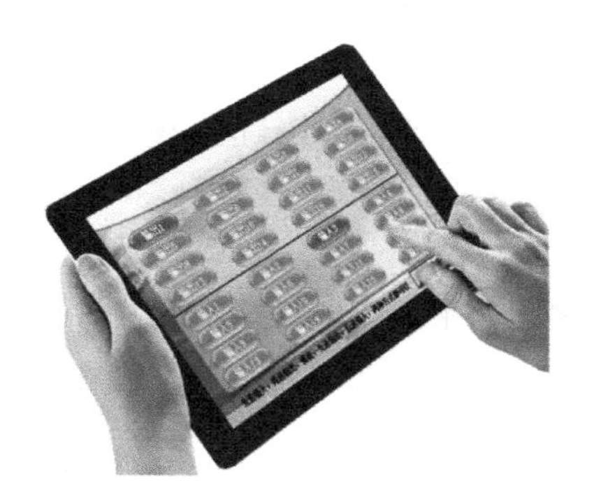

图 2-10　触摸屏图形用户界面

触摸屏操作不需要鼠标和物理键盘（支持图形虚拟键盘），操作时用手指或其他物体触摸操作，操作系统根据手指触摸的位置来定位用户选择的输入信息。触摸屏的流行。使计算机的操作方式发生了很大变化。

计算机科学家正在努力使计算机能听、能说、能看、能感觉，语音和手势操作未来也许将成为主要人机界面。虚拟现实将实现以人为中心的人机交互方式。计算机将为用户提供光、声、力、嗅、味等全方位、多角度的真实感觉。虚拟屏幕和非接触式操作等新技术，将彻底改变人们使用计算机的方式，也将对计算机应用的广度和深度产生深远的影响。

2.2　Windows 10 操作系统

Windows 10 是由微软公司开发的一款操作系统，也是当前主流的微机操作系统之一，具有操作简单、启动速度快、安全和连接方便等特点。本节主要介绍 Windows 10 基本操作、Windows 10 文件管理、Windows 10 软件和硬件管理。

2.2.1　Windows 10 基本操作

1. 鼠标操作

Windows 10 的绝大部分操作是基于鼠标设计的，因此使用鼠标操作 Windows 10 是最简便的方式。常见的鼠标有左、右两个按钮和一个滚轮。鼠标的操作如图 2-11 所示。

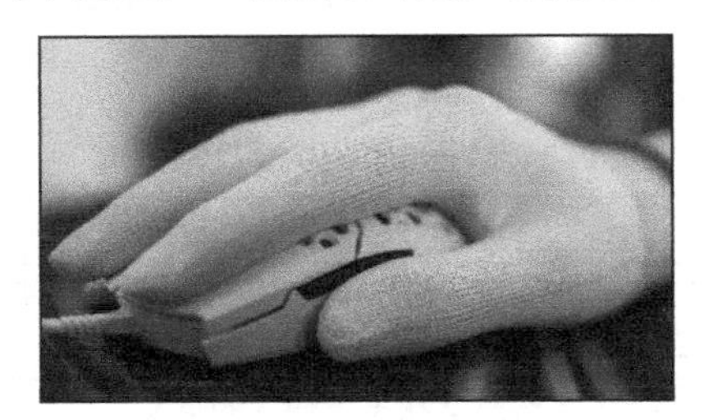

图 2-11　鼠标的操作

（1）手握鼠标

手握鼠标不要太紧，就像把手放在自己膝盖上一样，使鼠标的后半部分恰好在掌下，食指和中指分别轻放在鼠标的左、右按键上，拇指和无名指轻夹住鼠标两侧。

（2）移动鼠标

在鼠标垫上移动鼠标时，显示器上的鼠标指针也在移动，鼠标指针移动的距离取决于鼠标移动的距离。通过鼠标来控制显示器上鼠标指针的位置。

（3）单击鼠标

先移动鼠标，让鼠标指针指向某个对象，然后用食指按下鼠标左键后快速松开，鼠标左键自动弹起还原。单击操作常用于选择对象，被选择的对象一般呈高亮显示。

（4）双击鼠标

双击是指用食指快速地按两下鼠标左键。

（5）拖动鼠标

先移动鼠标指针到某个对象，按下鼠标左键不要松开，通过移动鼠标将对象移动到预定位置，然后松开左键，这样就可以将一个对象由一处移动到另一处。

2. 键盘使用

（1）键盘的结构

以常用的104键、107键或108键键盘为例，键盘按照按键功能的不同可以分成功能键区、主键盘区、编辑键区、小键盘区和状态指示灯5个部分，如图2-12所示。

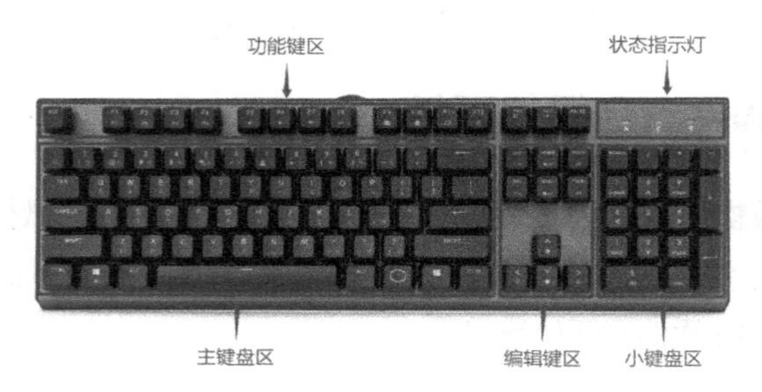

图2-12 键盘的构成

（2）部分常见的功能键

主键盘区主要用于输入数字、文字和符号，其中有一些常用的控制键，如shift键、ctrl键等，编辑键区主要用于编辑过程中控制光标，常用键包括Home键、Insert键等。表2-1介绍了Windows 10键盘常用键。

表2–1 Windows 10键盘常用键

按键	作用
Tab键	Tab是英文Table的缩写，Tab键也称制表定位键。每按一次Tab键，光标向右移动8个字符。Tab键常用于文字处理中的对齐操作
Caps Lock键	大写字母锁定键。系统默认状态下输入的英文字母为小写，按下该键可以进行大小写字母的切换
Shift键	主键盘区左右各有一个，功能完全相同，主要用于上档字符和大写英文字符的输入。例如，按下Shift键不放再按B键，可以输入大写字母“B”
Ctrl键和Alt键	主键盘区左右各有一个，常与其他键组合使用，在不同的应用软件中，其作用也各不相同

续表

按键	作用
Space 键	空格键，位于主键盘区的下方，其上无刻记符号。每按一次空格键，将在光标位置产生一个空格字符，同时光标向右移动一个字符
Backspace 键	每按一次 Backspace 键，可使光标向左移动一个字符，若光标左边有字符，将删除该位置上的字符
Enter 键	回车键。它有两个作用：一是确认并执行输入的命令；二是输入文字时按此键，光标移至下一行行首
Windows 功能键	主键盘区左右各有一个键，其上刻有 Windows 窗口图案，称为开始菜单键，在 Windows 操作系统中，按下该键后将打开“开始”菜单；主键盘区右下角的键称为快捷菜单键，在 Windows 操作系统中，按该键会打开相应的快捷菜单，其功能相当于单击鼠标右键
PrintScreen 键	将当前屏幕复制到剪贴板，然后在其他程序中按下 Ctrl+V 快捷键可将屏幕图像粘贴到程序中
Insert 键	进行插入和改写的转换
Delete 键	每按一次 Delete 键，将删除光标位置后的一个字符
Home 键	使光标快速移至当前行行首
End 键	使光标快速移至当前行行尾

（3）键盘操作

键盘操作有 3 种形式：输入操作、键盘快捷操作和命令操作。输入操作是用户通过键盘向计算机输入文字、符号等信息；键盘快捷操作是利用键盘的功能键或组合键，对系统进行操作；命令操作是在操作系统“命令提示符”窗口下，向计算机发布操作命令，让计算机执行指定的操作。Windows 10 中常用的键盘操作快捷键如表 2-2 所示。

表 2–2　Windows 10 键盘操作快捷键

快捷键	功能说明	快捷键	功能说明
Alt+F4	关闭当前窗口	Ctrl+A	选中所有对象
Win+R	运行对话框	Ctrl+X	剪切选中对象
Win+D	显示桌面	Ctrl+C	复制选中对象
Win+I	打开设置界面（原控制面板）	Ctrl+V	粘贴对象
Win+S	打开文件搜索	Ctrl+Z	撤销操作
Win+E	打开文件管理器	Ctrl+Home	回到文件或窗口的顶部
PrintScreen	拷屏，复制屏幕图像到剪贴板	Ctrl+End	回到文件或窗口的底部

3. 桌面和桌面图标

桌面是登录到 Windows 10 之后看到的主屏幕区域。桌面主要由桌面图标、任务栏等部分组成，如图 2-13 所示。

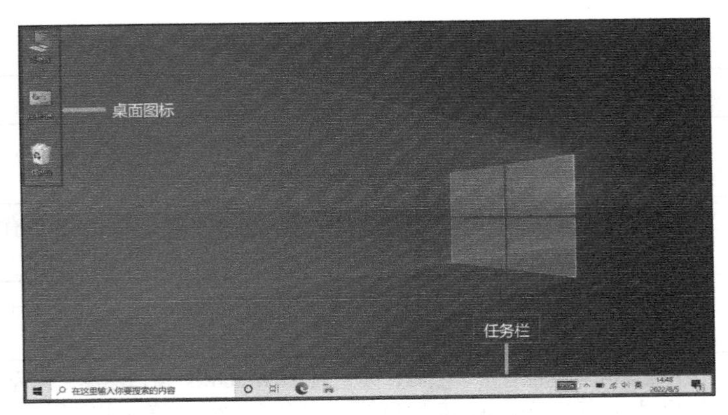

图 2-13　Windows 10 桌面构成

（1）桌面图标

桌面图标由图像标志和文字组成，它是文件、文件夹、程序等项目的标识。双击桌面上的某个图标就可以打开该图标对应的窗口或程序。

（2）任务栏

任务栏默认情况下位于桌面的最下方，由“开始”按钮、任务区、通知区域和“显示桌面”按钮 4 部分组成，如图 2-14 所示。

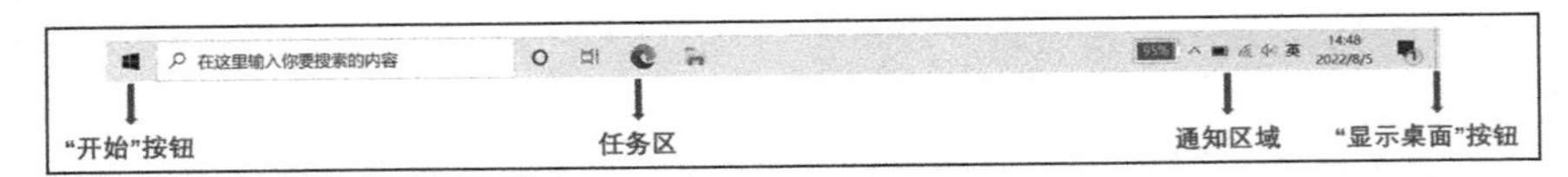

图 2-14　Window 10　桌面任务栏

4. 窗口操作

Windows 10 中，几乎所有的操作都要在窗口中完成。打开程序、文件或文件夹时操作系统会在屏幕上显示一个窗口，窗口中相关操作通过鼠标和键盘来进行。窗口包括菜单栏、地址栏、搜索栏、窗口工作区等，如图 2-15 所示。窗口的操作包括最大化窗口、最小化窗口、移动窗口、调整窗口大小和关闭窗口等。

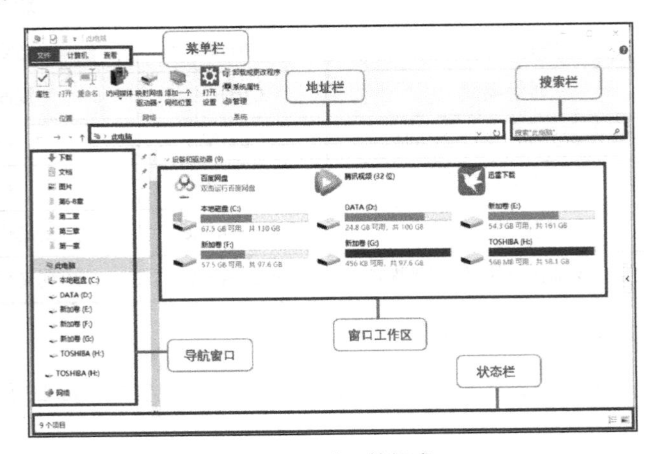

图 2-15　窗口的组成

5. 对话框操作

对话框是特殊类型的窗口，如图 2-16 所示，它是 Windows 10 和用户进行信息交流的一个界面。系统用对话框向用户提问，用户可以通过回答问题或选择选项来完成对话或者提供信息。与常规窗口不同，多数对话框无法最大化、最小化或调整大小，但可以被移动。

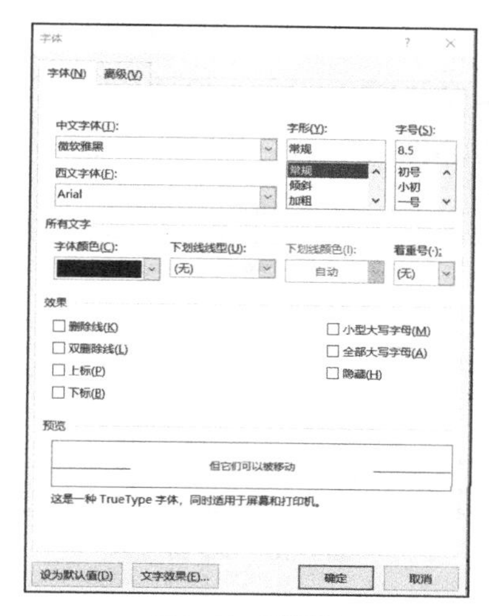

图 2-16 对话框

6. 菜单操作

菜单是一种将软件可执行命令以层级方式显示的操作界面，如图 2-17 所示。菜单中存放了各种操作命令，要执行菜单中的操作命令，只需要单击菜单栏对应的菜单名称，然后在打开的菜单中选择某个命令即可。菜单的重要程度一般是从左到右，越往右其重要程度越低，最左边的一般是一般文件操作、编辑等，最右边一般是帮助等。

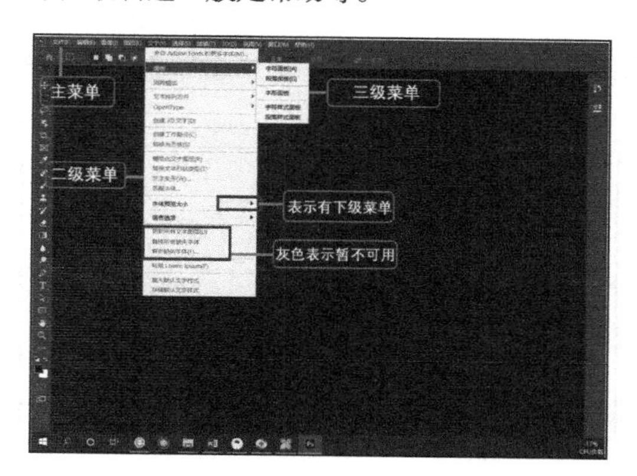

图 2-17 菜单界面

7. 应用程序的启动

在 Windows 10 中启动应用程序有以下几种方法。

① 双击桌面图标启动应用程序。这是最常见的启动应用程序的方法。

② 通过“开始”菜单启动应用程序。在桌面左下角单击“开始”命令，选择需要运行的程

序即可。

③ 直接从应用程序所在文件夹中运行应用程序。不是所有的应用程序都位于“所有程序”菜单中或放置在桌面上，运行这些程序的一个有效方法是打开“此电脑”或“文件资源管理器”，找到应用程序文件，然后双击运行。例如，如果需要启动 QQ 聊天软件，可以双击桌面上的“此电脑”→“Program Files”→“Tencent”→“QQ”→“Bin”→“QQ.exe”，即可打开图 2-18 所示的窗口。

图 2-18　QQ 窗口

8. 退出应用程序

在 Windows 10 中退出应用程序有以下几种方法。

① 在应用程序中选择“文件”→“退出”命令。

② 单击应用程序窗口右上角的“关闭”按钮。

③ 按快捷键 Alt + F4 关闭应用程序窗口。

④ 当某个应用程序不再响应用户的操作时，可以在桌面下方的任务栏上单击鼠标右键，在弹出的快捷菜单中选择“任务管理器”命令，打开“任务管理器”对话框，如图 2-19 所示，选择“进程”选项卡，选项卡中显示了正在运行的所有应用程序，选中要关闭的应用程序，再单击“结束任务”按钮。

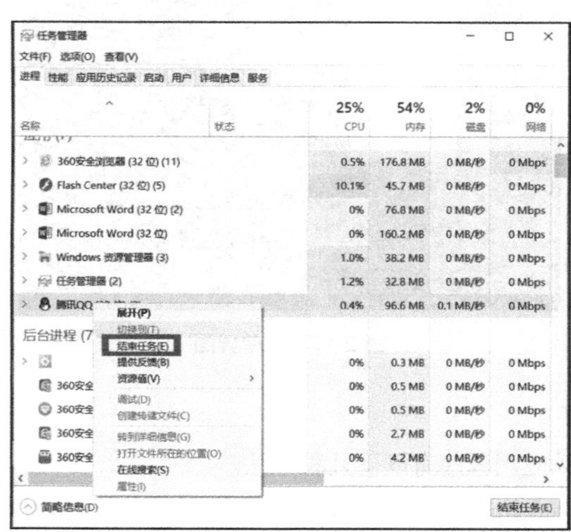

图 2-19　“任务管理器”对话框

9. Windows 操作系统的安装步骤

Windows 操作系统的安装方法有 U 盘安装、光盘安装、硬盘安装、虚拟硬盘文件格式安装等，其中利用 U 盘安装为最常见。

（1）利用 U 盘安装

利用 U 盘（或存储卡、移动硬盘）安装 Windows 操作系统有以下优点。

① 不受 32 位和 64 位操作系统的影响。如果在 32 位的操作系统环境下安装 64 位的 Windows 操作系统，或在 64 位操作系统环境下安装 32 位的 Windows 操作系统，就会发现安装文件无法运行。U 盘安装可以解决这一不兼容的问题，且安装速度比光盘快。

② U 盘可以作为急救盘。当 Windows 操作系统因各种原因崩溃，不能启动时，U 盘就可以作为系统恢复的急救盘。

③ U 盘携带方便，可多次安装系统。不需要时可删除安装文件；有新版系统时，更新文件即可。

④ U 盘既可以实现单系统安装，也可以实现双系统安装（安装时需要格式化 C 盘）。

（2）主要安装步骤

① 在 Windows 或 Windows Server 操作系统中格式化 U 盘，并将 U 盘分区设为引导分区（这是成功安装的关键）。在桌面上的“此电脑”图标上单击鼠标右键，在弹出的快捷菜单中选择“管理”命令，在打开的“计算机管理”窗口中的“U 盘”分区上单击鼠标右键，在弹出的快捷菜单中选择“格式化”命令，如图 2-20 所示，选择右侧的“更多操作”→“所有任务”→“将分区标记为活动分区”。

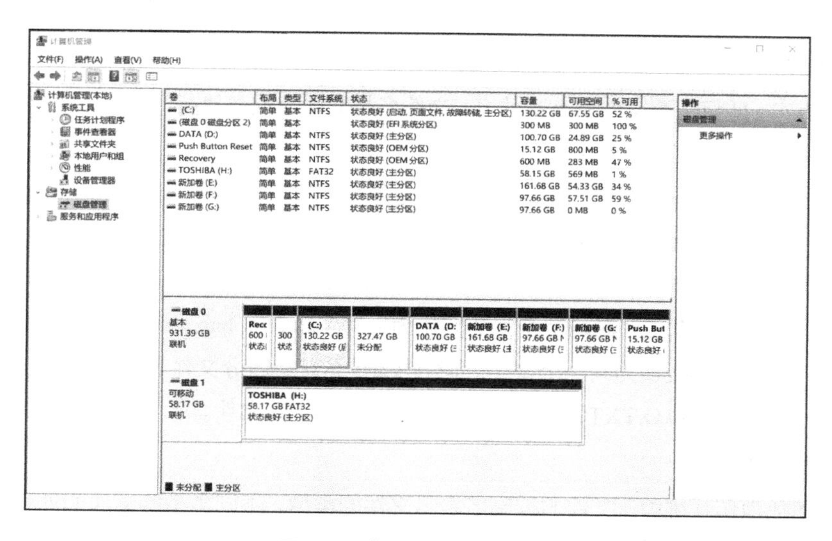

图 2-20 “计算机管理”窗口

以上方法要求计算机已安装.NET Framework 2.0 或以上版本（可利用“开始”→“Windows 系统”→“控制面板”→“系统和安全”→“Windows 工具”→“服务”打开“服务”窗口，查看.NET Framework 启动情况），并以管理员身份登录系统。如果 U 盘无法进行“将分区标记为活动分区”操作，就必须利用工具软件。可以在互联网下载微软公司的工具软件 Windows USB/DVD Download Tool（其他工具软件也可以），这款工具软件使用户无需使用 DVD 光驱，利用 U 盘就可以安装 Windows 操作系统。将 U 盘插入 USB 端口，启动 Setup.exe 安装文件，然后选择 Windows 操作系统的 ISO 文件，并选择 U 盘，程序会自动为用户制作好可启动的 Windows 操作系统安装 U 盘。

② 将 Windows 操作系统的 ISO 镜像文件解压到 U 盘。最简单的方法是用 WinRAR 软件直接将 ISO 镜像文件解压到 U 盘。

③ 在 BIOS 中将引导盘设为 U 盘。老式计算机默认将 USB-HDD 设为第 1 引导，新式计算机一般优先选择 U 盘引导。重启计算机后，按提示安装。

2.2.2 Windows 10 文件管理

文件是保存在计算机中的各种信息和数据。文件的类型很多，包括文档、图片、程序、音乐等。文件在计算机中一般以图标和文件名显示，图 2-21 所示是一个名为“2021 年科研工作量”的 Excel 电子表格文件。

图 2-21　Excel 电子表格文件

文件管理系统是操作系统中负责管理和存储文件的软件系统。在文件系统的管理下，用户可以按照文件名查找和访问文件，而不必考虑文件如何保存（在 Windows 操作系统中，大于 4 KB 的文件必须分块存储）、如何调入调出内存、如何建立文件目录等。文件管理系统为用户提供了一个简单、统一的访问文件的方法。

1. 文件名

在计算机中，任何一个文件都有文件名，文件名是文件存取和执行的依据。在大部分情况下，文件名分为主名和扩展名两个部分。

文件的主名由系统设计者或用户命名，一般遵循见名知意的原则，用有意义的英文、中文词汇或数字命名，以便识别。例如，Windows 操作系统中的谷歌浏览器的文件名为 google.exe。

不同的操作系统文件命名的规则有所不同。例如，Windows 操作系统不区分文件名的大小写，在操作系统执行时，所有文件名的字符都会转换为大写字母，如 bao.txt、BAO.TXT、Bao.TxT 在 Windows 操作系统中都被视为同一个文件。而有些操作系统是区分文件名大小写的，例如在 Linux 操作系统中，bao.txt、BAO.TXT、Bao.TxT 被认为是 3 个不同文件。

2. 文件类型

在绝大多数操作系统中，文件的扩展名表示文件的类型。不同类型的文件的处理方法是不同的。用户不能随意更改文件的扩展名，否则将导致文件不能被执行或打开。在不同的操作系统中，表示文件类型的扩展名并不相同。在 Windows 操作系统中，虽然允许扩展名为多个英文字符，但是大部分扩展名习惯采用 3 个英文字母。

Windows 10 中常见的文件扩展名如表 2-3 所示。

表 2-3　Windows 10 中常见的文件扩展名

文件类型	扩展名	说明
Office 文件	docx、xlsx、pptx	MS Office 中 Word、Excel、PowerPoint 创建的文档
图像文件	jpg、gif、bmp、png	图像文件，不同的扩展名表示不同格式的图像文件
可执行程序	exe、com	可执行程序文件
文本文件	txt	通用性极强，往往作为各种文件格式转换的中间格式
源程序文件	c、py、asm	程序设计语言的源程序文件
系统文件	int、sys、dll、adt	安装操作系统的过程中自动创建
视频文件	avi、mp4、rmvb	通过视频播放软件播放，视频文件格式极不统一
压缩文件	rar、zip	压缩文件
音频文件	wav、mp3、mid	不同的扩展名表示不同格式的音频文件
网页文件	htm、html、asp	一般来说，htm 和 html 是静态网页，asp 是动态网页

3. 文件属性

在文件上单击鼠标右键，在弹出的快捷菜单中选择“属性”，即可查看文件属性。文件属性包含了文件名、位置、大小、创建时间等信息，如图 2-22 所示。

图 2-22　Windows 10 文件的属性示例

4. 文件操作

文件中存储的内容可能是数据，也可能是程序代码，不同格式的文件通常会有不同的应用和操作。文件的常用操作有新建文件（需要专门的应用软件，如建立一个 PPT 文档需要 PowerPoint 演示文稿软件）、打开文件（需要专门的应用软件，如打开.docx 文档需要 Word 文字处理软件）、编辑文件（在文件中写入内容或修改内容称为编辑，需要专门的应用软件，如编辑图片需要

Photoshop 等软件）、删除文件（可在操作系统下实现）、复制文件（可在操作系统下实现）、更改文件名称（可在操作系统下实现）等。

5. 目录管理

计算机中的文件成千上万，如果把所有文件存放在一起会有许多不便。为了有效地管理和使用文件，大多数文件管理系统允许用户在根目录下建立子目录（也称文件夹），在子目录下再建立子目录（也称在文件夹中再建文件夹）。如图 2-23 所示，目录可以建成树状结构，然后文件被分门别类地存放在不同的目录中。这种目录结构像一棵倒置的树，树根为根目录，树中每一个分枝为子目录，树叶为文件。在树状目录结构中，用户可以将相同类型的文件或相同主题的文件放在同一个目录中，同名文件可以存放在不同的目录中。

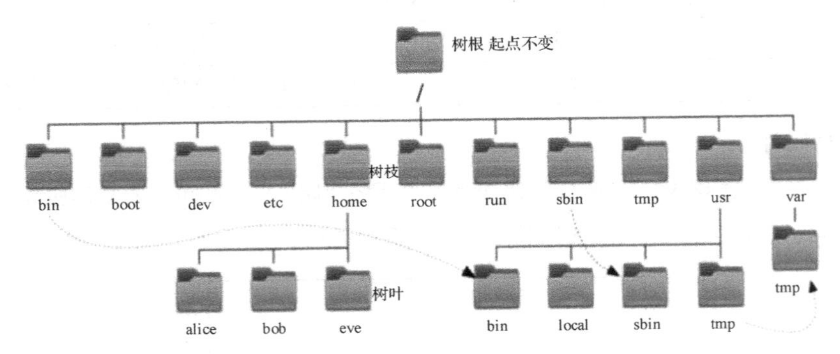

图 2-23　Windows 10 树状目录结构

6. 文件路径

在对文件进行操作时，除了要知道文件名外，还需要知道文件的位置才能找到它，文件位置即为文件路径。文件路径分为相对路径和绝对路径两种。相对路径以“.”（表示当前文件夹）、“..”（表示上级文件夹）或文件夹名称（表示当前文件夹中的子文件名）开头；绝对路径是指文件在硬盘上存放的绝对位置，如“E：\学校资料\学生信息.xlsx”即表示“学生信息.xlsx”文件是在 E 盘的“学校资料”文件夹中。在 Windows 10 中单击地址栏的空白处，即可查看当前所打开的文件夹的路径。

7. 文件搜索

在 Windows 10 中查找文件或文件夹非常方便，当用户不知道文件或文件夹的位置时即可用搜索功能来查找。用鼠标右键单击“开始”按钮，在弹出的快捷菜单中选择“文件资源管理器”命令，在打开的窗口右上角即可看到搜索框，输入需要查找的文件的部分文件名即可，例如要查找 D 盘中所有的 JPG 文件，可以在搜索框中输入“*.jpg”，Windows 10 会自动搜索出所有的结果，如图 2-24 所示。

搜索的时候如果不记得文件的名称，可以使用模糊搜索的功能，这里介绍两个通配符“*”和“？”。通配符“*”代替任意数量的任意字符，“？”代替任意一个字符，例如“*.pptx”表示搜索当前目录下所有的扩展名为“pptx”的文件，“nnxy?.pptx”表示搜索文件名前 4 个字符为“nnxy”，第 5 位为任意字符的扩展名为“pptx”的文件。

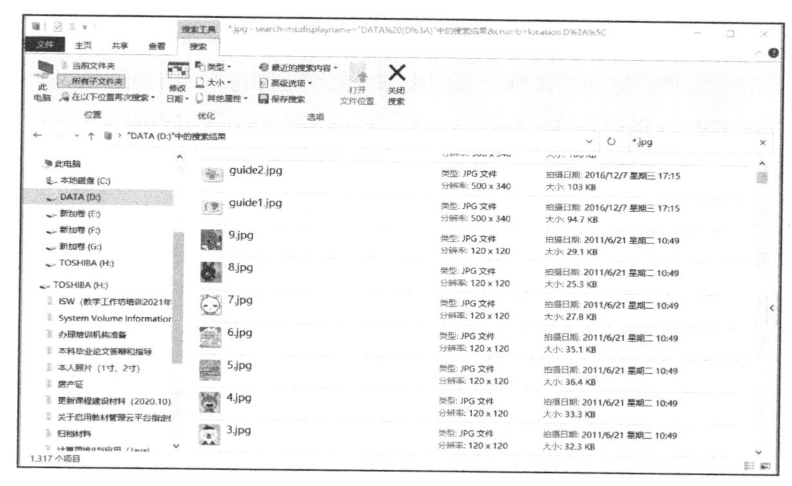

图 2-24　搜索 D 盘的 JPG 文件

2.2.3　Windows 10 设备管理

计算机大多配置了许多外部设备，它们的性能和操作方式都不一样，设备管理的主要任务是方便用户使用外部设备，提高设备的利用率。

1. 计算机基本信息

若要在 Windows 10 中查看计算机基本信息，可在桌面上的“此电脑”图标上单击鼠标右键，在弹出的快捷菜单中选择“属性”命令，打开“基本信息”窗口，如图 2-25 所示。单击窗口左侧的“高级系统设置”，可查看计算机主要硬件设备的基本性能参数。

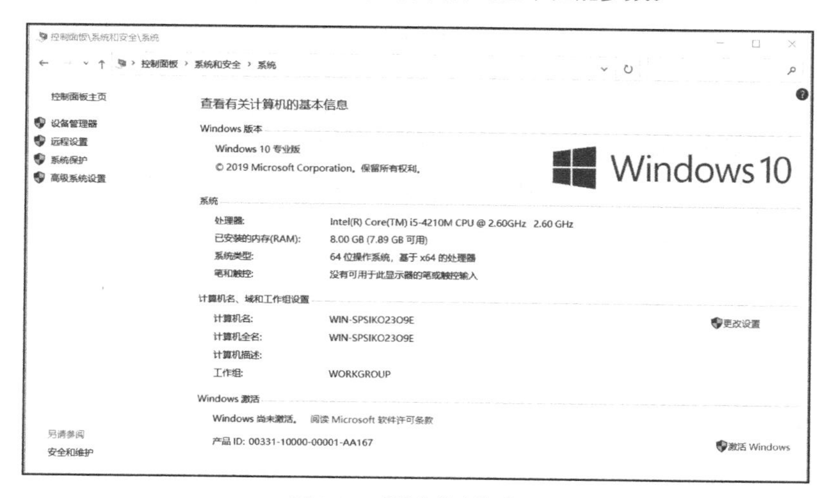

图 2-25　“基本信息”窗口

2. 驱动程序

设备驱动程序（简称驱动程序）是一种可以使计算机和设备进行相互通信的特殊程序，相当于硬件的接口，操作系统只有通过它才能识别和管理设备。假如某设备的驱动程序未能正确安装，它便不能正常工作。因此，驱动程序被比作“硬件的灵魂”“硬件的主宰”“硬件和系统之间的桥梁”。在使用设备之前，必须正确安装驱动程序。驱动程序与设备紧密相关，不同类型设备的驱动程序是不同的，不同厂家生产的同一类型设备，驱动程序也不尽相同。因此，操作系统必须提供设备驱动程序的标准框架和接口参数，设备厂商根据这些标准编写驱动程序，并随同设备一起交给用户。事实上，在安装操作系统时，操作系统会自动检测设备并安装相关设备的驱动程序，后期如果用户需要添加新的设备，则必须安装相应的驱动程序。

单击“基本信息”窗口左侧的“高级系统设置”（见图2-25），选择“硬件”标签，单击“设备管理器”，打开“设备管理器”窗口如图 2-26 所示。展开相关设备目录，在设备名称上单击鼠标右键，在弹出的快捷菜单中选择“更新驱动程序”，即可进行设备驱动程序的更新。

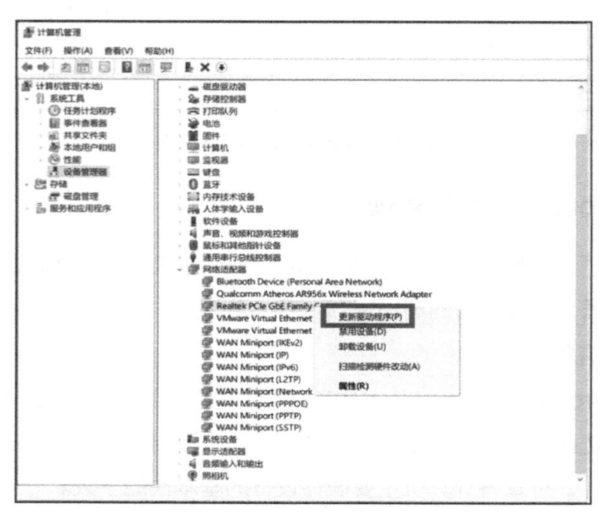

图 2-26 “设备管理器”窗口

3. 即插即用

即插即用技术（Plug-and-Play，PnP）是将设备连接到计算机后，不需要用户进行驱动程序的安装，也不需要对设备参数进行复杂的设置，计算机就能够自动识别所连接的设备，同时自动调整好设备的相关参数，确保设备完成物理连接之后，就能正常使用。目前，大多数计算机设备都支持即插即用。

习题

1. 简要说明操作系统的作用。
2. 如果没有操作系统，普通用户怎样使用计算机。
3. 简要说明操作系统是硬件还是软件。
4. 简要说明鼠标的主要操作方法。
5. 简要说明在 Windows 10 中启动应用程序的方法。
6. 搜索 C 盘中大小为 10～100KB 的所有 png 文件。
7. 分析 Windows 操作系统的容量为什么会越来越大。

Chapter 3

第3章 文字处理软件 Word 2016

Word 是一个功能强大的文字处理软件，也是使用最广泛的文字处理软件之一。使用 Word 不仅可以进行简单的文字处理，可以制作出图文并茂的文档，还能进行长文档的排版和特殊版式的编排。本章将以 Word 2016 为例，介绍文字处理软件的基本功能和使用方法。

3.1 Word 2016 入门和基本操作

利用 Word 2016 可以快速、规范地形成公文、信函和报告，制作内容丰富、样式精美的各类文档。本节将对 Word 2016 进行简单介绍，同时讲解它的基本操作。

3.1.1 Word 2016 简介

Word 2016 全称为 Microsoft Word 2016，主要用于文字处理，可创建和制作具有专业水准的文档，更能轻松高效地组织和编写文档，其主要功能有：强大的文本输入与编辑功能、各种类型的多媒体图文混排功能、精确的文本校对审阅功能等。Word 2016 在旧版本的基础上增加了屏幕截图、更加丰富的文本效果和背景移除等功能。

3.1.2 启动 Word 2016

通常有以下 3 种方法启动 Word 2016。

① 常规启动：选择“开始”→“Word 2016”命令。

② 快捷启动：双击桌面上的“Word 2016”快捷方式图标。

③ 通过已有文档启动 Word 2016：在文件资源管理器中，双击需要打开的 Word 文档，就会启动 Word 2016 并打开该文档。

3.1.3 退出 Word 2016

要退出 Word 2016，可采用以下几种方法。

① 单击 Word 2016 工作窗口右上角的“关闭”按钮。

② 单击“文件”按钮，在打开的菜单中选择“关闭”命令。

③ 按快捷键 Alt+F4。

如果在退出 Word 2016 之前，文档没有保存，软件会提示用户是否保存编辑的文档。

3.1.4 Word 2016 的工作窗口

Word 2016 的工作窗口如图 3-1 所示，它主要包括快速访问工具栏、功能选项卡、文档编辑区等部分。各部分的作用如下。

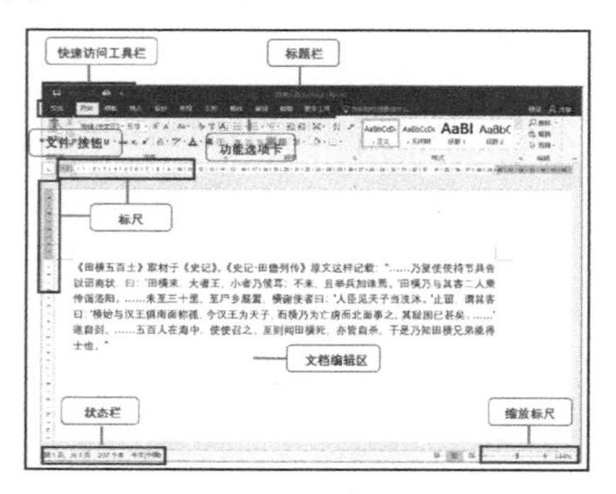

图 3-1　Word 2016 的工作窗口

1. 快速访问工具栏

快速访问工具栏用于放置一些常用按钮，默认情况下包括“保存”“撤销”和“重复”3 个按钮，用户可以根据需要进行添加。其中，“撤销”按钮一旦使用后，“重复”按钮会变为“恢复”按钮。

2. 标题栏

标题栏位于窗口的最顶端，显示了当前文档的文件名和应用程序名。标题栏的右侧是“窗口控制”按钮组，包括“最小化”“最大化”“关闭”3 个按钮。

3. “文件”按钮

“文件”按钮用于打开“文件”菜单，“文件”菜单中包括“新建”“打开”“保存”等命令。

4. 功能选项卡

Word 2016 默认有 7 个功能选项卡，每个功能选项卡包含若干个功能区，功能区将相关的命令归类，用户就是通过功能区完成对文档的编辑的。

5. 水平和垂直标尺

水平和垂直标尺用于显示或定位文档的位置。

6. 文档编辑区

文档编辑区是用于显示和编辑文档内容的工作区域。文档编辑区中闪烁着的垂直条称为“光标”或“插入点”，它代表了当前插入文字的位置。

7. 状态栏和缩放标尺

状态栏位于工作窗口的最底端，用于显示当前的页数、文档总页数、输入状态等信息；缩放标尺用于调整文档编辑区的显示比例和缩放尺寸，标尺右侧显示缩放的具体数值。

3.1.5 Word 2016 常用的功能命令

这里介绍几个常用的功能命令，分别是选择命令、撤销命令、恢复命令和重复命令。

1. 选择命令

使用选择命令有 3 种方法。

① 在功能选项卡中选择相应功能命令按钮、功能组对话框，其中功能组对话框是通过单击功能组右下角的箭头图标（对话框启动器按钮）打开的。简单的操作可以通过单击功能命令按钮完成，复杂的操作使用功能组对话框更为方便。

② 使用快捷菜单。快捷菜单是一种常用的选择命令方式。在 Word 2016 中，选中某些内容时，单击鼠标右键，将弹出一个快捷菜单，快捷菜单中列出的命令与选中内容有关。

③ 使用快捷键。

2. 撤销命令

Word 具有记录近期刚完成的一系列操作步骤的功能。若用户操作失误，可以通过快速访问工具栏中的“撤销”按钮（快捷键 Ctrl+Z），取消对文档所作的修改，使操作回退一步。

Word 2016 还具有多级撤销功能，如果需要取消再前一次的操作，可继续单击“撤销”按钮。用户也可以单击“撤销”按钮右边的下拉按钮，打开一个下拉菜单，该下拉菜单按从后向前的顺序列出了可以撤销的所有操作，用户只要在该下拉列表中选中需要撤销的操作，就可以一次撤销多步操作。

3. 恢复命令

快速访问工具栏上还有一个“恢复”按钮，其功能与“撤销”按钮正好相反，通过它可以恢复被撤销的一步或多步操作。

4. 重复命令

当需要多次进行某种同样的操作时，可以单击快速访问工具栏上的“重复”按钮（快捷键 Ctrl+Y），重复前一次的操作。

3.1.6 选中文本

选中文本有两种方法，即基本的选中方法和利用选中区。

1. 基本的选中方法

① 鼠标选中：将光标移动到欲选取的段落或文本的开头，按住鼠标左键拖曳经过需要选中的内容后松开。

② 键盘选中：将光标移动到欲选取的段落或文本的开头，同时按住 Shift 键和方向键来选中内容。

2. 利用选中区

在文档编辑区的左边有一垂直的长条形空白区域，称为“选中区”。当鼠标指针移动到选中区时，鼠标指针变为右向箭头，在该区域单击鼠标，可选中鼠标指针所指的一整行文字；双击，可选中鼠标指针所指的段落；三击，可选中整个文档。另外，在选中区中拖动鼠标可选中连续的若干行。

选中文本的常用技巧如表 3-1 所示。

表 3-1 选中文本的常用技巧

选取范围	鼠标操作
字和词	双击要选中的字和词
句子	按住 Ctrl 键，单击该句子
行	单击该行的选中区
段落	双击该行的选中区，或者在该段落的任何地方三击
垂直的一块文本	按住 Alt 键，同时拖动鼠标
一大块文字	单击欲选内容的开头，按住 Shift 键，然后单击欲选内容的结尾
全部内容	三击选中区

Word 2016 还提供同时选中多块区域的功能，可通过按住 Ctrl 键再进行选中来实现。若要取

消选中，在文档编辑区的任意处单击鼠标或按方向键即可。

3.1.7 输入文本

空白文档创建好后，接下来的工作就是输入文本。输入文档有多种途径，包括键盘输入、语音输入、联机手写输入和扫描仪输入等。这里简要介绍一下最为常见的键盘输入。

键盘输入使用的输入法软件主要有两类：以拼音为主和以字形为主。以拼音为主的输入法主要有智能 ABC 输入法、搜狗拼音输入法、微软拼音输入法等；以字形为主的主要有万能五笔、陈桥五笔等。两类输入法各有优点和缺点，拼音输入法因为同音字较多，需花费时间选择，所以不如以字形为主的输入法打字快，但是拼音输入法简单、容易上手，已经成为使用最多的输入法。下面以搜狗输入法为例输入文本。

【例 3-1】 在 Word 2016 中输入“南宁地铁”文本，完成之后如图 3-2 所示。

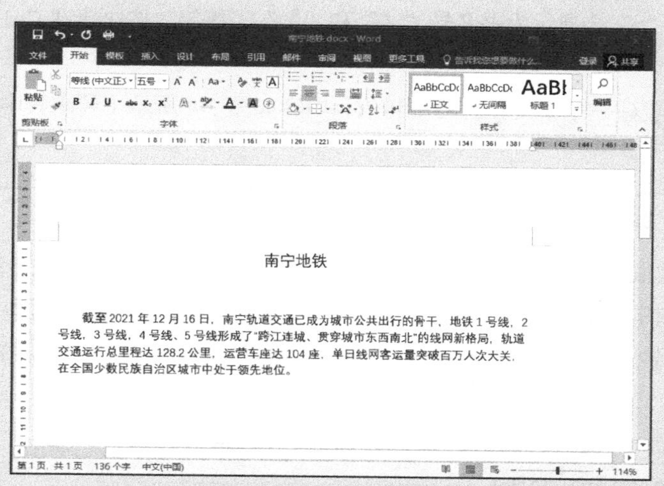

图 3-2 输入完成效果

操作步骤如下。

① 将鼠标指针移至文档上方中间位置，将光标定位到第 1 行的中间。

② 按下 Shift 键，切换到搜狗输入法，输入“南宁地铁”文本。

③ 按下 Enter 键另起一行，这时候鼠标指针位于第 2 行左侧位置。

④ 按照图 3-2 完成“南宁地铁”文本的输入。

1. 输入状态

通过键盘输入文字有两种状态：插入和改写。在插入状态下，状态栏中出现“插入”按钮，输入的字符插在光标所在位置；在改写状态下，状态栏中出现“改写”按钮，输入的字符将替代光标后的字符。要在插入和改写状态间切换，可以单击“插入”或“改写”按钮或按键盘上的 Insert 键。输入文本一般在插入状态下进行。

2. 输入过程常见问题

① 选择好中文输入法之后，会有一个图 3-3 所示的输入法状态栏（此处以搜狗输入法为例），

如果输入的过程中需要切换输入法，可以按 Shift 键进行切换。

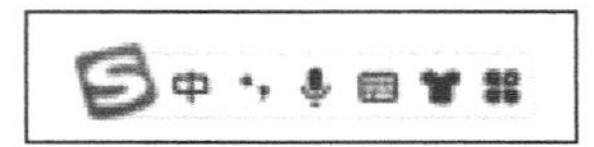

图 3-3　搜狗输入法状态

② 在输入过程中，如果遇到只能输入大写英文字母不能输入中文的情况，一般是因为打开了大写锁定，按 Caps Lock 键可关闭。

③ 如果不小心输入了错误的字符，可以按 Backspace 键或 Delete 键来删除。前者删除的是光标前面的字符，而后者删除的是光标后面的字符。

④ 输入常用的标点符号。在中文标点符号状态下，可通过键盘直接输入中文标点符号，如输入英文句号“.”会显示为小圆圈“。”，输入反斜杠“\”会显示为顿号“、”，输入小于、大于符号“<”和“>”会显示为书名号“《”和“》”，等等。按快捷键 Ctrl+.可以实现中英文标点符号的切换。

【例 3-2】 创建一个新文档，写一封信，内容如图 3-4 所示（要求其中的日期有自动更新功能）。

南南：你好！

听说你很喜欢南宁的景色，这次游玩时间过于仓促，很多地方未及游览，为此我特寄送南宁旅游图册一本给你，希望下次我们有机会在南宁相聚，再一起共同欣赏美景。另外，受你所托已经购买[春秋·左传]和[史记]两本书，一并寄送给你，望知悉。

有空常联系。☎：88888888，✉：diandian@163.com。

纸短情长，再祈珍重！

宁宁

2022 年 3 月 31 日星期四晚◷

图 3-4　文档内容

操作步骤如下。

单击快速访问工具栏右侧的下拉按钮，在展开的“自定义快速访问工具栏”下拉菜单中，选中要添加的“新建”命令，在快速访问工具栏中添加“新建”按钮，然后单击该按钮新建一个空白文档，输入文档内容。其中，日期和一些特殊符号使用下面的方法输入。

① 日期：选择“插入”选项卡，单击“文本”组中的“日期和时间”按钮，打开“日期和时间”对话框，确保“语言（国家/地区）”下拉列表框中是“中文（中国）”，在“可用格式”列表框中选择需要的格式，并选中“自动更新”复选框，如图 3-5 所示。当计算机系统的日期发生变化时，该文档的日期也会自动进行相应的更改。

② “『”“』”“·”符号：在输入法状态栏上的“输入方式”按钮上单击鼠标右键，

在弹出的“软键盘”快捷菜单（见图 3-6）中选择“标点符号”命令，找到相应的符号并单击完成输入，最后单击“输入方式”按钮关闭对话框。

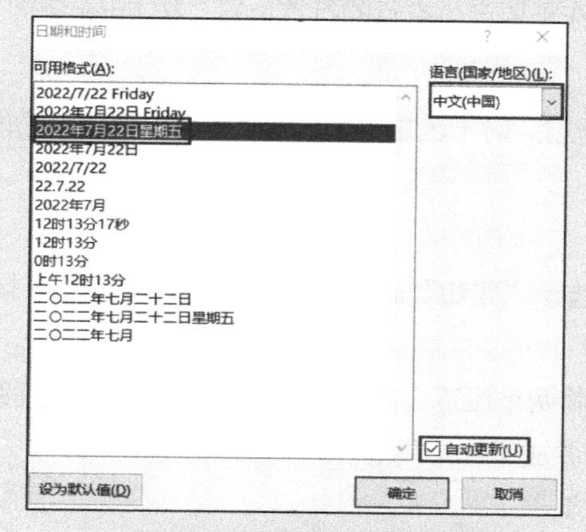

图 3-5 “日期和时间”对话框

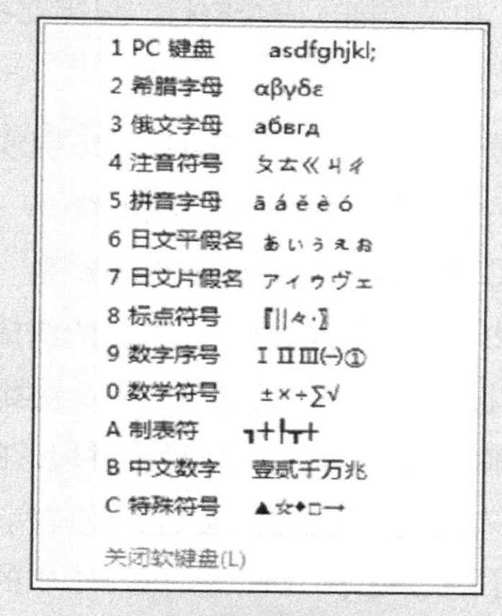

图 3-6 “软键盘”快捷菜单

③ ☎、🖃、🕗：单击“插入”选项卡中的“符号”组中的“符号”下拉按钮，选择“其他符号”命令，弹出“符号”对话框，在“符号”选项卡的“字体”下拉列表中选择“Wingdings”（倒数第 3 个），如图 3-7 所示，然后从相应符号集中选中需要的字符，单击“插入”按钮或直接双击符号完成输入。

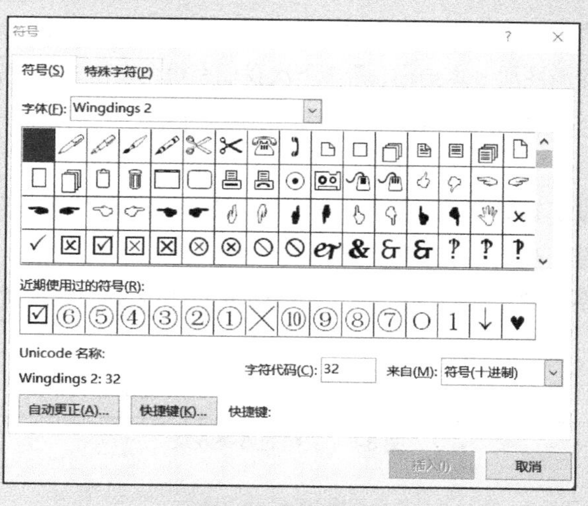

图 3-7 “符号”对话框

3.1.8 编辑文档

输入文本时，经常要进行插入、删除、移动、复制、查找和替换等编辑操作，这些操作都可以通过“开始”选项卡中的“剪贴板”组、“编辑”组中的相应按钮来实现。编辑文档遵守的原则是“先选中，后执行”。被选中的文本一般以高亮显示，容易与未被选中的文本区分开来。

1. 插入

将光标移动到想要插入字符的位置，然后输入字符即可（注意要确保此时的输入状态是插入）。如果要插入一个空行，只需要将光标定位在需要产生空行的行首位置，按 Enter 键即可。

2. 删除

对于单个字符，用 Backspace 键或 Delete 键删除。对于大量文字，可以先选中要删除的内容，然后采用下面任何一种方法删除。

① 按 Backspace 键或 Delete 键。

② 单击鼠标右键，在弹出的快捷菜单中的选择“剪切”命令，或单击“开始”选项卡中的“剪贴板”组中的“剪切”按钮（快捷键 Ctrl+X）。

删除段落标记可以实现合并段落的功能。要将两个段落合并，可以将光标定位在第 1 段的段落标记前，然后按 Delete 键，这样两个段落就合并成了一个段落。

【例 3-3】 编辑处理例 3-2 中的一封信文档。

① 在“南南：你好！”前面插入一行标题“见字如面”，并居中对齐。

② 在第 1 段后面插入一段内容，如图 3-8 所示。

③ 将“纸短情长，再祈珍重！”与前一段落合并为一段。最终效果如下。

见字如面

南南：你好！

听说你很喜欢南宁的景色，这次游玩时间过于仓促，很多地方未及浏览，如此我特寄送南宁旅游图册一本给你，希望下次我们有机会在南宁相聚，再一起共同欣赏美景。另外，受你所托已经购买[春秋·左传]和[史记]两本书，一并寄送给你，望知悉。

上次从朋友那知道我们的小学同学小邕准备搬入新房，因工作繁忙，路途遥远，乔迁之喜不能登门祝贺，请代我问候！

有空常联系。☎：88888888，✉：diandian@163.com。纸短情长，再祈珍重！

宁宁

2022 年 3 月 31 日星期四晚◷

图 3-8 文档的最终效果

操作步骤如下。

① 将光标置于“南南：你好！”前面，按 Enter 键，产生一个空行，在空行中输入“见字如面”，在“开始”选项卡中的“段落”组中设置居中对齐。

② 将光标置于“一并寄送给你，望知悉”段尾，按 Enter 键，产生一个空行，然后输入需要的内容。

③ 将光标置于“有空常联系。☎：88888888；✉：diandian@163.com。”这一段的段落标记前，按 Delete 键。

3. 移动或复制

在编辑文档时，可能需要移动或复制一段文本到另外的位置，这两个操作都需要借助剪贴板完成。剪贴板是 Windows 操作系统专门在内存中开辟的一块存储区域，作为移动或复制的中转站。它功能强大，不仅可以保存文本信息，也可以保存图形、图像和表格等信息。

（1）复制文本

复制文本是指在目标位置为原位置的文本创建一个一样的副本，复制文本后，原来位置和目标位置都将存在该文本。复制文本有多种方法，下面分别进行介绍。

① 选中所需文本后，在“开始”选项卡中的“剪贴板”组中单击“复制”按钮复制文本，将光标定位到目标位置后在“开始”选项卡中的“剪贴板”组中单击“粘贴”按钮粘贴文本。

② 选中所需文本后，在其上单击鼠标右键，在弹出的快捷菜单中选择“复制”命令，将光标定位到目标位置后，单击鼠标右键，在弹出的快捷菜单中单击“粘贴”命令粘贴文本。

③ 选中所需文本后，按快捷键 Ctrl+C 复制文本，将光标定位到目标位置后按快捷键 Ctrl+V 粘贴文本。

（2）移动文本

移动文本是指将选中的文本移动到另一个位置，原位置将不再保留该文本，主要有以下 4 种方式。

① 通过快捷菜单：选中所需文本后，在其上单击鼠标右键，在弹出的快捷菜单中选择“剪切”命令，定位到目标位置后单击鼠标右键，在弹出的快捷菜单中单击“粘贴”命令粘贴文本。

② 通过按钮：在“开始”选项卡中的“剪贴板”组中单击“剪切”按钮，定位到目标位置后单击鼠标右键，在弹出的快捷菜单单击“粘贴”命令粘贴文本。

③ 通过快捷键：选中所需文本后，按快捷键 Ctrl+X 剪切文本，将光标定位到目标位置后按快捷键 Ctrl+V 粘贴文本。

④ 通过拖动：选中文本后，将鼠标指针移动到选中的文本上，按住鼠标左键不放，拖曳到需要移动到的位置，松开鼠标左键即可。

移动文本和复制文本的区别在于：移动文本后，选中的文本在原处消失，而复制文本后，选中的文本仍在原处。

Word 2016 的剪贴板可以存放多次移动（剪切）或复制的内容。通过单击“开始”选项卡中的“剪贴板”组中的对话框启动器按钮，打开“剪贴板”任务窗格，可显示剪贴板的内容。只要不破坏剪贴板上的内容，连续执行粘贴操作可以实现一段文本的多处移动和复制。

4. 查找和替换

如果想在一篇长文档中查找某段文字，或者想用新输入的一段文字代替文档中已有的且出现在多处的特定文字，可以使用 Word 2016 提供的查找和替换功能，以节省时间和避免遗漏。

查找和替换功能既可以将文本的内容与格式完全分开，单独对文本或格式进行查找或替换，也可以把文本和格式看成一个整体，统一进行处理。

【例 3-4】 打开文档“硬盘简介.docx”，将文中的“硬盘”2 字替换成华文彩云、红色、加粗的“硬盘驱动器”。

操作步骤如下。

① 将光标定位到文档开始处，在“开始”选项卡中的“编辑”组中单击“替换”按钮，或按快捷键 Ctrl+H，弹出“查找和替换”对话框。

② 打开的“查找和替换”对话框中，在“查找内容”处输入“硬盘”，在“替换为”处输入“硬盘驱动器”，如图 3-9 所示。

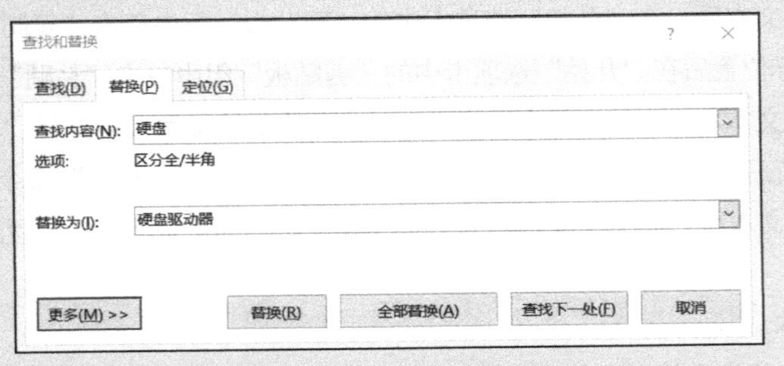

图 3-9 “查找和替换”对话框

③ 单击“查找和替换”对话框左下角的“更多”→“格式”→“字体”，在打开的“查找字体”对话框中，设置字体为华文彩云，字体颜色为红色，字形为加粗，单击“确定”按钮，如图 3-10 所示。

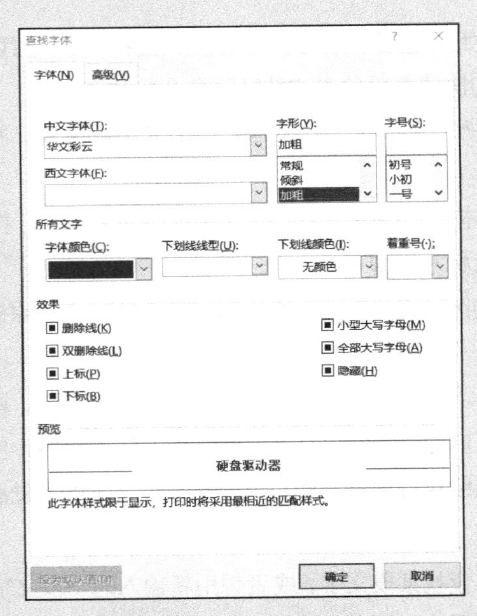

图 3-10 “查找字体”对话框

④ 回到“查找和替换”对话框，单击“全部替换”选项，即可完成替换操作，效果如图 3-11 所示。

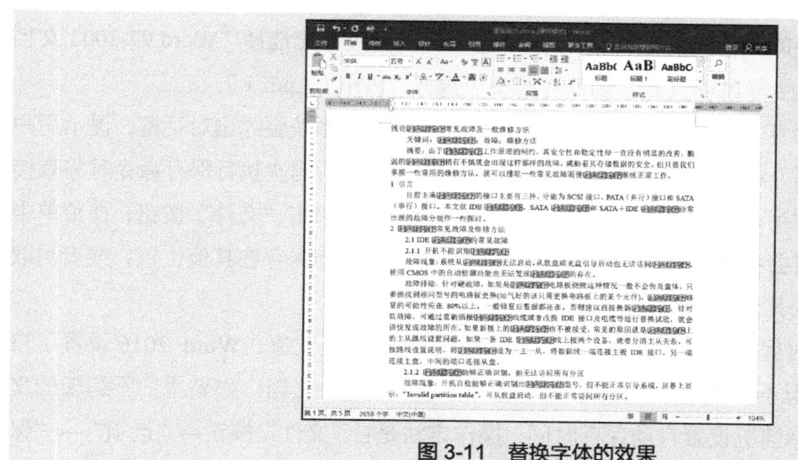

图 3-11　替换字体的效果

5. 保存和保护文档

用户编辑文档时，操作系统仅仅是把数据写入了内存，内存里面的数据在断电后会被清空。为了避免死机或断电等意外状况，我们应该养成“一边编辑一边保存”的习惯，随时对文件进行保存。保存之后数据将从内存写入外存，这样即使碰到意外情况也不会丢失数据。

（1）保存文档

保存文档的常用方法有两种。

① 单击快速访问工具栏中的“保存”按钮。这是最常使用的一种方法。

② 单击“文件”按钮，在菜单中选择“保存”或“另存为”命令。

“保存”和“另存为”命令的区别在于：“保存”是以新替旧，用编辑后的新文档取代原文档，原文档不再保留；而“另存为”命令则相当于文件复制，它建立了当前文档的一个副本，原文档依然存在。

新建的文档第 1 次执行保存命令时，会出现“另存为”对话框，如图 3-12 所示。此时，需要指定文件的三要素：保存位置、文件名、保存类型。Word 2016 默认的保存类型是“Word 文档（*.docx）”，也可以选择保存为纯文本、PDF、网页或其他类型文档。

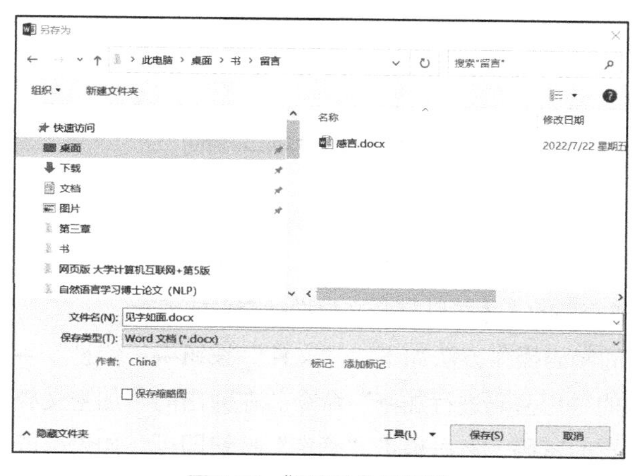

图 3-12　“另存为”对话框

注意 如果希望保存的文档能被低版本的 Word 打开，保存类型应选择“Word 97-2003 文档（*.doc）”；如果希望保存为 PDF 文档，则保存类型应选择“PDF（*.pdf）”。

保存新建的文档或另存文档时，如果文件名与已有文件重名，系统会弹出对话框，提示用户更改文件名。保存文档后，可以继续编辑文档，直到关闭文档。以后再次执行保存命令时将直接保存文档，不会再出现“另存为”对话框。对于已经保存的文档，单击“文件”按钮，在菜单中选择“另存为”命令，将会打开“另存为”对话框，用户可以将文档保存在其他位置，或者另取一个文件名，或者保存为其他文档类型。

为了使文档能够及时保存，避免因断电等情况造成的文件丢失现象，Word 2016 设置了自动保存功能。在默认情况下，Word 2016 每 10 分钟自动保存一次文档，如果用户所编辑的文档十分重要，可根据实际情况设置自动保存时间，操作方法是：“文件”按钮→“选项”→“保存”选项卡，单击“保存自动恢复信息时间间隔”文本框右侧的上下调节按钮，设置好需要的数值，如图 3-13 所示。需要注意的是，它通常在输入文档内容之前设置，而且只对 Word 文档类型有效。

图 3-13 设置自动保存时间

（2）保护文档

当用户所编辑的文档属于机密性文件时，为了防止其他用户随便查看，可使用密码将其保护起来。这样，只有知道密码的人才可以打开文档进行查看或编辑。

设置打开文件时的密码操作方法如下。“文件”按钮→“信息”→“保护文档”下拉按钮，选择下拉菜单中的“用密码进行加密”命令。在弹出的“加密文档”与“确认密码”对话框中分别输入要设置的密码，然后单击“确定”按钮即可。如果要取消文档密码保护，操作与设置密码一样，不同的是在弹出“加密文档”对话框后，要将“密码”文本框中所设置的密码删除。

上述操作只能设置打开文件时的密码。如果既需要设置打开文件时的密码，又需要设置修改文件时的密码（防止对此文件误编辑），操作方法如下。“文件”按钮→“另存为”命令，选择保存位置后，打开“另存为”对话框。单击对话框中的“工具”→“常规选项”命令，打开“常规选项”对话框。在“打开文件时的密码”文本框和“修改文件时的密码”文本框中分别输入密码，单击“确定”按钮，如图 3-14 所示。在打开的“确认密码”对话框中再次分别输入密码并确定，最后单击“保存”按钮。

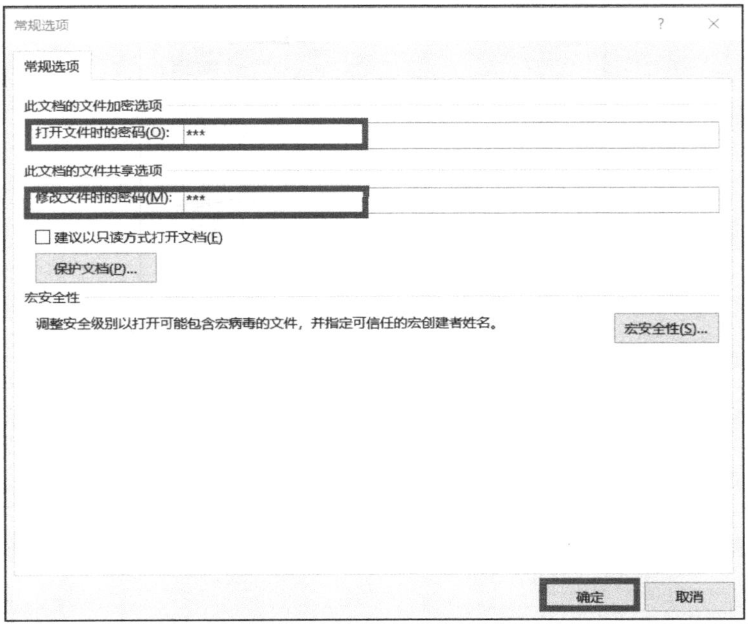

图 3-14 “常规选项”对话框

3.2 文档排版

3.2.1 字符排版

字符是指文档中输入的汉字、字母、数字、标点符号和各种符号。字符排版即设置字符格式，包括字符的字体、字号、字形（加粗和倾斜）、字符颜色、下划线、着重号、删除线、上下标、文本效果、字符缩放、字符间距等，通过这些设置可以使文字效果更突出，文档更美观。

对字符进行格式设置前需要先选中文本，否则设置只对光标处新输入的字符有效。最常用的字体格式可以通过字体浮动工具栏设置，如图 3-15 所示；也可以通过“开始”选项卡中的“字体”组设置，如图 3-16 所示；还可以通过单击鼠标右键并选择快捷菜单中的“字体”命令打开“字体”对话框进行设置，如图 3-17 所示。

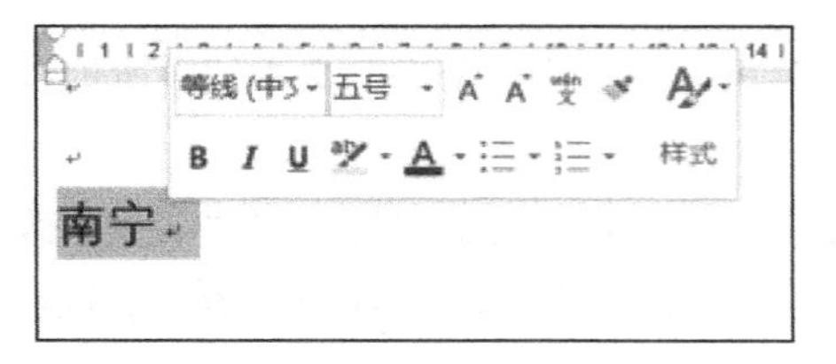

图 3-15　字体浮动工具栏

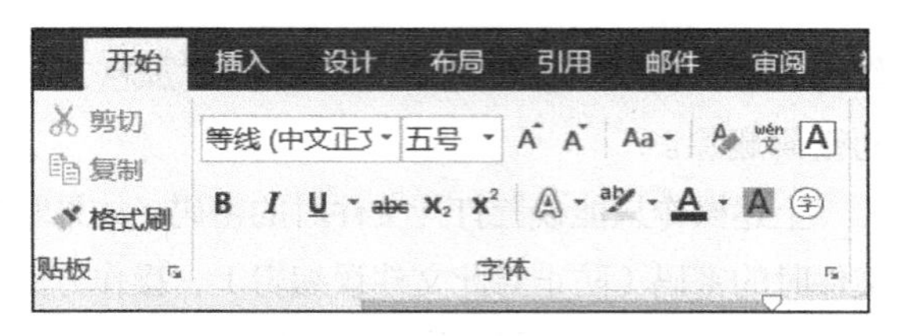

图 3-16　“字体”组

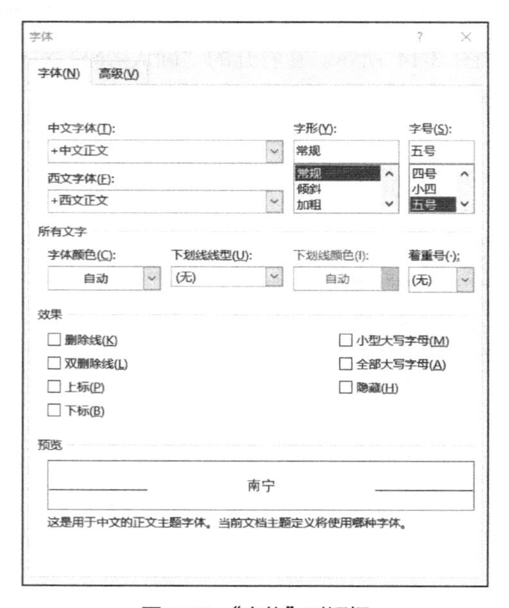

图 3-17　“字体”对话框

下面简要介绍几种常见的字符格式。

1. 字体

字体指文字在屏幕或纸张上呈现的书写形式。字体包括中文字体（如微软雅黑、华文琥珀、仿宋等）和英文字体（如 Times New Roman 和 Arial 等）。英文字体只对英文字符起作用，而中文字体则对汉字和英文字符都起作用。一种字体是否可用取决于计算机中是否安装了该字体。

2. 字号

字号指文字的大小，度量单位有“字号”和“磅”两种。用字号度量时，字号越大文字越小，可供选择的最大字号为“初号”，最小为“八号”；用“磅”度量时，磅值越大文字越大。

3. 字形

字形指常规、倾斜、加粗、加粗倾斜等字符形式。

4. 字符颜色

顾名思义，指字符呈现的颜色。

5. 字符缩放

字符缩放指字符横向尺寸的缩放，可改变字符横向和纵向的比例。

6. 字符间距

字符间距指两个字符之间的间隔距离，标准的字间距为 0。当确定了一行的字符数后，可通过加宽或紧缩字符间距来进行调整，保证一行能够容纳规定的字符数。

7. 字符位置

字符位置指字符在垂直方向上的位置，包括字符提升和降低。

8. 特殊效果

字符的特殊效果可根据需要进行多种设置，包括删除线、上下标、文本效果等。其中，文本效果可以为文档中的普通文本应用多彩的艺术字效果，使文本更加多样、美观。设置文本效果时，可以直接使用 Word 2016 中预设的外观效果，也可以从轮廓、阴影、映像、发光四方面进行自定义设置。

【例 3-5】 打开文档“硬盘简介.docx”，将标题的文字格式设置为微软雅黑、加粗、四号、红色，并加下画线，设置字符间距为加宽，磅值为 1 磅，文字效果为“底部聚光灯-个性色 1”，效果如图 3-18 所示。

浅论硬盘常见故障及一般维修方法

图 3-18 标题文字效果

操作步骤如下。

① 打开文档，选中标题“浅论硬盘常见故障及一般维修方法”，单击“开始”选项卡中的“字体”组中的“字体”下拉按钮，在下拉列表中选择“微软雅黑”，然后单击该组中的“字号”下拉按钮，在下拉列表中选择“四号”，接着单击“下划线”按钮。

② 打开“字体”对话框，在“高级”选项卡 “间距”下拉列表中选择“加宽”，在右边的“磅值”文本框中选择或输入“1 磅”，再单击“文字效果”，打开“文字效果”对话框，选择“文本填充”→“渐变填充”→“预设渐变”，选择“底部聚光灯-个性色 1”，如图 3-19 所示，单击“确定”按钮。

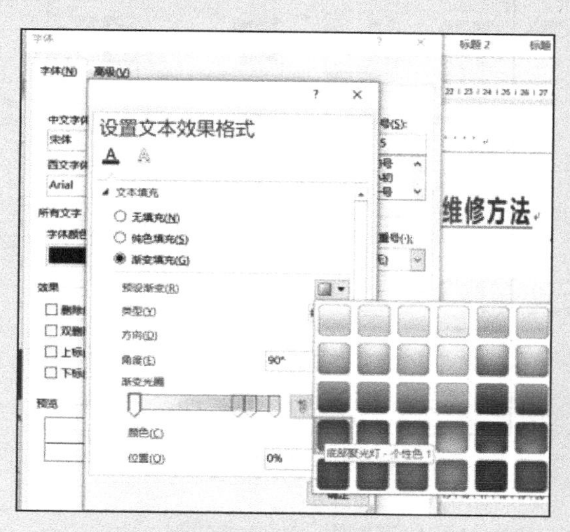

图 3-19 设置文本效果

3.2.2 段落排版

完成字符排版后，接着应该对段落进行排版。段落由一些字符和其他对象组成，最后以段落标记↵结束。段落排版是对整个段落的外观进行设置，包括对齐方式、段落缩进、段落间距、行距等，同时还可以添加项目符号和编号、边框和底纹等。通过段落排版可使文档结构更加清晰，层次更加分明，可读性更好。

段落排版一般通过“开始”选项卡中的“段落”组中的相应按钮（见图 3-20）或通过单击“段落”组中的对话框启动器按钮打开“段落”对话框（见图 3-21）来完成。

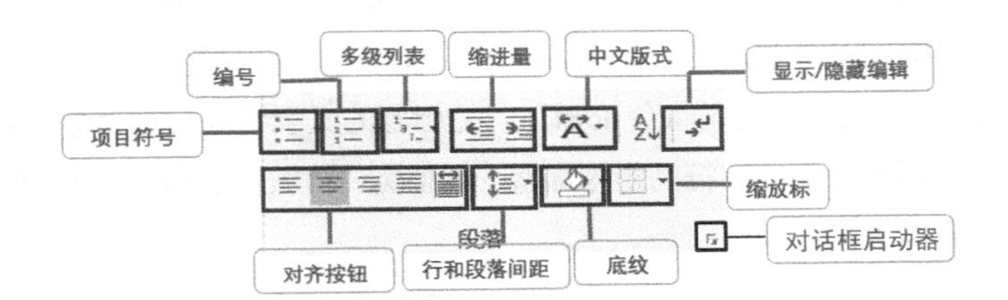

图 3-20 “段落”组中各按钮的功能

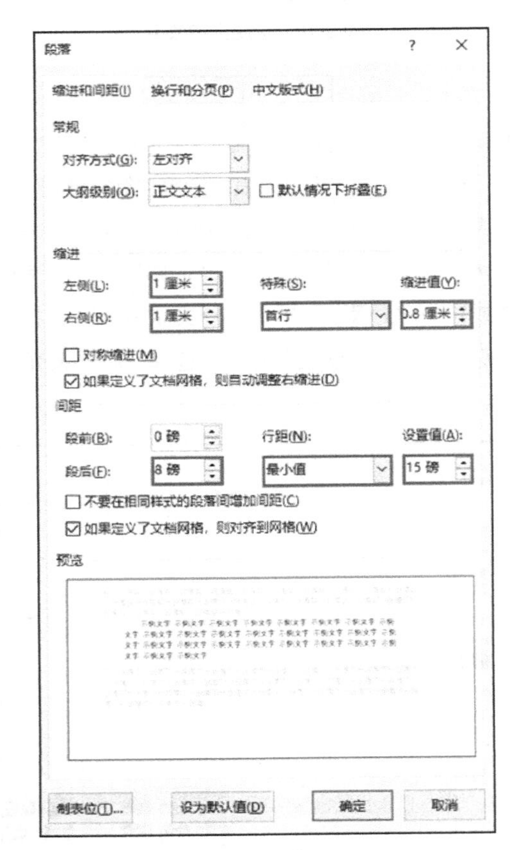

图 3-21 “段落”对话框

段落排版主要从以下几个方面进行设置。

1. 对齐方式

对齐文本可以使文档清晰易读。对齐方式一般有 5 种：左对齐、居中、右对齐、两端对齐和分散对齐。其中两端对齐是以词为单位，自动调整词与词间的间距，使文本沿页的左、右边界对齐。

2. 段落缩进

段落缩进包括左缩进、右缩进、首行缩进和悬挂缩进 4 种，一般可以用“段落”对话框和标尺进行设置。

① 首行缩进：每个段落的第 1 行的左边界向右缩进一段距离，其余行的左边界不变。

② 悬挂缩进：段落第 1 行的左边界不变，其余行的左边界向右缩进一段距离。

③ 左缩进：整个段落的左边界向右缩进一段距离。

④ 右缩进：整个段落的右边界向左缩进一段距离。

可以使用标尺来快速设置段落缩进，具体方法是：将光标放在要缩进的段落中，然后拖曳标尺上的缩进符号到合适的位置，光标所在段落随缩进标尺的变化而重新排版。

注意 最好不要用 Tab 键或空格键来设置段落缩进，这样做可能会使文本对不齐。

3. 段落间距与行距

段落间距指当前段落与相邻两个段落之间的距离，即段前间距和段后间距。增大段落间距可使文档结构清晰。行距指一个段落中行与行之间的距离，常见的有单倍行距、1.5 倍行距等，当然也可以设置行距为“固定值”“最小值”“多倍行距”。平时用得较多的是“固定值”，如设置行距为固定值 28 磅。当设置行距如“固定值”时，如果文本字号大于设置的固定值，则该行文本不能完全显示出来。

【例 3-6】 打开文档“硬盘简介.docx”，将“摘要”段落的格式设置为段前间距为 1 行，段落左、右边界各缩进 5 个字符，行距为固定值 20 磅。排版后的效果如图 3-22 所示。

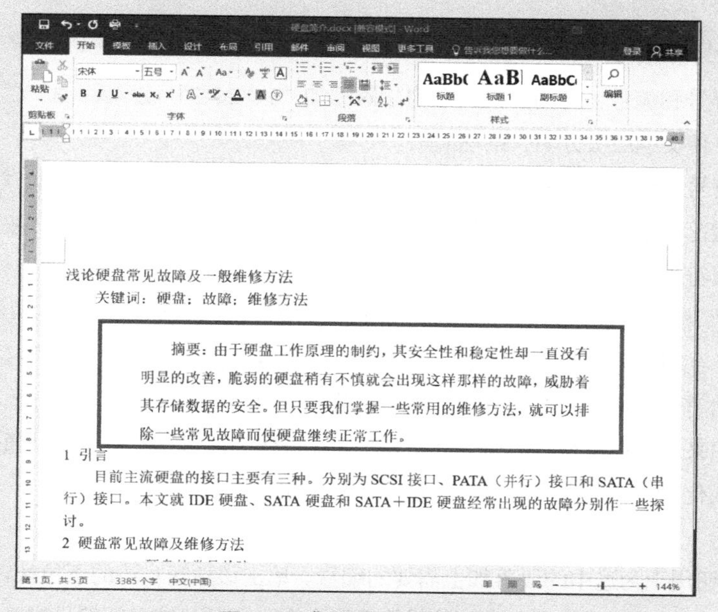

图 3-22 “摘要”段排版效果

操作步骤如下。

① 打开文档，选中“摘要”段落，单击鼠标右键，选择“段落”选项，打开“段落”对话框。

② 在“段落”对话框中进行相应设置（见图3-23），然后单击“确定”按钮。

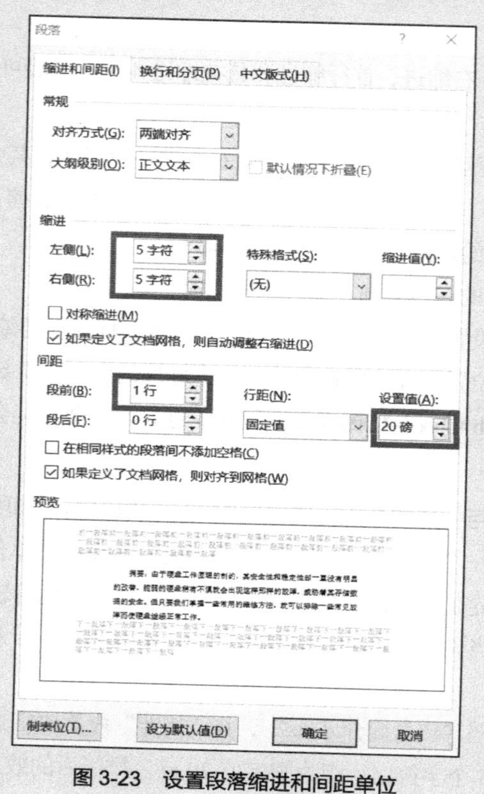

图3-23　设置段落缩进和间距单位

4. 项目符号和编号

使用项目符号和编号，可为并列关系的段落添加“1、2、3”或“A、B、C”等编号；还可形成多级列表，使文档层次分明、条理清晰。

设置项目符号和编号的方法是：选择需要添加项目符号或编号的若干段落，然后单击“开始”选项卡中的“段落”组中的“项目符号”按钮、“编号”按钮和“多级列表”按钮。

（1）“项目符号”按钮

“项目符号”按钮用于为选中的段落加上合适的项目符号。单击该按钮右边的下拉按钮，弹出项目符号库，在项目符号库中可以选择预设的项目符号，也可以自定义新项目符号。选择其中的“定义新项目符号”命令，打开“定义新项目符号”对话框，如图3-24所示，单击“符号”或“图片”按钮来设置项目符号的样式。如果使用字符作为项目符号，还可以通过“字体”按钮对字符进行格式化设置，如改变字符的大小和颜色、添加下划线等。

（2）“编号”按钮

“编号”按钮用于为选中的段落加上需要的编号。单击该按钮右边的下拉按钮，弹出编号库，选择需要的编号样式，或选择“定义新编号格式”命令，打开“定义新编号格式”对话框，如图

3-25 所示，在该对话框中，可以设置编号的字体、样式、起始值、对齐方式等。

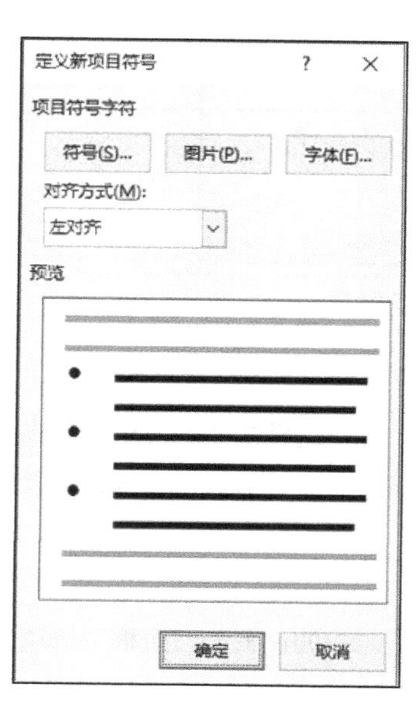

图 3-24 自定义项目符号

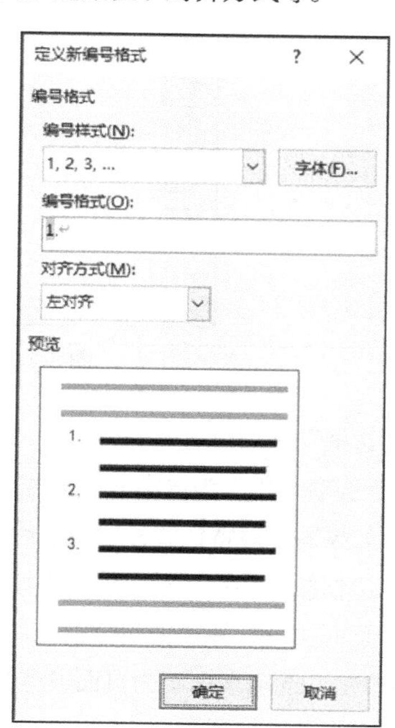

图 3-25 自定义编号

（3）“多级列表”按钮

“多级列表”主要用于规章制度等需要分多种级别进行编号的文档。Word 2016 中默认各段落级别是相同的，看不出多级效果，因此若想设置不同级别，可以在相应段落的编号后面按 Tab 键对该段落进行降级。图 3-26 显示了项目符号、编号和多级列表的设置效果。

项目符号	编号	多级列表
➢ 认真学习	A. 认真学习	1 认真学习
➢ 努力学习	B. 努力学习	1.1 努力学习
➢ 刻苦学习	C. 刻苦学习	1.1.1 刻苦学习

图 3-26 项目符号、编号和多级列表的设置效果

5. 边框和底纹

给段落加上边框和底纹，可以起到强调和美化的作用。

简单的边框和底纹，可以分别通过单击“开始”选项卡中的“段落”组中的“底纹”和“边框”按钮来添加，较复杂的则需要通过“边框和底纹”对话框来完成。

选中段落，单击“开始”选项卡中的“段落”组中的“边框”下拉按钮，在下拉菜单中选择“边框和底纹”命令，打开“边框和底纹”对话框，如图 3-27 所示，其中有“边框”“页面边框”和“底纹”3 个选项卡。

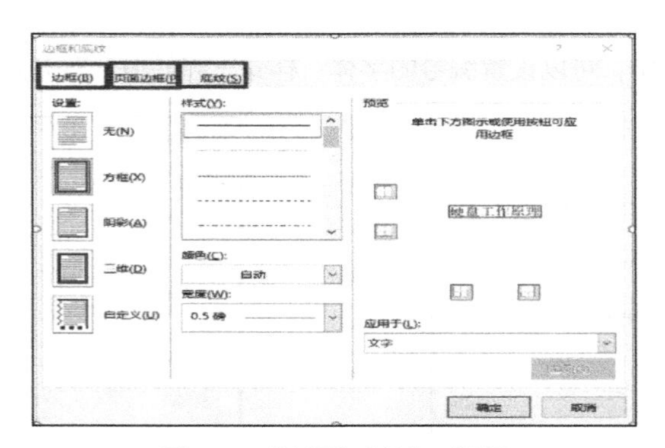

图 3-27 “边框和底纹”对话框

（1）“边框”选项卡

“边框”选项卡用于为选中的段落或文字添加边框。可以选择边框的类别、样式、颜色和线条宽度等。如果需要对特定边设置边框线，如只对段落的上、下边设置边框线，可以单击预览栏中的左、右边框按钮将左、右边框线去掉。

（2）“页面边框”选项卡

“页面边框”选项卡用于为页面或整个文档添加边框。它的设置与“边框”选项卡类似，但增加了“艺术型”下拉列表框。

（3）“底纹”选项卡

“底纹”选项卡用于为选中的段落或文字添加底纹。其中，“填充”下拉列表框用于设置底纹的背景色；“样式”下拉列表框用于设置底纹的图案样式（如浅色上斜线）；“颜色”下拉列表框用于设置底纹图案中点或线的颜色。

注意 设置段落的边框和底纹时要在“应用于”下拉列表中选择“段落”；设置文字的边框和底纹时，要在“应用于”下拉列表中选择“文字”。

【例 3-7】 给文档“硬盘简介.docx”中的“摘要”段落添加外框线，1.5 磅，给“故障排除”段落的文字添加“茶色，背景 2，深度 50%”底纹，给整个页面添加“椰树”页面边框。效果如图 3-28 所示。

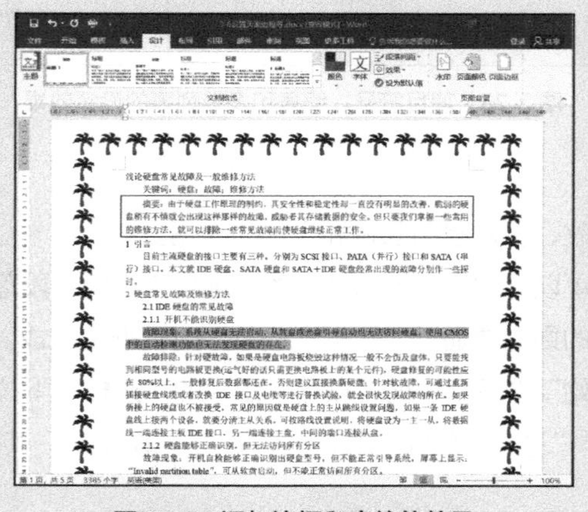

图 3-28 添加边框和底纹的效果

操作步骤如下。

① 选中“摘要”段落，单击“开始”选项卡中的“段落”组中的“边框”下拉按钮，在下拉菜单中选择“边框和底纹”命令，打开“边框和底纹”对话框，在“边框”选项卡中的“样式”列表中选择单线，粗细设置为 1.5 磅，在“应用于”下拉列表中选择“段落”，然后单击“确定”按钮。

② 选中“故障排除”段落，如前所述打开“边框和底纹”对话框，在“底纹”选项卡中的“样式”下拉列表中选择“茶色，背景 2，深度 50%”，在“应用于”下拉列表中选择“文字”，如图 3-29 所示，然后单击“确定”按钮。

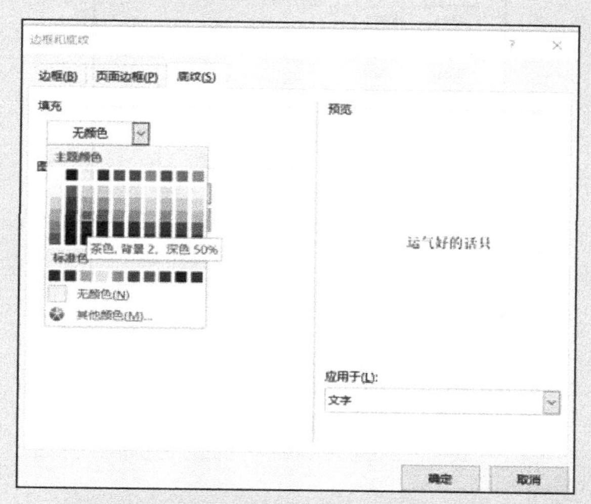

图 3-29　设置“茶色，背景 2，深度 50%”底纹

③ 将光标置于文档中的任意位置，如前所述打开“边框和底纹”对话框，在“页面边框”选项卡中的“艺术型”下拉列表中选择“椰树”边框类型，然后单击“确定”按钮。

6. 格式刷

格式刷 格式刷 可以对一个对象的格式进行复制然后应用到其他对象上。例如，有时候需要对多个段落使用同一格式，这时候可以利用“开始”选项卡中的“剪贴板”组中的“格式刷”按钮，快速地复制格式，提高工作效率。单击“格式刷”可以复制一次格式，双击“格式刷”则可以多次复制格式。双击“格式刷”后若需要停止复制格式操作，可再次单击“格式刷”按钮（此时按钮会变暗）或按 ESC 键。

3.2.3　页面排版

页面排版调整文档的整体外观和输出效果，页面排版主要包括页面设置、页眉和页脚、脚注和尾注、分栏等，下面分别进行介绍。

1. 页面设置

页面设置通常包括设置页边距、纸张大小、每页容纳的行数和每行容纳的字数等，可通过“布局”选项卡中的“页面设置”组中的相应按钮或通过“页面设置”对话框来实现。“页面设置”

对话框可通过单击“布局”选项卡中的“页面设置”组中的对话框启动器按钮打开，如图 3-30 所示，该对话框有 4 个选项卡。

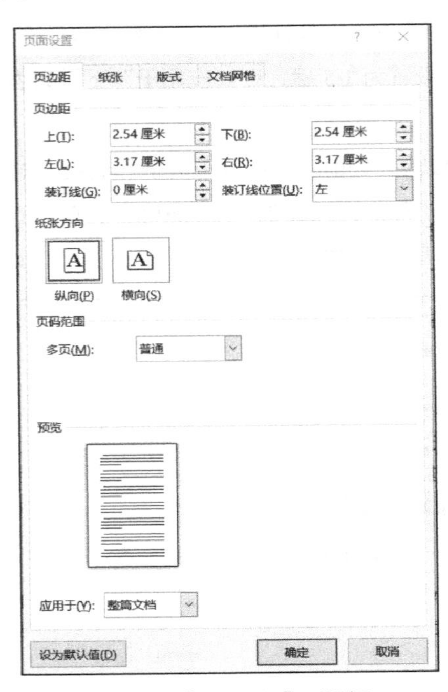

图 3-30 “页面设置”对话框

（1）“页边距”选项卡

页边距是指页面的边线到文字的距离。通常正文（包括脚注和尾注）显示在页边距以内，而页眉和页脚显示在页边距以外。页边距包括“上边距”“下边距”“左边距”和“右边距”。通过“页面设置”对话框设置页边距的同时，还可以设置装订线的位置和纸张方向等。纸张方向也可以通过“页面设置”组中的“纸张方向”下拉按钮设置。

（2）“纸张”选项卡

“纸张”选项卡用于设置纸张的大小。一般默认为 A4 纸大小。如果当前使用的纸张为特殊规格，可以选择“自定义大小”选项，并通过“高度”和“宽度”文本框定义纸张的大小。纸张大小也可以通过“页面设置”组中的“纸张大小”下拉按钮设置。

（3）“版式”选项卡

“版式”选项卡用于设置节的起始位置、页眉和页脚的特殊选项（如奇偶页不同、首页不同、距页边界的距离）、页面内容的垂直对齐方式等。

（4）“文档网格”选项卡

“文档网格”选项卡用于设置每页容纳的行数，每行容纳的字数，文字打印方向，以及行、列网格线是否要打印等。

通常，页面设置作用于整个文档。如果要对文档的部分进行页面设置，应在“应用于”下拉列表框中设置范围。

【例 3-8】打开文档“硬盘简介.docx”并进行页面设置，设置上、下页边距均为 2.5 厘米，纸张大小为 A4，每页 42 行，每行 40 个字符。

操作步骤如下。

① 打开文档，单击“布局”选项卡中的“页面设置”组中的对话框启动器按钮，打开“页面设置”对话框。在“页边距”选项卡中调整上、下页边距为 2.5 厘米。

② 在“纸张”选项卡中的“纸张大小”下拉列表中选择“A4”。

③ 在“文档网格”选项卡中的“网格”栏中选择“指定行和字符网格”单选按钮，调整“每行”文本框中数字为“40”，调整“每页”文本框中数字为“42”，如图 3-31 所示。

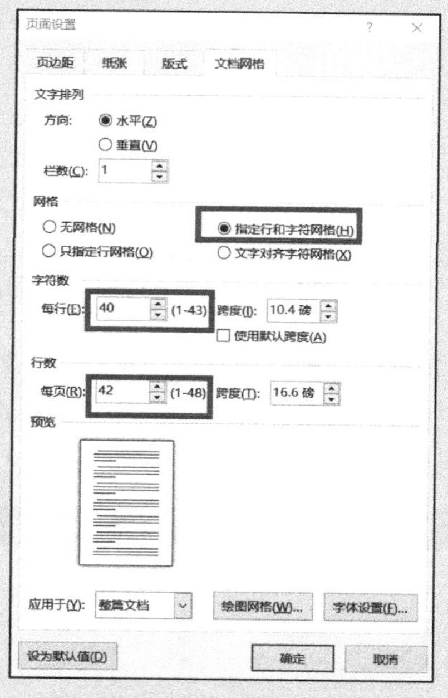

图 3-31 页面设置行数和字数

2. 页眉和页脚

在文档中，有时需要在每页的顶部和底部添加一些说明性信息，称为页眉和页脚。这些信息常用于表明公司名称、文档标题、文件名、作者姓名等，页脚位置通常还需要添加页码、日期等。

插入页眉时，双击进入页眉编辑区，此时正文呈浅灰色（表示正文不可编辑）。页眉内容输入完毕后，双击正文部分完成操作。页脚和页码的设置方法与页眉类似。因为页码会将其他页脚内容覆盖，所有如果需要同时插入页码和其他页脚内容，一般先插入页码，然后另起一行再输入其他页脚内容。编辑文档时，双击页眉、页脚或页码，功能区中会出现页眉和页脚的“设计”选项卡，如图 3-32 所示。

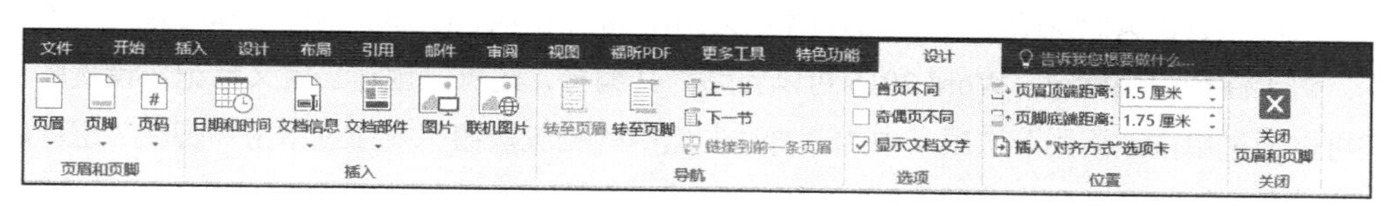

图 3-32 页眉和页脚的“设计”选项卡

【例 3-9】打开文档“硬盘简介.docx”，在页眉处插入“科技论文”，在页脚处插入“2022 年 10 月”。

操作步骤如下。

① 单击“插入”选项卡中“页眉和页脚”组中的“页眉”下拉按钮，在展开的页眉库中选择第 1 个页眉样式，然后输入“科技论文”，如图 3-33 所示。

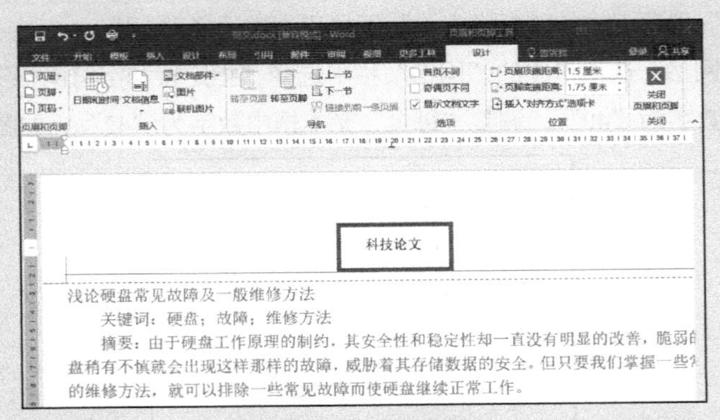

图 3-33 输入页眉内容

② 将光标移动到第 1 页页脚处，输入“2022 年 10 月”，设置右对齐，然后单击“设计”选项卡中的“关闭页眉页脚”按钮，退出页眉页脚编辑，回到正常的文档编辑状态，如图 3-34 所示。

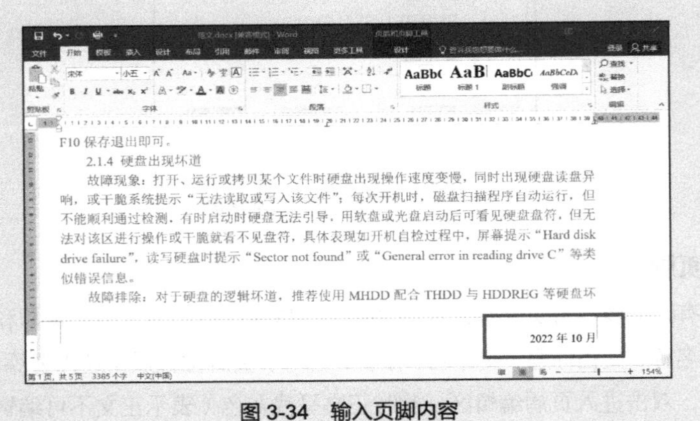

图 3-34 输入页脚内容

3. 脚注和尾注

脚注和尾注用于给文档中的文本加注释。脚注对文档某处内容进行注释说明，通常位于页面底端；尾注用于说明引用文献的来源，一般位于文档末尾。一个文档可以同时包括脚注和尾注，脚注和尾注一般在页面视图下可见。脚注和尾注由两部分组成：注释引用标记和与其对应的注释文本。对于注释引用标记，Word 2016 可以自动为其编号，还可以创建自定义标记。设置脚注和尾注可以通过单击“引用”选项卡中的“脚注”组中的相应按钮，或通过单击“脚注”组中的对话框启动器按钮打开“脚注和尾注”对话框来完成，如图 3-35 所示。

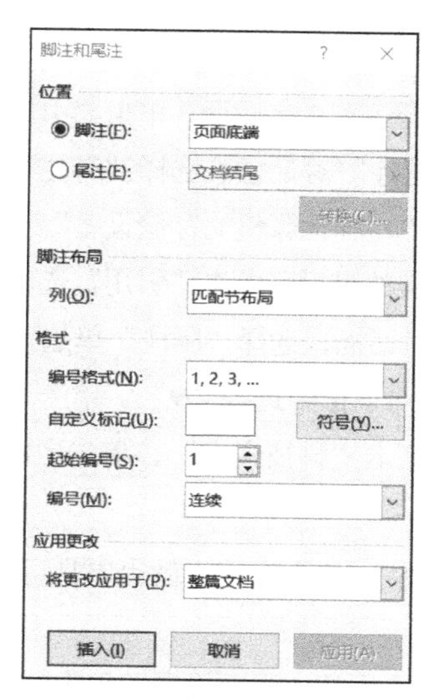

图 3-35 “脚注和尾注”对话框

【例 3-10】 打开文档“硬盘简介.docx”，设置页眉为“一篇参考资料”，插入页码，为标题中的“硬盘”2 字添加脚注，脚注引用标记是 1，脚注注释文本是“一种计算机的存储设备”，为文档添加尾注，尾注引用标记是“♥”，尾注注释文本是“科技文选”。效果如图 3-36 所示。

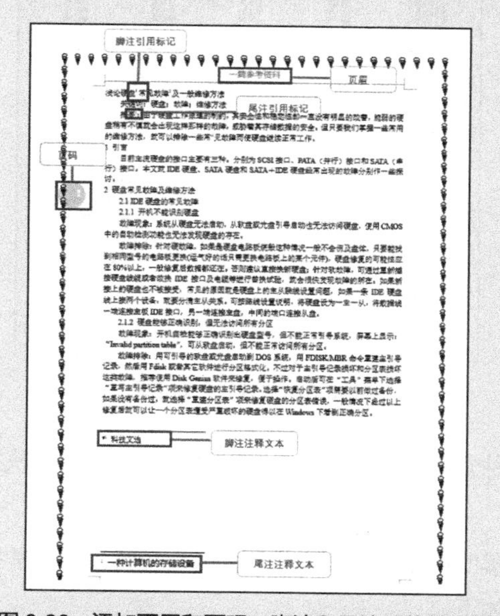

图 3-36 添加页眉和页码、脚注和尾注后的效果图

操作步骤如下。

① 打开文档，单击“插入”选项卡中的“页眉和页脚”组中的“页眉”下拉按钮，在展开的页眉库中选择“空白”样式，在页眉编辑区输入文字“一篇参考资料”。

② 在页眉和页脚的“设计”选项卡中的“页眉和页脚”组中单击“页码”下拉按钮，在下拉菜单的“页边距”→“带有多种形状”区中选择“圆（左侧）”，然后在“设计”选项卡

中单击“关闭页眉和页脚”按钮。

③ 将光标定位在标题中的“硬盘”2字后面，单击“引用”选项卡中的“脚注”组中的对话框启动器按钮，打开“脚注和尾注”对话框。选择“脚注”单选按钮，单击“插入”按钮，进入脚注区，输入脚注注释文本“一种计算机的存储设备”。

④ 将光标定位在“摘要”2字的最后，单击“引用”选项卡中的“脚注”组中的对话框启动器按钮，打开“脚注和尾注”对话框，选择“尾注”单选按钮，单击“自定义标记”旁边的“符号”按钮，在出现的“符号”对话框中选择“♥”，单击“确定”按钮，再单击“插入”按钮，进入尾注区，输入尾注注释文本“科技文选”，单击尾注区外的内容结束操作。

4. 分栏

分栏即将一页纸的版面分为几栏，使页面更生动也更具可读性，这种排版方式在报纸、杂志中经常用到。

分栏可通过单击“布局”选项卡中的“页面设置”组中的“分栏”下拉按钮来实现。如果分栏较复杂，需要在打开的下拉菜单中选择“更多分栏”命令，打开“分栏”对话框进行设置，如图3-37所示。在分栏对话框中可以设置分为两栏、三栏等，还可以给分栏添加分隔线。

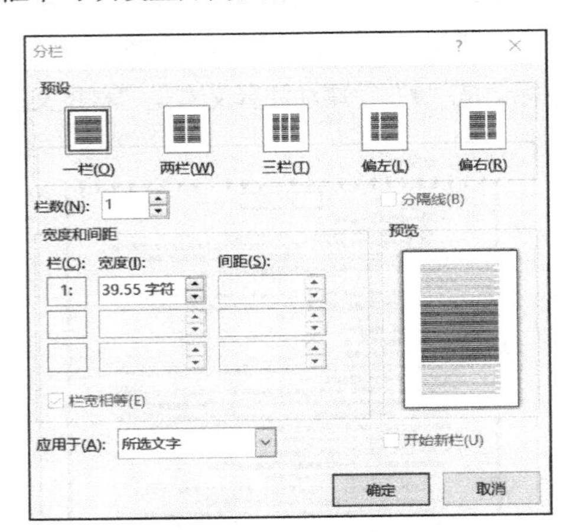

图3-37 “分栏”对话框

如果要对文档设置多种分栏，只要分别选择需要分栏的段落，执行分栏操作即可。

5. 首字下沉

首字下沉即将选中段落的第1个字放大数倍，以引导阅读，它是报纸、杂志中常用的排版方式。设置首字下沉的方法如下。

选中段落或将光标定位于需要首字下沉的段落中，单击“插入”选项卡中的“文本”组中的“首字下沉”下拉按钮，在下拉菜单中选择需要的形式即可。若选择其中的“首字下沉选项”命令，将打开“首字下沉”对话框。在该对话框中，不仅可以选择“下沉”或“悬挂”位置，还可以设置字体、下沉行数及与正文的距离。

若要取消首字下沉，只要选中已设置首字下沉的段落，单击“插入”选项卡中的“文本组”中的“首字下沉”下拉按钮，在下拉菜单中选择“无”即可。

3.3 Word 2016 制作表格

表格是一种可视化的，组织整理数据的工具，由多条水平方向和垂直方向的直线构成。其中直线交叉形成单元格，水平方向的一排单元格称为“行”，垂直方向的一排单元格称为“列”。表格是文档中非常有效的工具，可以将一些独特的信息独立呈现出来，方便人们做出比较和判断。下面讲解在 Word 2016 中制作表格的方法。

3.3.1 创建表格

1. 创建规则表格

创建规则表格有两种方法，一种是通过拖曳鼠标生成，另一种是通过设定行列数生成。

① 通过拖曳鼠标生成：单击“插入”选项卡中的“表格”组中的“表格”下拉按钮，在下拉菜单中的虚拟表格里拖曳鼠标，至需要插入的行列数处，单击鼠标，如图 3-38 所示，即可创建一个规则表格。

② 通过设定行列数生成：单击“插入”选项卡中的“表格”组中的“表格”下拉按钮，在下拉菜单中选择“插入表格”命令，打开图 3-39 所示的“插入表格”对话框，输入所需的行数和列数，单击“确定”按钮。

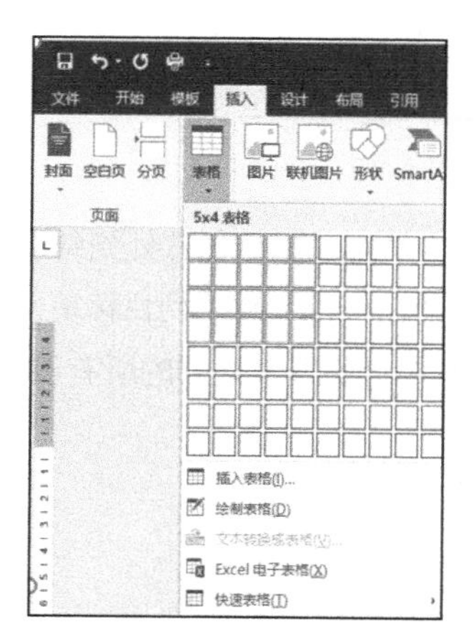

图 3-38 通过拖曳鼠标生成表格

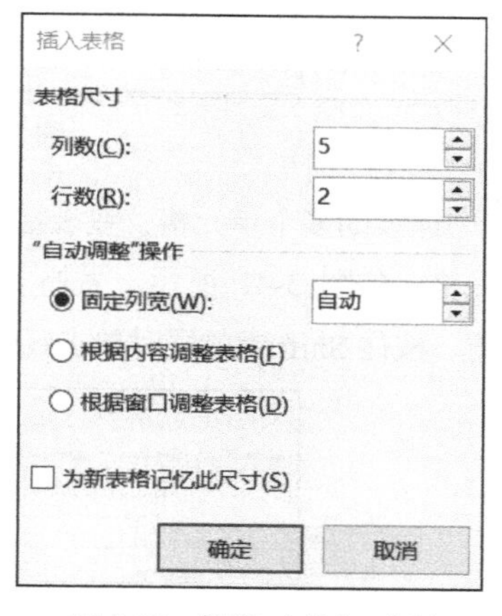

图 3-39 “插入表格”对话框

2. 创建不规则表格

单击“插入”选项卡中的“表格”组中的“表格”下拉按钮，在下拉菜单中选择“绘制表格”命令。此时，光标呈铅笔状，可直接绘制表格的外框、行列线和斜线等表格线（在线段的起点单击并拖曳至终点松开即可）。表格绘制完成后，单击“表格工具”/“布局”选项卡中的“绘制表格”按钮，退出绘制。在绘制过程中，可以根据需要设置表格线的线型、宽度和颜色等。对多余的线段可用“橡皮擦”按钮擦除（沿表格线拖动鼠标或单击即可）。

3. 将文本转换成表格

按规律分隔的文本可以转换成表格，文本的分隔符可以是空格、制表符、逗号或其他符号。要将文本转换成表格，需先选中文本，再单击“插入”选项卡中的“表格”组中的“表格”下拉按钮，在下拉菜单中选择“文本转换成表格”命令即可。

注意 文本的分隔符不能是中文符号或全角状态的符号，否则转换不成功。

创建表格时，有时需要绘制斜线表头，即将表格第 1 行第 1 列的单元格用斜线分成几部分，每部分对应表格中不同行和列的内容。绘制斜线表头，可以使用“插入”选项卡中的“插图”组中的“形状”下拉按钮，通过形状库中“线条”区的直线和“基本形状”区的“文本框”共同完成。

3.3.2 表格的基本操作

表格创建后，可根据实际需要对其结构进行调整，将涉及选中表格和布局表格等操作，下面分别进行介绍。

1. 选中表格

选中表格主要包括选中单个单元格、选中连续的多个单元格、选中不连续的多个单元格、选中行、选中列、选中整个表格等。

① 选中单个单元格：将鼠标指针移动到单元格的左边框偏右位置，单击鼠标即可选中该单元格，如图 3-40 所示。

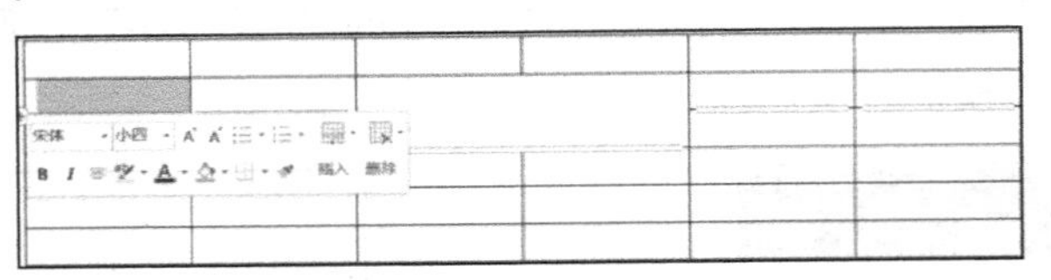

图 3-40 选中单个单元格

② 选中连续的多个单元格：在表格中拖动鼠标即可选中从拖动起始位置处到结束位置的所有连续单元格，如图 3-41 所示。另外，选中起始单元格，将鼠标指针移动到目标单元格的左边框偏右位置，按住 Shift 键的同时单击鼠标，也可选中这两个单元格及其之间的所有连续单元格。

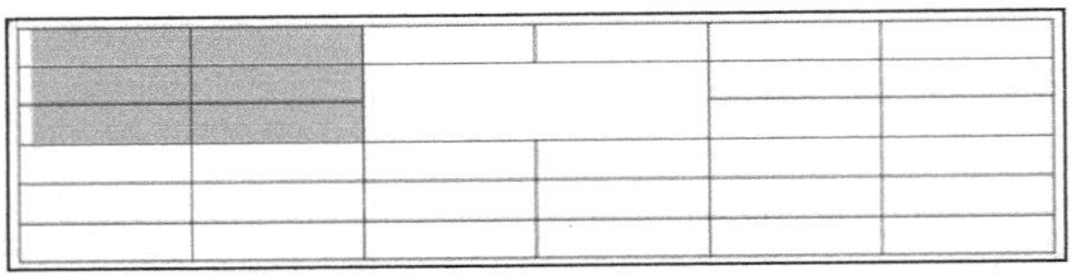

图 3-41 选中连续的多个单元格

③ 选中不连续的多个单元格：首先选中起始单元格，然后按住 Ctrl 键不放，依次选中其他单元格即可，如图 3-42 所示。

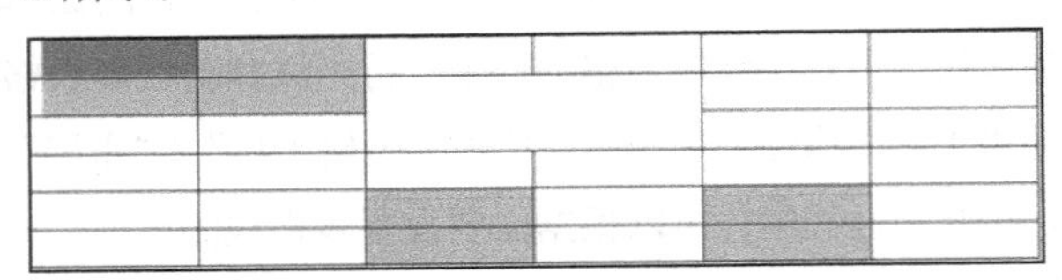

图 3-42 选中不连续的多个单元格

④ 选中行：在表格中拖动鼠标可选中一行或连续的多行单元格。另外，将鼠标指针移至行左侧，当其变为右向箭头时，单击鼠标可选中该行，如图 3-43 所示。另外，利用 Shift 键和 Ctrl

键可实现连续的多行和不连续的多行的选中操作，方法与选中单元格的操作类似。

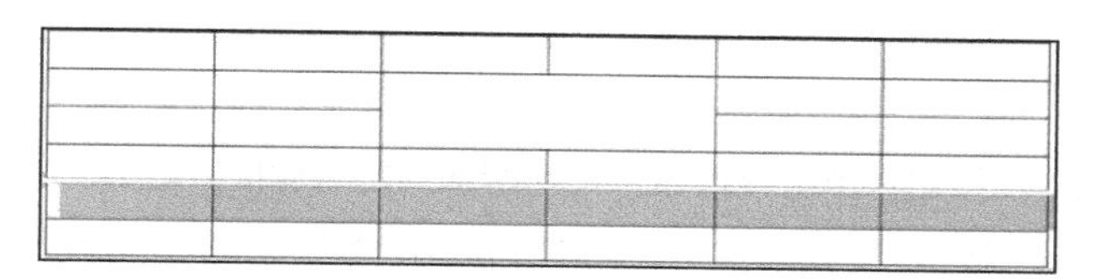

图 3-43　选中单行

⑤ 选中列：在表格中拖动鼠标可选中一列或连续的多列单元格。另外，将鼠标指针移至列上方，当其变为右向箭头时，单击鼠标可选中该列，如图 3-44 所示。另外，利用 Shift 键和 Ctrl 键可实现连续的多列和不连续的多列的选中操作，方法与选中单元格的操作类似。

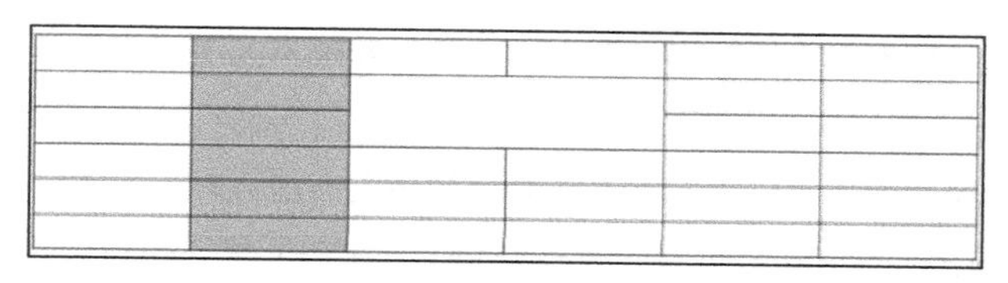

图 3-44　选中单列

⑥ 选中整个表格：按住 Ctrl 键不放，利用选中单个单元格、选中行或选中行列的方法即可选中整个表格。另外，将鼠标指针移至表格区域，此时表格左上角将出现控制句柄图标，单击该图标也可选中整个表格，如图 3-45 所示。

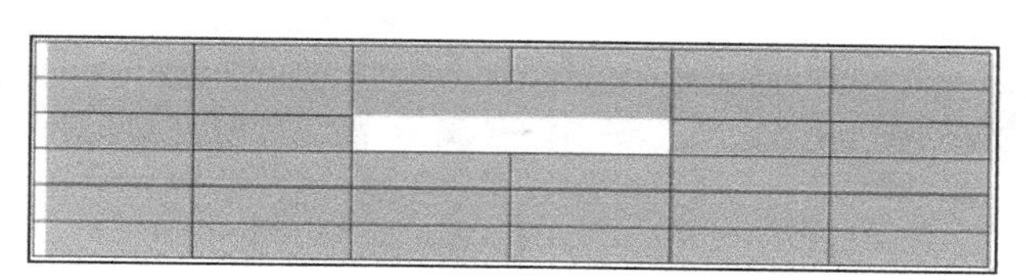

图 3-45　选中整个表格

2. 布局表格

布局表格主要包括插入、删除、合并、拆分等操作，选中表格中的单元格、行或列后，使用“表格工具”/“布局”选项卡中“行和列”组与“合并”组中的相关按钮进行设置即可，如图 3-46 所示。其中各按钮的作用如下。

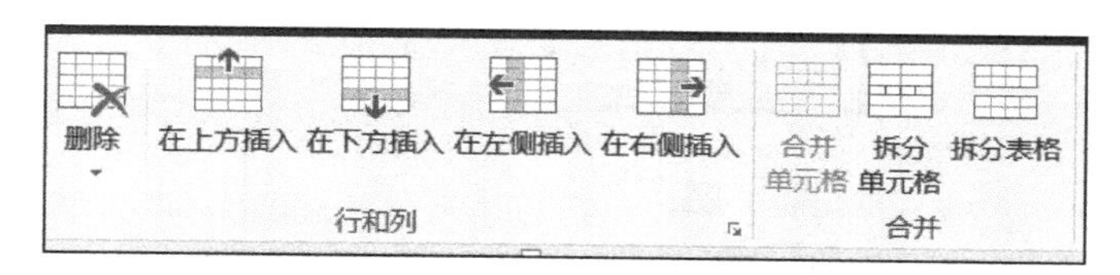

图 3-46　布局表格的各种按钮

① “删除”按钮：单击该按钮，可在打开的下拉列表中选择执行删除单元格、删除行、删除列或删除表格的命令。当单击“删除单元格”时，会打开“删除单元格”对话框，要求设置单元格删除后剩余单元格的调整方式，如右侧单元格左移、下方单元格上移等。

② “在上方插入”按钮：单击该按钮，可在所选行的上方插入新行。

③ “在下方插入”按钮：单击该按钮，可在所选行的下方插入新行。

④ “在左侧插入”按钮：单击该按钮，可在所选列的左侧插入新列。

⑤ “在右侧插入”按钮：单击该按钮，可在所选列的右侧插入新列。

⑥ “合并单元格”按钮：单击该按钮，可将所选的多个连续的单元格合并为一个新的单元格。

⑦ “拆分单元格”按钮：单击该按钮，将打开“拆分单元格”对话框，在其中可设置拆分后的行数和列数，单击“确定”按钮后，即可将所选的单元格按设置的行、列数拆分。

⑧ “拆分表格”按钮：单击该按钮，可在所选单元格处将表格拆分为两个独立的表格。

3.3.3 表格的基本设置

表格建好后，可以在表格的任一单元格中定位光标并输入文字，也可以插入图片、图形、图表等内容。

在单元格中输入文字时，当输入的文本达到单元格的右边界时，文本会自动换行，行高也将自动调整。输入过程中，按 Tab 键可将光标移动到下一个单元格，也可以按快捷键 Shift+Tab 将光标移动到前一个单元格，当然也可以通过单击鼠标将光标定位到所需的单元格。

如果要设置单元格中文字的对齐方式，可选中文字，在“表格工具”/“布局”选项卡中的“对齐方式”组中设置需要的对齐方式，如图 3-47 所示。也可以右键单击并在弹出的快捷菜单中选择“表格属性”命令，打开“表格属性”对话框，在“单元格”选项卡中进行操作，如图 3-48 所示。其他设置，如字体、缩进等，与前面介绍的文档排版操作相同，这里不再赘述。

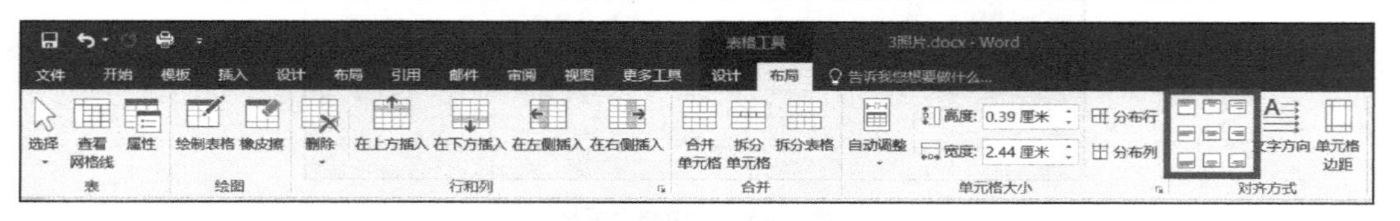

图 3-47 通过“布局”选项卡设置单元格中文字的对齐方式

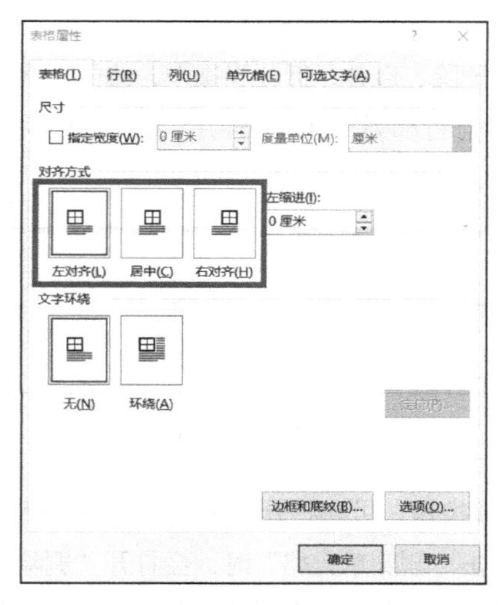

图 3-48 通过“表格属性”对话框设置单元格中文字的对齐方式

【例 3-11】 建立一个表格，表格中第 1 个单元格带有对角线，如图 3-49 所示。表格中文字的对齐方式为水平居中对齐（水平和垂直方向上都是居中对齐方式）。

项目 / 姓名	基本工资	奖金
小南	2950	4500
小宁	2880	5000

图 3-49　带有斜线的表格

操作步骤如下。

① 新建一个文档，单击“插入”选项卡中的“表格”组中的“表格”下拉按钮，在下拉菜单中移动鼠标指针至 3 行 3 列，然后单击鼠标插入一个 3 行 3 列的表格。在表格中任意一个单元格中单击鼠标，然后将鼠标指针移至表格右下角的缩放句柄，当鼠标指针变成双向箭头时，拖动鼠标适当调整表格大小。

② 单击第 1 个单元格，在“设计”选项卡中的“边框”组中，设置边框粗细为 1 磅，单击“边框”下拉按钮，选择样式，给单元格加上对角线，如图 3-50 所示。将光标定位到合适位置输入“项目”和“姓名”。

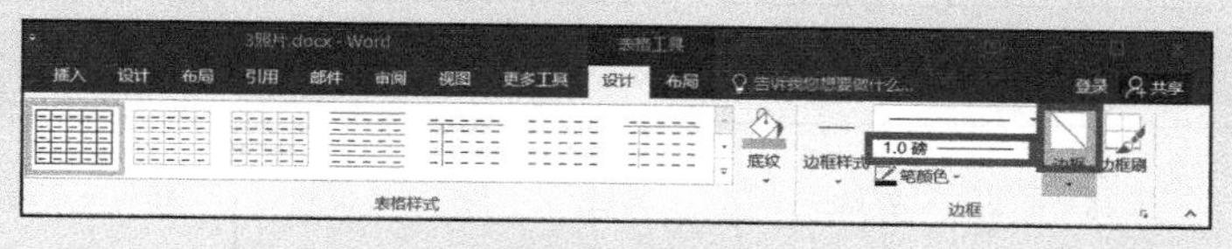

图 3-50　设计斜线

③ 在表格其他单元格中输入相应内容，然后选中整个表格，在“表格工具”/“布局”选项卡中的“对齐方式”组中，单击“水平居中”按钮。

3.3.4　编辑表格

表格的编辑同样遵守“先选中、后执行”的原则，本小节介绍缩放表格，调整行高和列宽，增加或删除行、列和单元格，拆分和合并表格、单元格，设置边框和底纹，表格跨页等。

1. 缩放表格

例 3-10 已初步尝试了缩放表格。在 Word 文档中插入表格后，表格右下角有缩放句柄，将鼠标指针移动到句柄上，当鼠标指针会变成双向箭头时，拖动鼠标可以缩放表格。

2. 调整行高和列宽

调整行高和列宽有 3 种方法。

① 粗略调整：可以采用拖曳标尺或表格线的方法。

② 精确调整：选中表格，在“表格工具”/“布局”选项卡中的“单元格大小”组中的“高度”文本框和“宽度”文本框中设置具体的行高和列宽。或单击鼠标右键，在弹出的快捷菜单中选择“表格属性”命令，打开“表格属性”对话框，在“行”和“列”选项卡中进行相应设置，默认的单位是厘米。

③ 自动调整列宽和均匀分布：选中表格，单击“表格工具”/“布局”选项卡中的“单元格大小”组中的“自动调整”下拉按钮，在打开的下拉菜单中选择相应的调整方式。或在快捷菜单中选择“自动调整”中的相应命令。

3. 增加或删除行、列和单元格

增加或删除行、列和单元格也要选中相应的行、列或单元格，然后在浮动工具栏中单击“删除”下拉按钮，找到相应的选项。或使用“表格工具”/“布局”选项卡中的“行和列”组中的相应按钮或快捷菜单中的相应命令完成。如果选中的是多行或多列，那么增加或删除的也是多行或多列。

【例3-12】 对图3-51所示的表格，现要求设置表格每行行高为1.8厘米，每列列宽为2.8厘米，在表格的底部添加“总计”行，在表格的最右侧添加“瀑布特点”列，完成后效果如图3-52所示。

名称	宽/米	高/米	省份
德天瀑布	208	65	广西
黄果树瀑布	101	77	贵州
壶口瀑布	40	50	陕西

图3-51 “国内几个知名瀑布”原始表格

名称	宽/米	高/米	省份	瀑布特点
德天瀑布	208	65	广西	
黄果树瀑布	101	77	贵州	
壶口瀑布	40	50	陕西	
总计				

图3-52 “国内几个知名瀑布”完成效果

操作步骤如下。

① 选中整个表格，单击鼠标右键，在弹出的快捷菜单中选择“表格属性”命令，打开“表

格属性”对话框，将行高调整为 1.8 厘米，宽度调整为 2.8 厘米。

② 选中表格最后一行，单击“表格工具”/“布局”选项卡中的“行和列”组中的“在下方插入”按钮，然后在新插入行的第 1 个单元格中输入“总计”。

③ 选中表格最后一列，单击“表格工具”/“布局”选项卡中的“行和列”组中的“在右侧插入”按钮，然后在新插入列的第 1 个单元格中输入“瀑布特点”。

④ 设置新增加的行和列的文字对齐方式为“水平居中”。

4. 拆分和合并表格、单元格

拆分表格即将一个表格分为两个表格。首先将光标移动到表格要拆分的位置，即第 2 个表格的第 1 行的任一单元格，然后单击“表格工具”/“布局”选项卡中的“合并”组中的“拆分表格”按钮，此时在两个表格中产生一个空行。删除这个空行，两个表格又合并成为一个表格。

拆分单元格即将一个单元格分为多个单元格，合并单元格则恰恰相反。拆分和合并单元格可以利用“表格工具”/“布局”选项卡中的“合并”组中的“拆分单元格”按钮和“合并单元格”按钮来完成。

5. 设置边框和底纹

自定义表格外观最常见的方式是为表格添加边框和底纹。使用边框和底纹可以使每个单元格或每行、每列呈现出不同的风格，使表格更加清晰明了。设置边框和底纹可通过单击“表格工具”/“设计”选项卡中的“边框”组中的“边框”下拉按钮，在下拉菜单中选择“边框和底纹”命令，打开“边框和底纹”对话框来进行操作，其设置方法与段落的边框和底纹设置方法类似，只是在“应用于”下拉列表中要选择“表格”。

【例 3-13】 创建如图 3-53 所示的表格，要求表格第 1 行的行高为 1.5 厘米，其他行的行高为 1 厘米，所有列的列宽为 2.5 厘米，所有文字水平垂直居中，去掉表格左右两边的框线，上下两边的框线设置为 2.25 磅红色实线。

姓名	微积分/分	大学英语/分	大学计算机基础	
			机试/分	笔试/分
张华	78	65	78	80
李云峰	86	98	90	83

图 3-53　带有红色边框线的表格

操作步骤如下。

① 单击“插入”选项卡中的“表格”组中的“表格”下拉按钮，选择“插入表格”，在“插入表格”对话框中设置行数为 3，列数为 5，如图 3-54 所示，然后单击“确定”按钮。

② 将光标定位到表格第 1 行，打开“表格属性”对话框，在对话框中设置“指定高度”为 1.5 厘米，设置“指定宽度”为 2.5 厘米。选中表格的第 2 和第 3 行，设置“指定高度”为 1 厘米。

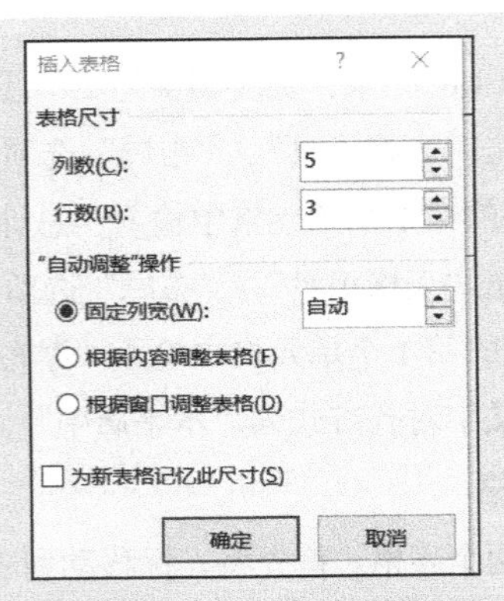

图 3-54　在“插入表格”对话框中设置行数和列数

③ 将光标定位到第 1 行最后一个单元格，单击鼠标右键，在弹出的快捷菜单中选择“拆分单元格”，打开“拆分单元格”对话框，在对话框中设置行数和列数都为 2。选中被拆分的单元格中的第 1 行单元格，单击鼠标右键，在弹出的快捷菜单中选择“合并单元格”。

④ 输入文字，选中表格内容，在“布局”选项卡中的“对齐方式”功能区中选择垂直和水平方向都居中。

⑤ 选中表格，打开“边框和底纹”对话框，在对话框的“设置”组中选中“自定义”，在右侧分别设置样式为“单实线”，颜色为红色，宽度为 2.25 磅，在“预览”组中，设置应用于“表格”，并分别单击表格上下框线使其应用“红色，2.25 磅”的框线样式，同时去掉左右两边的框线，如图 3-55 所示。

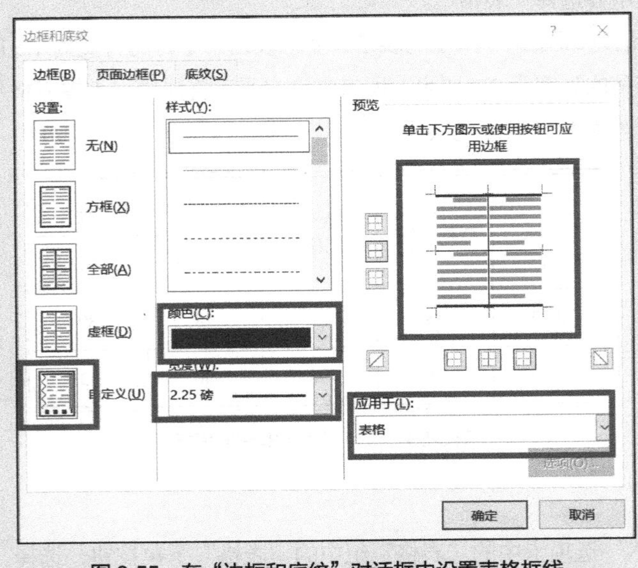

图 3-55　在“边框和底纹”对话框中设置表格框线

6. 表格跨页操作

当表格很长或表格正好处于两页的分界处时，表格会被分割成两部分，即出现跨页的情况。Word 2016 提供了两种处理表格跨页的方法：一种是跨页分断表格，下页中的表格仍然可以保留上页表格的标题行（适于较大表格）；另一种是禁止表格跨页，让表格处于同一页上（适于较小表格）。

要允许表格跨页可以单击“表格工具”/“布局”选项卡中的“表”组中的“属性”按钮，打开“表格属性”对话框，在“行”选项卡中勾选“允许跨页断行”复选框。还可以单击“表格工具”/“布局”选项卡中的“数据”组中的“重复标题行”按钮来实现表格跨页时重复标题行。

3.4 插入对象

Word 2016 并不局限于对文字的处理，还能在文档中插入各种各样的对象，使文章的可读性、艺术性和感染力大大增强。在 Word 2016 中，可以插入的对象包括各种类型的图片、图形对象（文本框、图片、SmartArt 图形、艺术字等）、数学公式和图表等，如图 3-56 所示。

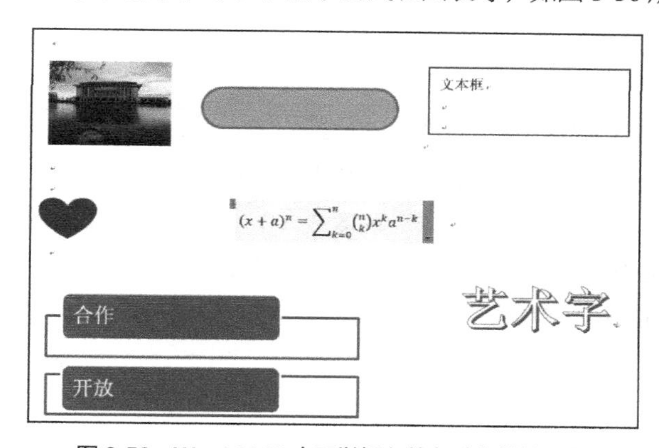

图 3-56 Word 2016 中可以插入的各种各样的对象

如果要对插入的对象进行编辑和格式化等操作，除了利用各自的快捷菜单，还可以在对应的选项卡中进行操作。图片对应的选项卡是“图片工具”，图形对象对应的选项卡有“绘图工具”“SmartArt 工具”“公式工具”和“图表工具”等。选中对象，这些选项卡就会出现。

3.4.1 插入图片

Word 文档中插入的图片通常有各种各样的来源，例如来源于数码相机拍摄的高清图片，或者来源于网络图库、新闻报道的配图，又或者来源于 Word 图片剪辑库等。

Word 文档中插入的图片一般可以分为 3 大类。

① 剪贴画，文件扩展名为“wmf”（Windows 图元文件）或“emf”（增强型图元文件）。

② 其他图形文件，文件扩展名为“bmp”（Windows 位图）、“jpg”（静止图像压缩标准格式）、“gif”（图形交换格式）、“png”（可移植网络图形）和“tiff”（标志图像文件格式）等。

③ 截图、截取整个程序窗口或窗口中部分内容的图片。

要在文档中插入图片，可以通过“插入”选项卡中的“插图”组中的相应按钮进行操作。

【例 3-14】 新建一个空白文档，插入一张桂林山水的图片、一个窗口截图，以及搜狗输入法状态栏的截图（截取窗口中的部分内容），完成后的效果如图 3-57 所示。

图 3-57　完成后的效果

操作步骤如下。

（1）插入图片文件

① 将光标移动到文档中需要放置图片的位置。

② 单击“插入”选项卡中的“插图”组中的“图片”按钮，打开“插入图片”对话框，找到图片位置，单击“插入”按钮，如图 3-58 所示，将“桂林山水”图片插入到文档中。也可以单击“插入”选项卡中的“插图”组中的“联机图片”按钮，从各种联机来源（网络和 OneDrive）中查找和插入图片。

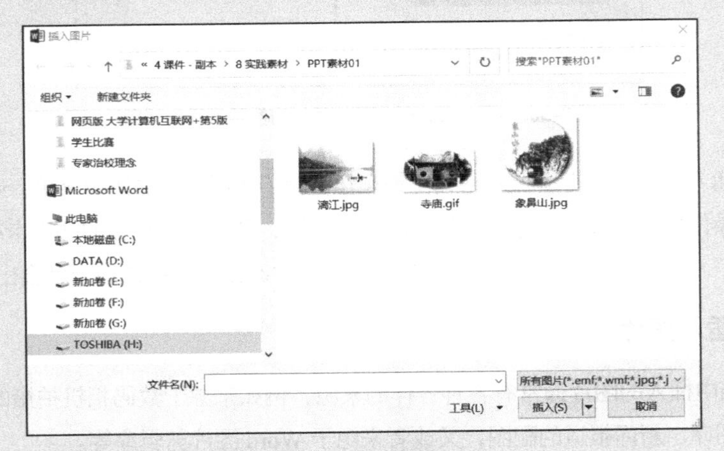

图 3-58　插入图片

（2）插入一个窗口截图（截取整个程序窗口）

① 打开一个程序窗口，如画图程序，然后切换到 Word 2016，将光标移动到文档中需要放置图片的位置。

② 单击“插入”选项卡中的“插图”组中的“屏幕截图”下拉按钮，在弹出的下拉菜单中可以看到当前打开的程序窗口，单击需要截取画面的程序窗口即可。也可以打开程序窗口后，按快捷键 Alt+PrintScreen 将其复制到剪贴板，然后粘贴至文档中。

注意 如果要插入整个桌面图像，可以先右键单击任务栏空白处，在弹出的快捷菜单中选择“显示桌面”命令，然后切换到 Word 2016，定位光标，单击“插入”选项卡中的“插图”组中的“屏幕截图”下拉按钮，在下拉菜单中选择“屏幕剪辑”命令，然后截取整个屏幕。也可以在显示桌面后，按 PrintScreen 键将其复制到剪贴板，然后粘贴至文档中。

（3）插入搜狗输入法状态栏的截图

① 显示搜狗输入法状态栏，并将它移动到屏幕上的空白区域（方便截取）。

② 单击“插入”选项卡中的“插图”组中的“屏幕截图”下拉按钮，在弹出的下拉菜单中选择“屏幕编辑”命令，等待几秒，当画面呈现半透明状态时，在要截图的位置（搜狗输入法状态栏）拖动鼠标，选中要截取的范围，然后松开鼠标左键完成截图操作。

对插入文档中的图片，除复制、移动和删除等常规操作外，还可以进行调整图片的大小、裁剪图片（按比例或形状裁剪）等操作；可以设置图片排列方式（文字对图片的环绕方式），如嵌入型（将图片当作文字对象处理）和其他非嵌入型，其他非嵌入型又包括四周型、紧密型等（将图片当作区别于文字的外部对象处理）；可以调整图片的颜色，包括亮度、对比度、颜色设置等；可以删除图片背景使文字内容和图片互相映衬；可以设置图片的艺术效果，包括标记、铅笔灰度、铅笔素描、线条图、粉笔素描、画图刷、发光散射、虚化、浅色屏幕、水彩海绵、胶片颗粒等 22 种效果；可以设置图片样式（样式是多种格式的总和，包括为图片添加边框、效果等格式）。如果是多张图片，还可以进行组合和取消组合的操作，多张图片叠放在一起时，还可以通过调整叠放次序得到最佳效果（注意此时图片的文字环绕方式不能是嵌入型）。

对图片的各种操作主要通过“图片工具”/“格式”选项卡和快捷菜单中的相应命令来实现。“图片工具”/“格式”选项卡如图 3-59 所示。

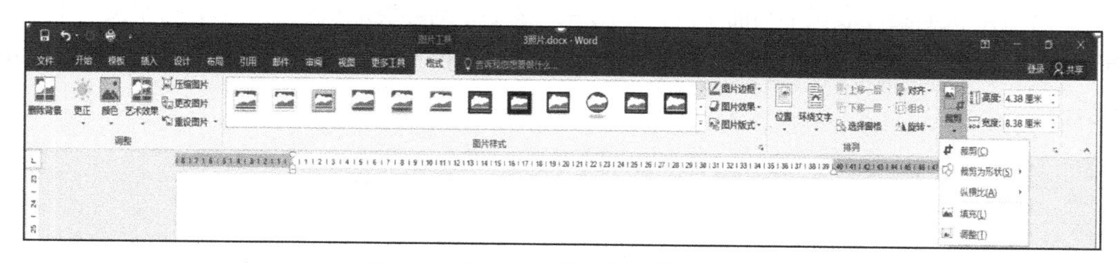

图 3-59 “图片工具”/“格式”选项卡

图片刚插入文档中时往往很大，需要调整图片的大小，最常用的方法是：选中图片，此时图片四周出现 8 个控制句柄，拖曳它们可以进行图片缩放。如果需要准确地改变尺寸，可以右键单击图片，在弹出的快捷菜单中选择“大小和位置”命令，打开“布局”对话框，在“大小”选项卡中完成操作，如图 3-60 所示。也可以在“图片工具”/“格式”选项卡中的“大小”组中进行设置。

还可以根据用户需要对图片进行裁剪，并可裁剪为多种形状。裁剪的方法是：单击图片，在“图片工具”/“格式”选项卡中的“大小”组中单击“裁剪”下拉按钮，在弹出的下拉菜单中选择“裁剪”命令，然后用鼠标拖曳图片周围黑色的裁剪控制柄，将图片裁剪至合适，然后在空白处单击完成操作。如果要把图片裁剪为形状，则需要在弹出的下拉菜单中选择“裁剪为形状”命令。

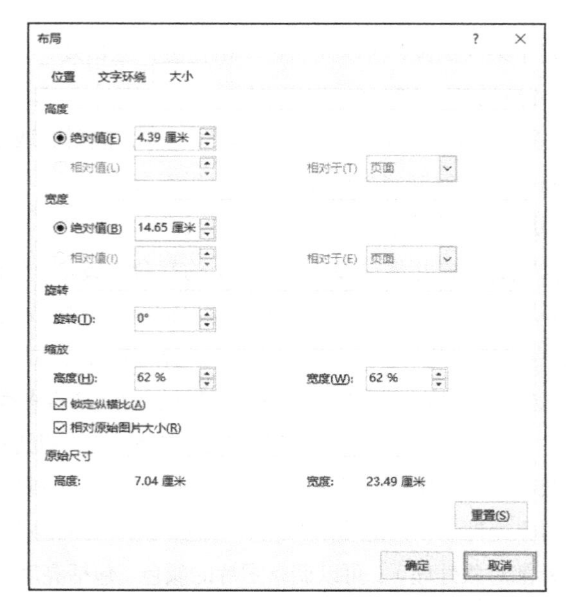

图 3-60　在“布局”对话框设置图片大小

插入的图片常常会把周围的文字“挤开”，形成文字对图片的环绕。文字对图片的环绕方式主要分为两类：一类是将图片当作文字对象处理，图片与文档中的文字一样占有实际位置，它在文档中与上下左右文本的位置始终保持不变，如嵌入型，这是系统默认的文字环绕方式；另一类是将图片作为区别于文字的外部对象处理，如四周型、紧密型、衬于文字下方、浮于文字上方、上下型和穿越型（前 4 种更为常用）。其中，四周型的文字沿图片四周呈矩形环绕；紧密型的文字，其环绕形状随图片形状不同而不同，如图片是圆形，则环绕形状就是圆形；衬于文字下方是指图形位于文字下方；浮于文字上方是指图形位于文字上方。这 4 种文字环绕方式的效果如图 3-61 所示。

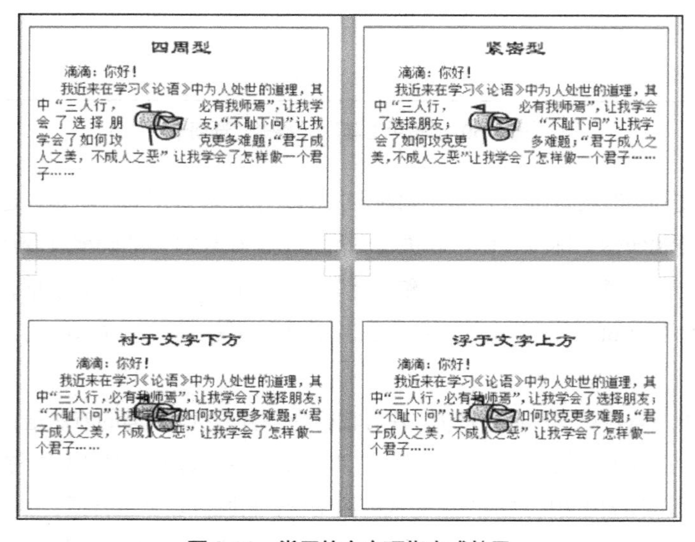

图 3-61　常用的文字环绕方式效果

设置文字环绕方式最快捷的方法是选中图片，使用图片右上角出现的“布局选项”按钮，选择合适的环绕方式。如图 3-62 所示。

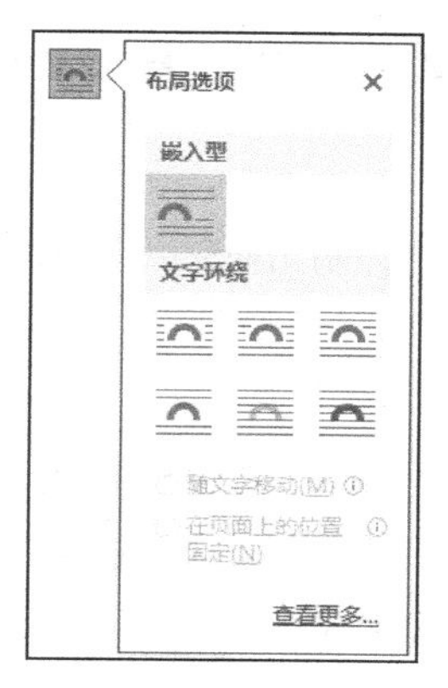

图 3-62 “布局选项”按钮

此外，还有两种常用的设置文字环绕方式的方法：一是选中图片，在“图片工具”/“格式”选项卡中的“排列”组中，单击“环绕文字”下拉按钮，在下拉菜单中选择需要的环绕方式；二是在图片上单击鼠标右键，在弹出的快捷菜单中选择“环绕文字”命令，在打开的级联菜单中选择需要的环绕方式。

在文档中插入图片时，有时会发生图片显示不全的情况，此时，只要将文字环绕方式由“嵌入型”改为其他任何一种方式即可。

一般，衬于文字下方比浮于文字上方更为常用，但图片衬于文字下方后会使字迹不清晰，此时，可以对图片重新着色使图片颜色淡化，一个可行的方法是：单击“图片工具”/“格式”选项卡中的“调整”组中的“颜色”下拉按钮，在下拉菜单中的“重新着色”区中选择“冲蚀”命令。

3.4.2 插入图形对象

图形对象包括形状、SmartArt 图形、艺术字等。

1. 形状

Word 2016 中的形状包括线条、矩形、基本形状、箭头总汇、公式形状、流程图、星与旗帜和标注 8 种类型，每种类型又包含若干图形样式。插入的形状还可以添加文字，并设置阴影、发光、三维旋转等各种特殊效果。

插入形状可通过单击“插入”选项卡中“插图”组中的“形状”下拉按钮来完成。在形状库中单击需要的图标，然后在文档编辑区拖动鼠标从而形成所需要的图形。

要编辑或格式化图形，先选中图形，然后在“绘图工具”选项卡（见图 3-63）或快捷菜单中操作。常用的编辑和格式化操作包括缩放和旋转、添加文字、组合与取消组合、更改叠放次序、设置形状格式等。

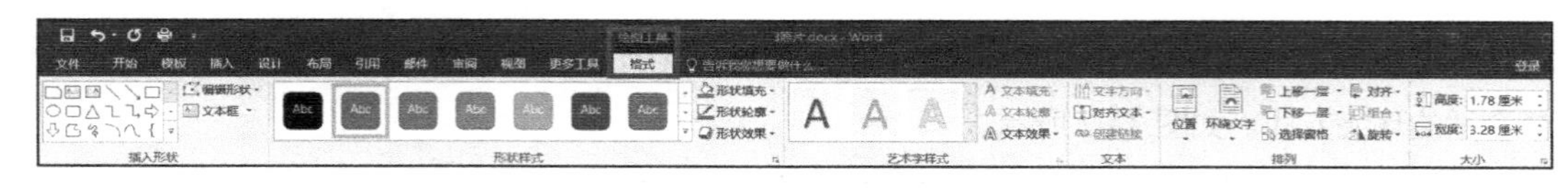

图 3-63 “绘图工具”选项卡

（1）缩放和旋转

单击图形，在图形四周会出现 8 个控制句柄和一个旋转句柄，拖曳控制句柄可以进行图形缩放，拖曳旋转句柄可以进行图形旋转。

（2）添加文字

在需要添加文字的图形上单击鼠标右键，在弹出的快捷菜单中选择“添加文字”命令。这时光标就出现在选中的图形中，输入需要添加的文字内容即可。这些输入的文字会变成图形的一部分，移动图形时，图形中的文字也跟随移动。

（3）组合与取消组合

如果要使多个图形构成一个整体，以便同时编辑和移动，可以按住 Shift 键然后分别单击图形来选中所有图形，然后移动鼠标至鼠标指针呈十字箭头形状时单击鼠标右键，在弹出的快捷菜单中选择“组合”→“组合”命令。若要取消组合，在图形上单击鼠标右键，在弹出的快捷菜单中选择“组合”→“取消组合”命令即可。

（4）更改叠放次序

当在文档中绘制多个图形时，图形可能重叠，图形的叠放次序与绘制的顺序相同，最先绘制的在最下面。可以利用快捷菜单中的“叠放次序”命令改变图形的叠放次序。

（5）设置形状格式

在形状上单击鼠标右键，在弹出的快捷菜单中选择“设置形状格式”命令，打开“设置形状格式”任务窗格，在其中完成操作。

【例 3-15】 绘制一个如图 3-64 所示的流程图，要求流程图各个部分组合为一个整体。

图 3-64 绘制流程图

操作步骤如下。

① 新建一个空白文档，单击“插入”选项卡中的“插图”组中的“形状”下拉按钮，在形状库中的“流程图”区中选择相应图形。

② 插入一个圆角矩形到文档中合适位置，并适当调整大小。在图形上单击鼠标右键，在弹出的快捷菜单中选择“添加文字”命令，在图形中输入文字“开始”。

③ 然后在形状库中的“线条”区中选择单向箭头，画出向右的箭头。

④ 参考第③步和第④步，继续插入其他形状直至完成。

⑤ 按住 Shift 键，依次单击所有图形，全部选中后，在图形上单击右键，在弹出的快捷菜单中选择“组合”→“组合”命令，将多个图形组合在一起。

注意 形状库的“基本形状”区中包括文本框和垂直文本框，使用它们可以方便地将文字放置到文档中的任意位置。制作无边框的文本框时，在文本框上单击鼠标右键，在弹出的快捷菜单中选择“设置形状格式”命令，在“设置形状格式”任务窗格中的“填充”选项卡和“线条颜色”选项卡中分别选择“无填充”和“无线条”单选按钮即可。在文本框中输入文字时，若部分文字不可见，可以通过调整文本框的大小来解决。

2. SmartArt 图形

SmartArt 图形是 Word 中预设的形状、文字及样式的集合，包括列表、流程、循环、层次结构、关系、矩阵、棱锥图和图片 8 种类型，每种类型下有多个图形样式，用户可以根据需求选择图形，并对图形的内容和效果进行设置。

【例 3-16】 组织结构图是由一系列文本框和连线来表示组织机构和层次关系的图形。绘制一个组织结构图，如图 3-65 所示。

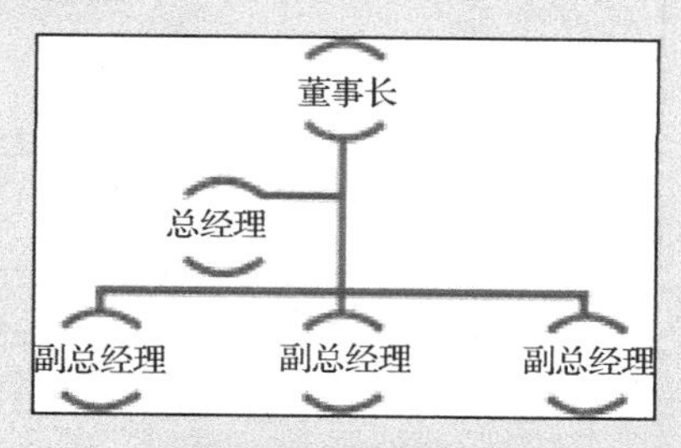

图 3-65 组织结构图

操作步骤如下。

① 新建一个空白文档，单击“插入”选项卡中的“插图”组中的“SmartArt”按钮，打开“选择 SmartArt 图形”对话框。在“层次结构”选项卡中选择“半圆组织结构图”，如图 3-66 所示，单击“确定”按钮。

② 单击各个文本框，从上至下依次输入“董事长”“总经理”和 3 个“副总经理”。

③ 单击文档中其他任意位置，完成组织结构图的绘制。插入 SmartArt 图形后，可以利用“SmartArt 工具”选项卡完成设计和格式编辑等操作。

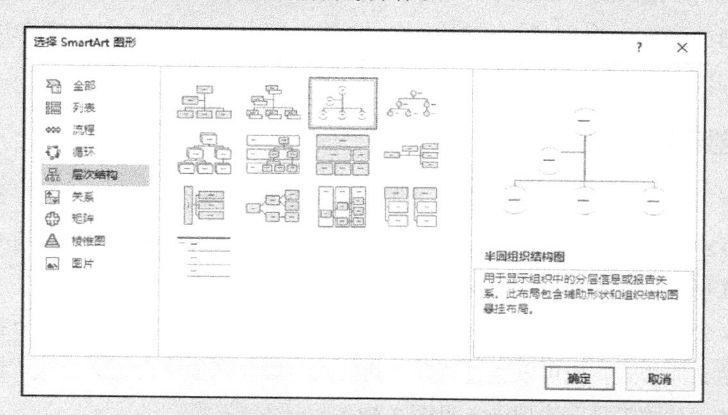

图 3-66 “选择 SmartArt 图形”对话框

3. 艺术字

艺术字是以普通文字为基础，通过添加阴影、改变文字的大小和颜色、把文字变成多种预定义的形状等来突出和美化的文字，它的使用会增强文档的艺术效果，常用来创建旗帜鲜明的标志或标题。

在文档中插入艺术字可以通过“插入”选项卡中的“文本”组中的“艺术字”下拉按钮来实现。插入艺术字后，会出现“绘图工具”选项卡，可在其中的“艺术字样式”组中对艺术字进行编辑操作，如改变艺术字样式、增加艺术字效果等。

如果要删除艺术字，只要选中艺术字，按 Delete 键即可。

【例 3-17】 制作效果如图 3-67 所示的艺术字。

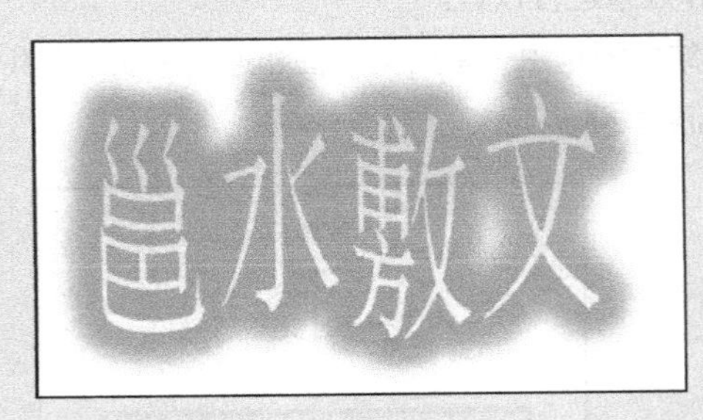

图 3-67 艺术字效果

操作步骤如下。

① 单击“插入”选项卡中的“文本”组中的“艺术字”下拉按钮，在展开的艺术字样式库中选择第 2 行第 3 列的样式，并输入文字“邕水敷文”。

② 选中文字，单击“绘图工具”/“格式”选项卡中的“艺术字样式”组中的“文字效果”下拉按钮，在下拉菜单中将鼠标指针指向“发光”，在弹出的“发光变体”区中单击“蓝色，18pt 发光，个性色 5”。

③ 继续在“艺术字样式”组中单击“文字效果”下拉按钮，在下拉菜单中将鼠标指针指向“转换”，在“弯曲”区中单击“双波形 2”。

注意 在文档中插入图形对象时，可将各种形状、图片、文本框、艺术字等放置在绘图画布中。使用绘图画布可通过“插入”选项卡中的“插图”组中的“形状”下拉菜单中的“新建绘图画布”命令来实现。

3.4.3 创建数学公式

在工作和学习中有时需要输入一些数学公式，例如在写作论文或者著作时，常常需要借助一些工具来输入专业的数学公式。在 Word 2016 中，可以利用公式编辑器制作具有专业水准的数学公式。数学公式可以像图形一样进行编辑操作。

要创建数学公式，可以单击“插入”选项卡中的“符号”组中的“公式”下拉按钮，在下拉列表中选择预定义的公式，也可以通过“插入新公式”命令来创建自定义公式。创建公式后会出现公式输入框和“公式工具”选项卡（见图 3-68）。

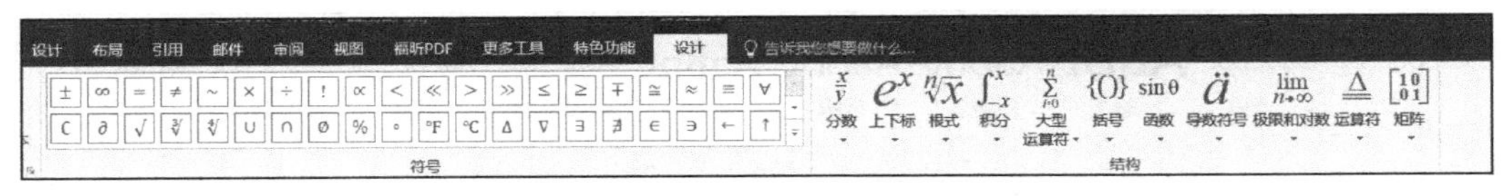

图 3-68 “公式工具”/“设计”选项卡

注意 在输入公式时，光标的位置很重要，它决定了当前输入的内容在公式中所处的位置。创建数学公式需要选择合适的结构，对一些复杂的数学公式可能还需要使用嵌套的结构。

【例 3-18】 创建如图 3-69 所示的数学公式。

$$s(t)=\sum_{i=1}^{\infty}x_i^2(t)$$

图 3-69

操作步骤如下。

① 单击“插入”选项卡中的“符号”组中的“公式”下拉按钮，在下拉菜单中选择“插入新公式”命令。

② 在公式输入框中输入“s(t)=”。

③ 单击“公式工具”/“设计”选项卡中的“结构”组中的“大型运算符”下拉按钮，在“大型运算符”区中选择$\sum$。

④ 将光标分别定位到求和符号中的上下虚框中，依次输入“∞”“i=1”。

⑤ 接着将光标定位到右侧的虚框中，单击“结构”组中的“上下标”下拉按钮，在“下标和上标”区中选择，在左边、上标、下标的虚框中分别输入“x”“2”和“i”。

⑥ 在右边输入“(t)”，然后单击空白区域完成编辑。

3.5 高级编辑技术

为了提高效率，Word 2016 提供了一些高级编辑技术，包括样式的创建及使用、自动生成目录、宏、修订文档等。

3.5.1 样式的创建及使用

样式是字符和段落排版格式的组合。可以对样式进行命名，样式设置好后可以反复调用，让部分对象具有相同的格式。样式的使用和修改都比较方便。本节介绍样式的 3 个操作：使用已有样式、新建样式、修改和删除样式。

1. 使用已有样式

Word 2016 提供了十几个样式（见图 3-70），使用时只需要选中需要设置样式的内容，在“开始”选项卡中的“样式”组单击相应的样式，这样样式中封装好的格式就可以应用到选中的内容上了。

图 3-70　Word 2016 的样式库

2. 新建样式

当 Word 2016 提供的样式不能满足用户需要时，可以自己创建新样式，实际上我们经常需要创建自己的样式。

单击“样式”功能区的对话框启动器按钮，打开“样式”任务窗格（见图 3-71），单击任务窗格左下角的“新建样式”按钮打开“创建新样式”对话框，该对话框中输入样式名，选择样式类型、样式基准，设置该样式的格式，再勾选“添加到样式库”复选框。在“根据格式设置创建新样式”对话框中新建样式时，可以通过“格式”栏中的相应按钮快速、简单地设置，也可以单击“格式”下拉按钮，在弹出的下拉菜单中选择相应的命令进行详细设置。样式创建之后就可以像使用已有样式一样通过单击使用了。

图 3-71　“样式”任务窗格

3. 修改和删除样式

如果对已有的样式不满意，可以修改和删除样式。

修改样式的方法是：在“样式”任务窗格中，在需要修改的样式名上单击鼠标右键，在弹出的快捷菜单中选择“修改”命令，在打开的“修改样式”对话框中设置所需的格式即可。修改样式后，所有应用了该样式的内容都会随之改变。

删除样式的方法与修改样式的方法类似，不同的是应在快捷菜单中选择删除样式的命令。删除样式后，所有应用了此样式的内容将自动应用“正文”样式。

【例 3-19】 打开文档“硬盘简介.docx”，新建样式“练习标题”，将文字的格式设为微软雅黑、三号，对齐方式为居中对齐，将该样式添加到模板并应用在该文档的标题上。然后修改该样式中字体颜色为红色，字形为加粗。

操作步骤如下。

① 打开“样式”任务窗格，单击任务窗格左下角的“新建样式”按钮，打开“创建新样式”对话框。

② 在“创建新样式”对话框中设置样式名称为“练习标题”，字体为微软雅黑，字号为三号，对齐方式为居中对齐，如图 3-72 所示，然后单击“确定”按钮。

③ 选中文档的几个标题，然后单击任务窗格中的“练习标题”样式，将“练习标题”样式所具有的格式应用到文档的几个标题上，如图 3-73 所示。

④ 在任务窗格中的“练习标题”样式上单击鼠标右键，在弹出的快捷菜单中选择“修改”命令，在打开的“修改样式”对话框中，将字体颜色改为红色，字形改为加粗，如图 3-74 所示。观窗应用了“练习标题”样式的文档标题有什么变化，如图 3-75 所示。

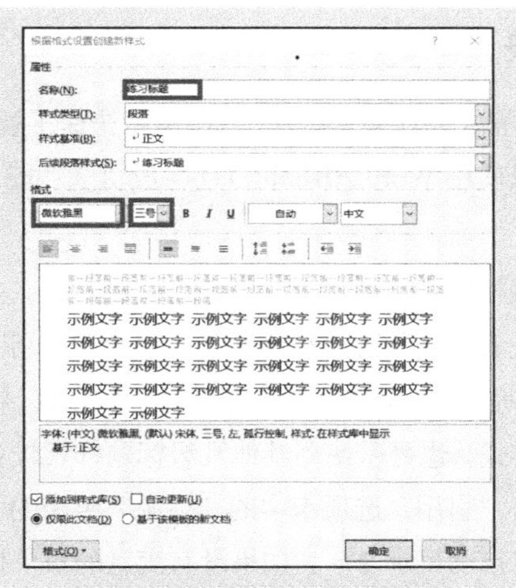

图 3-72　创建“练习标题”样式

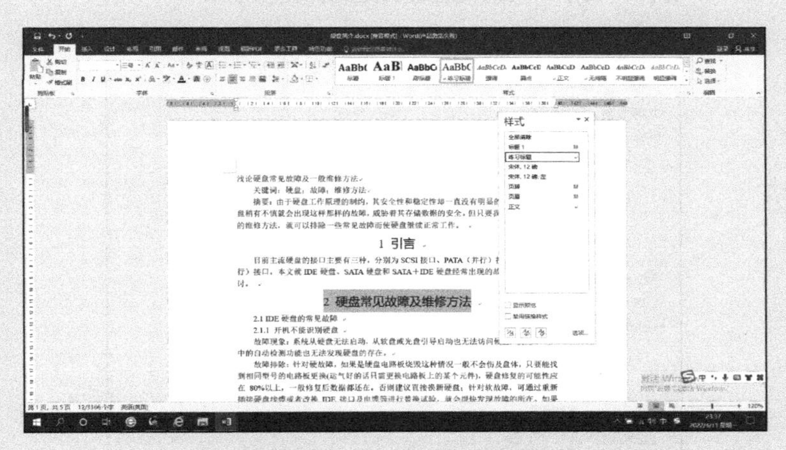

图 3-73　应用“练习标题”样式

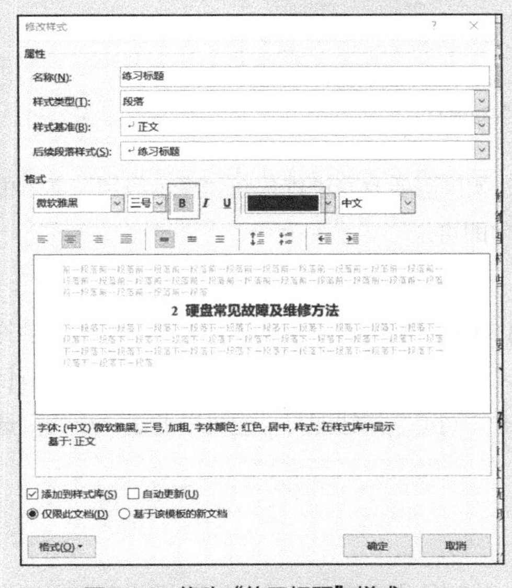

图 3-74　修改“练习标题”样式

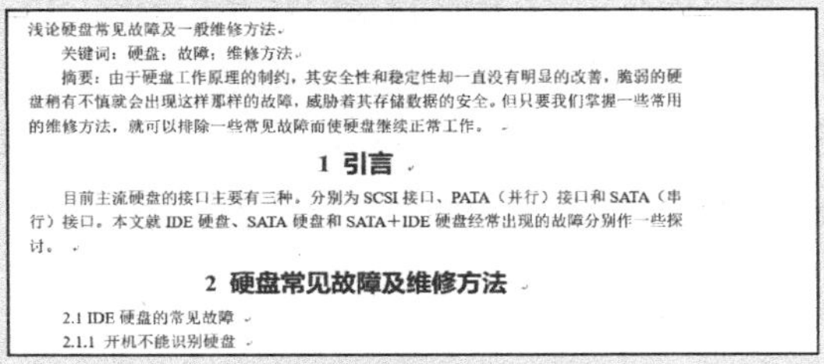

浅论硬盘常见故障及一般维修方法

关键词：硬盘；故障；维修方法

摘要：由于硬盘工作原理的制约，其安全性和稳定性却一直没有明显的改善，脆弱的硬盘稍有不慎就会出现这样那样的故障，威胁着其存储数据的安全。但只要我们掌握一些常用的维修方法，就可以排除一些常见故障而使硬盘继续正常工作。

1 引言

目前主流硬盘的接口主要有三种，分别为 SCSI 接口、PATA（并行）接口和 SATA（串行）接口。本文就 IDE 硬盘、SATA 硬盘和 SATA+IDE 硬盘经常出现的故障分别作一些探讨。

2 硬盘常见故障及维修方法

2.1 IDE 硬盘的常见故障

2.1.1 开机不能识别硬盘

图 3-75　修改样式后的文档

3.5.2　自动生成目录

书籍或长文档编写完后，需要为其编制目录，方便读者快速了解文档的层次结构及主要内容。目录除了手工输入外，还可以使用Word 2016的自动生成目录功能。

1. 创建目录

目录将文档中出现的各级标题集合在一起。要自动生成目录，必须对文档中的各级标题应用样式库中的相应标题样式，或者在“段落”对话框中的“大纲级别”中设置标题的大纲级别（大纲级别包括正文、1级、2级等）。一般情况下，目录分为3级，可以使用相应的3级标题“标题1”“标题2”“标题3”样式，也可以使用其他几级标题样式或者使用大纲级别来设置文档中的各级标题。设置好后，单击“引用”选项卡中的“目录”组中的“目录”下拉按钮，在下拉菜单中选择“自动目录1”或“自动目录2”。如果没有满意的目录格式，可以在下拉菜单中选择“自定义目录”命令，打开“目录”对话框进行自定义操作，如图3-76所示。

图3-76　“目录”对话框

注意 Word 2016默认的目录显示级别为3级，如果需要改变设置，在“显示级别”文本框中利用数字微调按钮调整或直接输入相应级别的数字即可。

2. 更新目录

如果标题文字在编制目录后发生了变化，Word 2016可以快速对目录进行更新。更新目录的方法是：在目录中单击鼠标，目录区左上角会出现“更新目录”按钮，单击此按钮打开“更新目录”对话框，选择“更新整个目录”单选按钮，单击“确定”按钮即可。也可以通过“引用”选项卡中的“目录”组中的“更新目录”按钮操作。

3.5.3　宏

使用Word 2016时可能经常需要重复某些操作，这时使用宏来自动执行这些操作会提高工作

项卡中的“更改”组中的“接受”下拉的列表中选择“接受所有修订”或“拒绝所有修订”以接受或拒绝所有的修订，在“审阅”选项卡中的“批注”组中的“删除”下拉列表中选择“删除文档中所有批注”以删除所有的批注。

4. 快速比较文档

文档经过审阅后，还可以通过“比较”来查看修订前后两个文档的差异。Word 2016 提供了“精确比较”的功能来显示两个文档的差异。具体步骤是：单击“审阅”选项卡中的“比较”组中的“比较”下拉按钮，在下拉菜单中选择“比较”命令，打开“比较文档”对话框，在其中通过浏览找到原文档和修改后的文档，单击“确定”按钮，两个文档之间的不同之处将突出显示在“比较结果”文档中。

5. 标记文档的最终状态

如果文档已经确定修改完成，可以将文档标记为最终状态，该操作会将文档设置为“只读”，并禁用相关的内容编辑命令。

在 Word 2016 中，将文档标记为最终状态是通过单击“文件”按钮，在“信息”选项卡中单击“保护文档”下拉按钮，在下拉菜单中选择“标记为最终状态”命令来完成的。

【例 3-21】 打开文档“硬盘简介.docx”，对文档进行适当的修改，并显示修订内容提示，给文档引言段加上批注信息“简明扼要！”，完成效果如图 3-79 所示。

操作步骤如下。

① 打开文档“硬盘简介.docx”，选择“审阅”→“修订”→“修订”命令，进入“修订”状态。

② 选中摘要段，然后单击 Backspace 键或 Delete 键，删除摘要；将光标定位到标题中的“硬盘”两个字后面，然后添加“驱动器”3 个字；选中关键词段中的两个分号，改成逗号。

③ 选中引言段，选择“审阅”→“批注”→“新建批注”命令，在弹出的批注框中输入“简明扼要！”。完成后的效果如图 3-79 所示。

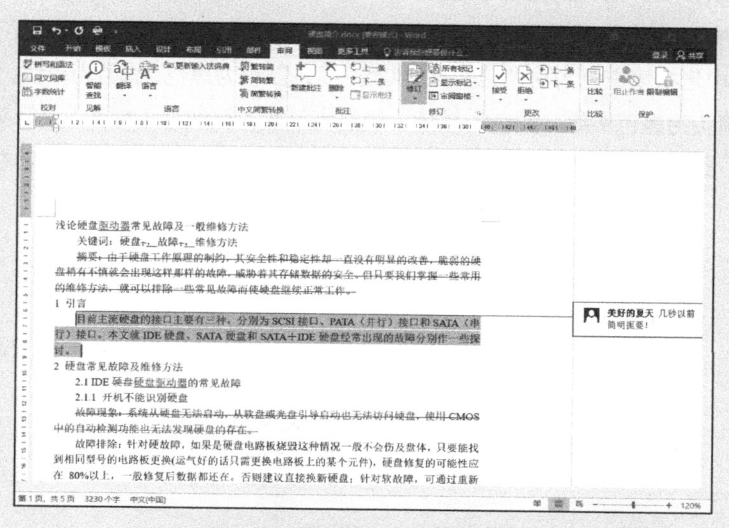

图 3-79 完成修订、批注后的效果

习题

1. 请按照以下要求对 Word 文档进行编辑和排版。

① 文字要求：输入一篇短小的寓言或散文，不少于 150 个汉字，至少 3 个自然段。

② 将正文各段的字体格式设置为宋体、小四、两端对齐，各段为 1.5 倍行距，第 1 段首字下沉 3 行，距正文 0 厘米。

③ 在第 2 段和第 3 段段前设置项目符号“*”（Times New Roman 字体中的符号）。

④ 在正文中插入一幅图片，设置图片的文字环绕方式为四周型。

⑤ 设置页面的上、下、左、右边距均为 2 厘米，页眉顶端距离为 1.5 厘米。设置页码为页面底端居中（“普通数字 2”样式）。

⑥ 在文章最后输入公式（单独一段）。

2. 请按照以下要求完成表格的制作。

① 参照图 3-80 制作表格，表内文字对齐方式为水平居中，字体、字号可选择自己喜欢的样式。插入表格标题并居中。

② 设置表格外框线为单实线、3 pt、紫色，内部框线为单实线、1 pt、黑色，底纹为“白色，背景 1，深色 15%”。

③ 在“照片”处插入剪贴画替换照片文字，环绕方式为嵌入型。

简历表

姓名		年龄			性别		
籍贯		学历			身高		
婚否		邮件地址			爱好		
项目经历					邮编		
联系电话					联系地址		

图 3-80 表格制作

3. 请按照以下要求完成流程图的绘制。

① 参照图 3-81 绘制流程图。

② 流程图中形状填充色为白色，线条为实线，线条颜色为黑色，线型为单线，粗细为 0.75 pt，文字居中；小箭头为黑色实线，颜色为黑色，线型为单线，粗细为 1.5 pt；大箭头为右箭头，填充颜色为红色，线条为实线，线条颜色为红色，线型为单线，粗细为 1 pt，文字右对齐。

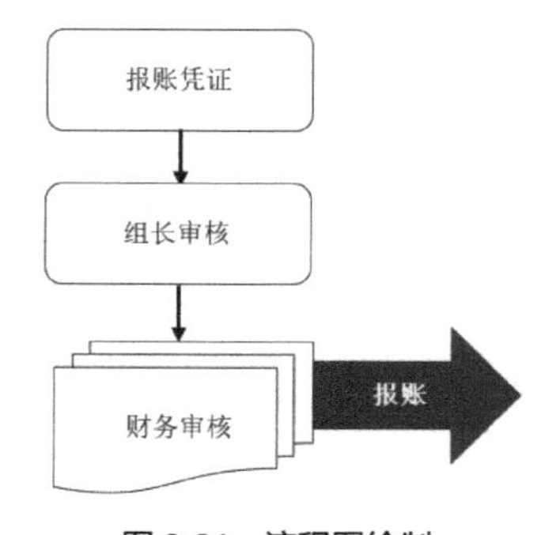

图 3-81 流程图绘制

Chapter 4

第4章

电子表格软件 Excel 2016

Excel具有强大的数据处理和图表制作功能，可以对数据进行整理、计算、汇总、查询和分析，轻松快捷地制作出各种考勤表、工资表、业绩表等，被广泛应用于金融、统计、管理等众多领域。例如在工作中人事专员利用Excel制作工资表，老师利用 Excel 分析班上同学的考试成绩等。本章将介绍电子表格软件Excel 2016的基本功能和使用方法。

4.1 Excel 2016 简介

Excel 2016 最常用的启动方法是选择“开始”→“Excel 2016”命令，进入 Excel 2016 的工作窗口。Excel 2016 的工作窗口跟 Word 2016 的工作窗口大致相似，都有标题栏和快速访问工具栏、功能区等，如图 4-1 所示。下面主要介绍 Excel 特有的几个概念。

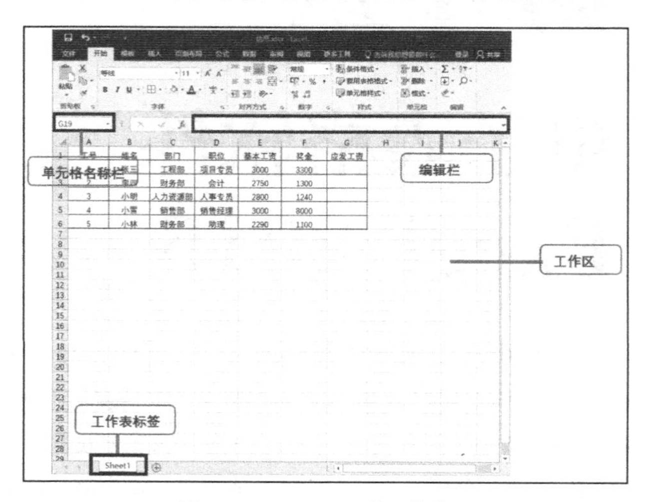

图 4-1 Excel 2016 的工作窗口

1. 编辑栏

编辑栏是 Excel 特有的，用来显示和编辑数据、公式、函数等。编辑栏的最左端是名称框，当选择单元格或单元格区域时，相应的单元格地址或区域名称会显示在该框，例如 A4、H5 等。中间是“插入函数”按钮 f_x，单击该按钮可以打开“插入函数”对话框，如图 4-2 所示。右端是编辑框，在单元格中编辑数据时，其内容会同时出现在编辑框中，如果单元格中使用了公式或者函数，在编辑框中也可以看到。

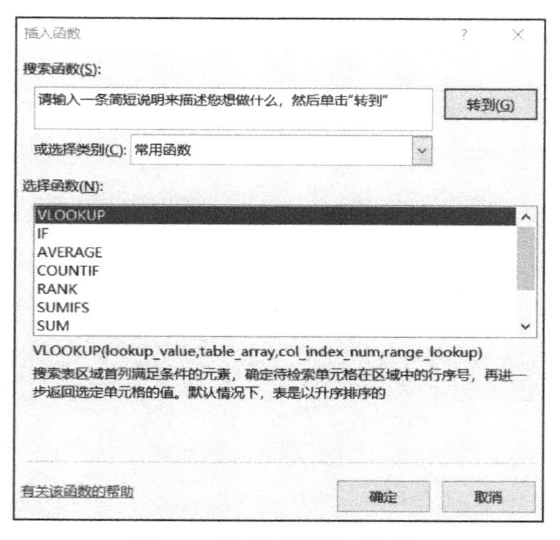

图 4-2 “插入函数”对话框

2. 工作簿

工作簿是 Excel 用来存储并处理数据的文件，其扩展名一般为“xlsx”。工作簿由若干张工作表组成，Sheet1，Sheet2，Sheet3，…每个工作簿最多可以包含 255 张工作表，每张工作表可以单独命名。对工作簿的操作包括新建、保存、打开、关闭等，操作较简单，不再一一介绍。

3. 工作表

工作表是一张由 1048576 行和 16384 列组成的表格，行号自上而下为 1～1048576，列标从左到右为 A，B，C，…，X，Y，Z，AA，AB，AC，…，AZ，BA，BB，BC，…，BZ，…每张工作表都对应一个工作表标签，单击它可以实现工作表间的切换。

4. 单元格

行和列交叉形成单元格，它是存放数据的最小单元。单元格可以存放数字、字符、公式、日期、图形或声音文件等。每个单元格都有名称，用列标和行号唯一标识，如 H5 指的是第 5 行第 H 列交叉位置上的单元格。有时候需要引用其他工作表中的单元格，需要在单元格前面加上表的名称，例如 Sheet2!B3 指的是 Sheet2 工作表中的 B3 单元格。当前正在使用的单元格称为“活动单元格”，有框线包围，如图 4-1 所示中的 A1 单元格。

4.2 Excel 2016 的基本操作

Excel 2016 的基本操作包括输入数据、编辑工作表和格式化设置等。

4.2.1 输入数据

1. 手动录入数据

在 Excel 2016 中手动录入数据一般有以下两种方式。

（1）输入普通数据

选中某一单元格就可以在此单元格中输入数据。可以输入的数据类型有很多，常见的有文本类型、数值型、日期和时间型等。默认情况下，文本型数据左对齐，数值、日期和时间型数据右对齐。下面简单介绍几种常见的数据类型。

① 文本型数据。文本是指键盘上可输入的任何符号。有时候我们需要输入数字格式的文本，如身份证号、学号、电话号码等，为了避免被识别为数值型数据，可以在数字前加一个英文状态下的单引号（'），例如输入身份证号，数据默认为数值型，右对齐，且因为数据较大，所以采用科学记数法显示，而如果输入时在前面加单引号，则身份证号被当作文本处理左对齐。

当输入的文本长度超出单元格宽度时，若右边单元格无内容，则扩展到右边显示，否则将截断显示。

② 数值型数据。数值除了包括数字 0～9，还包括“+”“−”“/”“E”“e”“$”“%”以及“.（小数点”和“，（千分位符号）”等特殊字符，如$340,000.5。对于分数，若直接输入，如输入“2/3”，则单元格显示的是“3 月 2 日”，即软件自动将其处理为日期。为了和日期区分开，输入分数时应该先输入一个“0”，然后输入一个空格，再输入数值，如输入“0 2/3”，这时候显示的才是分数。另外，如果输入的数字太大（超过了 15 位）则软件将以科学记算数法进

行显示，如输入“111250014231245 63”，则单元格显示的是“1.1125E+16”。在输入数字的时候，如果单元格宽度不足以显示完所有的数据，则会出现“###”这个符号，这时可以手动调大列宽，即可看到正常的数据显示。

③ 日期和时间型数据。在 Excel 中经常需要输入一些日期和时间型数据，例如员工的入职时间、离职时间等。Excel 2016 提供了多种日期和时间格式供用户选择，常见的有 mm/dd/yy、dd-mm-yy、hh:mm (AM/PM)，其中 AM/PM 与分钟之间应有空格，如 8:30 AM，否则将被当作字符处理。

注意 如果需要在不连续的多个单元格中输入同样的内容，可以先选中这些单元格，然后在编辑框中输入数据，按 Ctrl+Enter 快捷键即可实现同时输入。

（2）填充输入

若要输入相同或有规律的数据序列，可以利用填充表格数据的方法提高工作效率。有规律的数据是指等差序列、等比序列、系统预定义的序列和用户自定义的序列。填充可以在行方向上填充也可以在列方向上填充。

填充功能是借助填充柄完成的，当选中某个具有初始值的单元格，单元格右下角会出现一个小方块，它就是填充柄（见图 4-3）。自动填充功能根据初始值来决定以后的填充项，用鼠标指针指向初始值所在单元格右下角的填充柄，此时鼠标指针变为黑十字形状，然后按住鼠标左键向右（行）或向下（列）拖曳至填充的最后一个单元格，即可完成自动填充。

A	B	C	D	E	F
序号	名称	数量	入库时间		
1	货号00101				
2	货号00102				
3	货号00103				
4	货号00104				
5	货号00105				

图 4-3　填充柄

自动填充分 3 种情况，分别是填充相同的数据、填充序列数据、填充自定义的序列数据，下面简单进行介绍。

① 填充相同数据等同于复制数据，通过拖曳填充柄将初始值复制到其他的单元格。

② 填充序列数据。Excel 2016 中内置了一些序列，如图 4-4 所示，输入这些序列的第 1 个元素，然后拖曳填充就可以让预定义的序列的内容填入后面的单元格中，例如，在单元格中输入“一月”，然后拖曳填充柄进行填充，则效果如图 4-5 所示。类似地，如果要输入日期，只需要输入初始值，然后直接拖曳填充柄即可。

输入有规律的数值型序列（等差序列和等比序列）也可以用填充的方法。填充等差序列数据时可以输入前两个单元格的内容，然后选中这两个单元格，拖曳填充柄就可以填充等差序列数据。填充等比序列数据，需要在第 1 个单元格中输入初始值，然后在打开的“序列”对话框中选择“类型”为“等比序列”，并设置合适的步长（即公比，如 4）和终止值（如 10000），就可以自动填充，如图 4-6 所示。

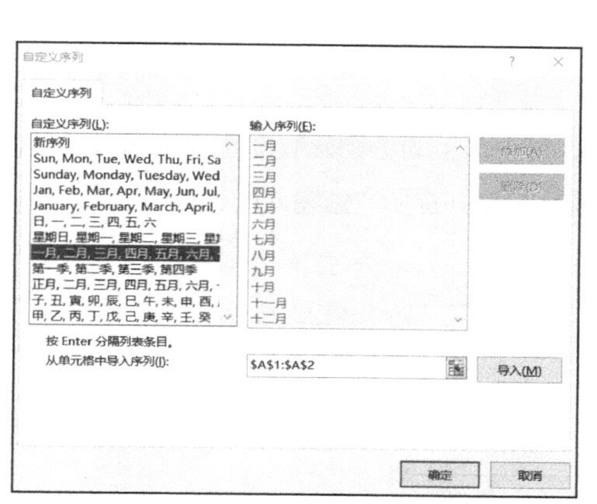

图 4-4 “自定义序列”对话框

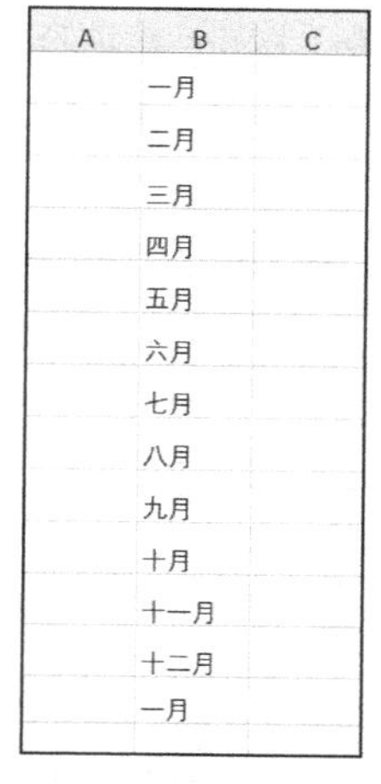

图 4-5 自动填充示例

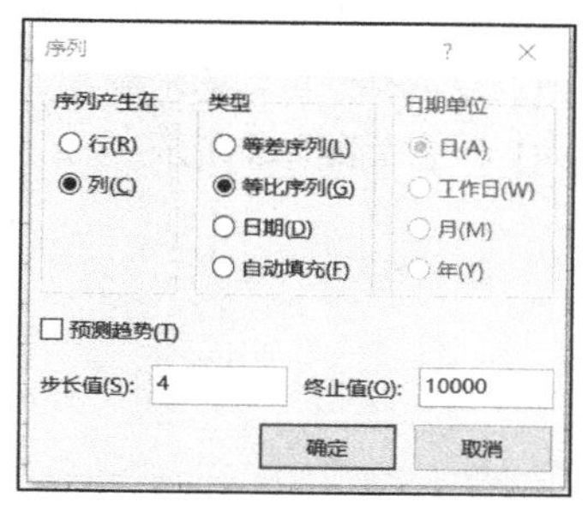

图 4-6 “序列”对话框

③ 填充自定义序列数据。根据实际需要可以自定义序列，将一些经常需要输入的数据，如单位部门设置、活动流程、商品名称、课程科目等，添加到自定义序列中，从而节省输入工作量，提高效率。

添加自定义序列的方法是：单击“文件”按钮，在菜单中选择“选项”命令，打开“Excel 选项”对话框，单击“高级”选项卡，在右边的“常规”栏中单击“编辑自定义列表”按钮，打开“自定义序列”对话框，在其中添加新序列，然后单击“添加”按钮，如图 4-7 所示。

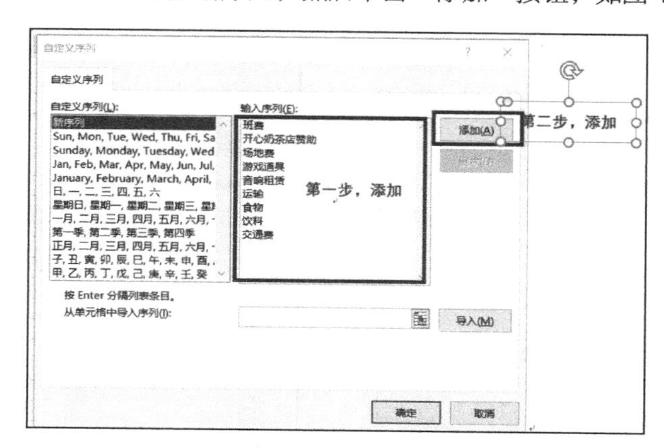

图 4-7 添加自定义序列

2. 获取外部数据

单击“数据”选项卡中的“获取外部数据”组中的相应按钮，可以导入数据库（如 Access 和 SQL Server）文件、文本文件（TXT 文件、XML 文件等）等文件中的数据。

3. 数据有效性设置

在输入数据的过程中，可能会由于失误输入一些不满足要求的数据，为此可以在输入数据前对部分单元格设置数据验证，如果输入的数据不满足有效性要求就会提示错误。首先选中需要验证的单元格区域，然后单击“数据”选项卡中的“数据工具”组中的“数据验证”下拉按钮，在下拉菜单中选择“数据验证”命令，打开“数据验证”对话框，并在其中设置数据验证条件，最后在“输入信息”和“出错警告”选项卡中输入输入提示信息和错误提示信息。数据验证条件设置好后，Excel 2016 就可以监督数据的输入了。

【例 4-1】 在 Excel 2016 中输入员工考勤结果，每个员工的考勤分数都在 0～100 之间，请设置数据验证，如果输入了超过这个范围的数据就会报错并提示“您输入的数据不在范围之内！”，如图 4-8 所示。

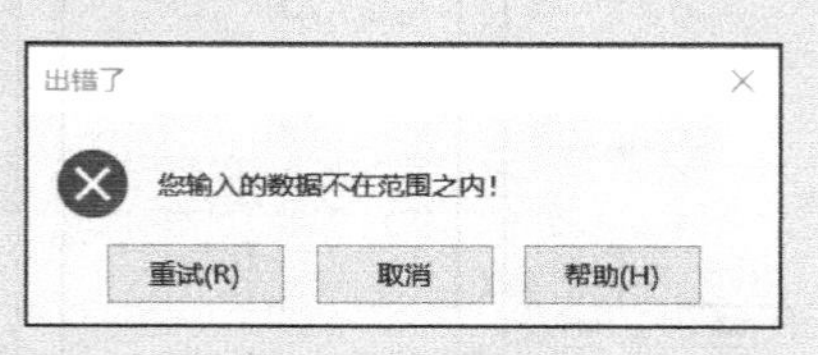

图 4-8　出错警告

① 选中需要验证的单元格区域，单击“数据”选项卡中的“数据工具”组中的“数据验证”下拉按钮，在下拉菜单中选择“数据验证”命令，弹出“数据验证”对话框。

② 在“数据验证”对话框的“设置”选项卡中，输入最小值为“0”，最大值为“100”，如图 4-9 所示。

③ 在“出错警告”选项卡中设置出错标题为“出错了”，出错信息为“您输入的数据不在范围之内！”，如图 4-10 所示。

④ 输入数据并观察数据验证结果。

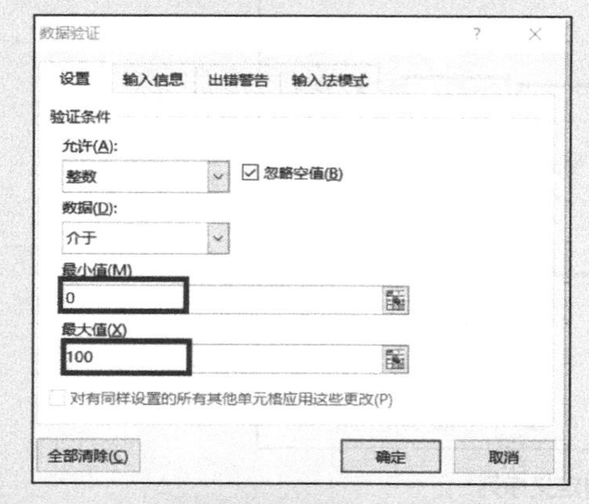

图 4-9　在“数据验证”对话框中设置范围“0～100”

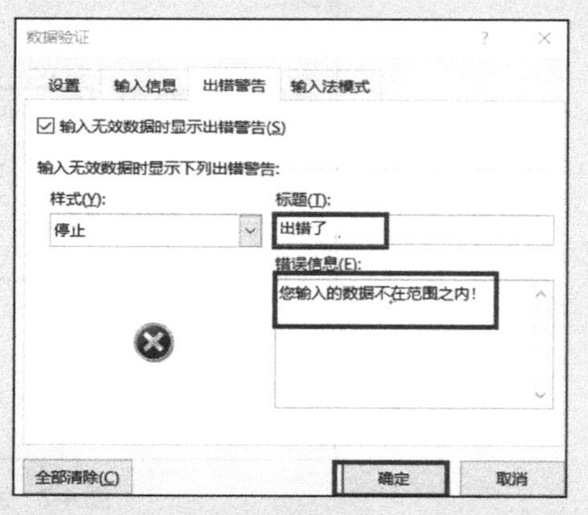

图 4-10　在“数据验证”对话框中设置“出错警告”

4.2.2　编辑工作表

工作表的编辑主要包括选中单元格、行、列、工作表，数据的编辑，单元格、行、列的插入和删除，以及工作表的插入、移动、复制、删除、重命名、隐藏与显示等。工作表的编辑遵守“先选中，后执行”的原则。

1. 选中单元格、行、列、工作表

Excel 2016 中常用的选中操作如表 4-1 所示。

表 4–1 常用的选中操作

选取范围	操作
单元格	单击鼠标或按方向键（←、→、↑、↓）
多个连续单元格	从选择区域左上角至右下角拖动鼠标，或单击选择区域左上角单元格，然后按住 Shift 键，单击选择区域右下角单元格
多个不连续单元格	按住 Ctrl 键的同时，用鼠标选中单元格或区域
整行或整列	单击工作表相应的行号或列标
相邻行或列	在行号或列标上拖动鼠标
整个工作表	单击工作表左上角行列交叉的按钮，或按 Ctrl+A 快捷键
单张工作表	单击工作表标签
多张连续工作表	单击第 1 个工作表标签，然后按住 Shift 键，单击要选择的最后一个工作表标签
多张不连续工作表	按住 Ctrl 键，分别单击要选择的工作表标签

2. 数据的编辑

移动和复制数据是最常用的数据编辑操作。

移动或复制数据时，可以替换目标单元格的数据，也可以保留目标单元格的数据。如果要替换目标单元格的数据，可以选中原单元格，单击鼠标右键，在弹出的快捷菜单中根据需要选择“剪切”或“复制”命令，再定位到目标单元格，单击鼠标右键，在弹出的快捷菜单中选择“粘贴”命令来实现。如果要保留目标单元格的数据，在执行“剪切”或“复制”命令后，应选择快捷菜单中的“插入剪切的单元格”或“插入复制的单元格”命令（而非“粘贴”命令）。

在 Excel 2016 中，一个单元格通常包含很多信息，如文本、公式、格式及批注等。复制数据时可以复制单元格的全部信息，也可以只复制部分信息，还可以在复制数据的同时进行算术运算、行列转置等操作，这些都是通过“选择性粘贴”命令来实现的。具体操作方法是：先选中数据，单击鼠标右键，在弹出的快捷菜单中选择“复制”命令，再选中目标单元格，单击鼠标右键，在弹出的快捷菜单中选择“选择性粘贴”命令，在打开的“选择性粘贴”对话框中进行相应设置，如图 4-11 所示。该对话框的“粘贴”栏中列出了单元格中的部分信息，其中最常用的是公式、数值、格式；“运算”栏中列出了原单元格中数据与目标单元格数据的运算关系；“转置”复选框表示将原单元格区域中的数据行列交换后粘贴到目标单元格区域。

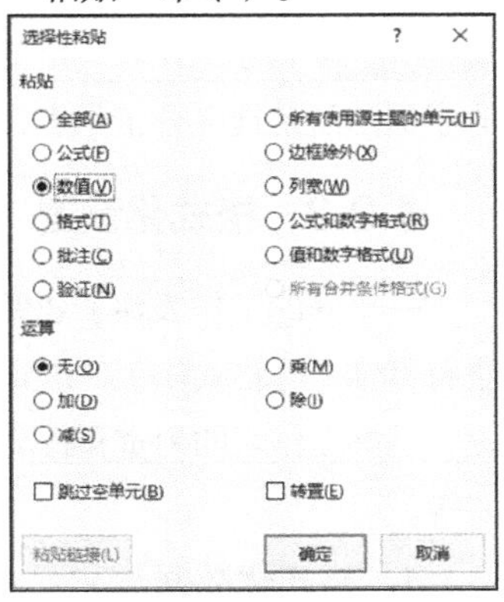

图 4-11 “选择性粘贴”对话框

3. 单元格、行、列的插入和删除

输入数据时难免会出现遗漏，有时是漏掉一个数据，有时可能漏掉一行或一列数据。单元格、行、列的插入操作可以通过“开始”选项卡中的“单元格”组中的“插入”下拉按钮完成，也可以利用快捷菜单中的“插入”命令实现。单元格、行、列的删除操作则可以通过“开始”选项卡中的“单元格”组中的“删除”下拉按钮完成，也可以利用快捷菜单中的“删除”命令实现。

4. 工作表的插入、移动、复制、删除、重命名、隐藏与显示

当一个工作簿中包含多张工作表，就需要使用 Excel 2016 提供的工作表管理功能。在工作表标签上单击鼠标右键，在弹出的快捷菜单中选择相应的命令。Excel 2016 允许将某张工作表在同一个或不同工作簿中移动或复制。如果是在同一个工作簿中操作，只需选中该工作表标签，将它直接拖曳到目的位置即可实现移动，在拖曳的同时按住 Ctrl 键即可实现复制。如果是在多个工作簿中操作，首先应打开这些工作簿，然后在该工作表标签上单击鼠标右键，在弹出的快捷菜单中选择“移动或复制”命令，打开图 4-12 所示的对话框。在“工作簿”下拉列表中选择所需工作簿（如没有出现所需工作簿，说明此工作簿未打开），从“下列选中工作表之前”列表框中选择插入位置，即可实现移动，如果是复制操作的话，还需选中此对话框底部的“建立副本”复选框（见图 4-12）。

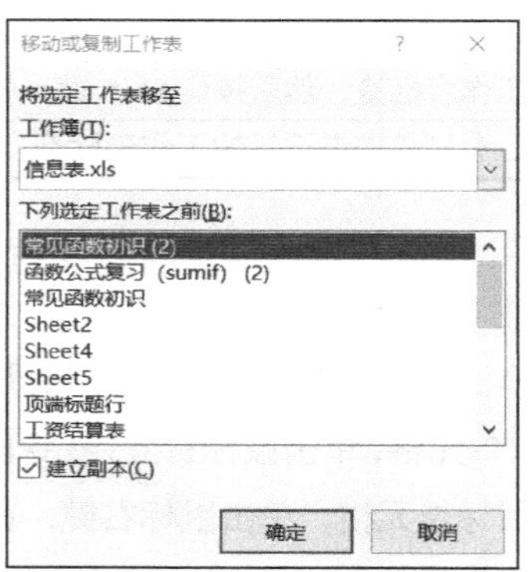

图 4-12 “移动或复制工作表”对话框

注意 删除工作表一定要慎重，一旦工作表被删除将无法恢复。如果工作簿中工作表太多，为了更加清楚地区分工作表，可以利用快捷菜单中的相应命令设置工作表标签的颜色，使之醒目。

4.2.3 格式化设置

一个好的工作表除了要保证数据的正确性外，为了更好地体现工作表中的内容，还应对外观进行修饰（即格式化），达到整齐、鲜明和美观的目的。工作表的格式化设置主要包括格式化数据、调整工作表的列宽和行高、设置对齐方式、添加边框和底纹、使用条件格式以及自动套用格式等。

1. 格式化数据

（1）设置数据格式

Excel 2016 提供了大量的数据格式，并将它们分成常规、数值、货币、会计专用、日期、时间、百分比、分数、科学记数、文本、特殊、自定义等类别。其中，常规是默认格式。

设置数据格式比较快捷的方法是通过“开始”选项卡中的“数字”组中的相应按钮，在展开的下拉列表中选择不同的数字格式。此外，“会计数字格式”按钮、“百分比样式”按钮、“千位分隔样式”按钮、“增加小数位数”按钮和“减少小数位数”按钮等也很常用。另外，也可以选中单元格，单击鼠标右键，在弹出的快捷菜单中选择“设置单元格格式”命令，打开“设置单元格格式”对话框，在“数字”选项卡中设置单元格的数据类型，如货币性、日期型等，如图 4-13 所示。

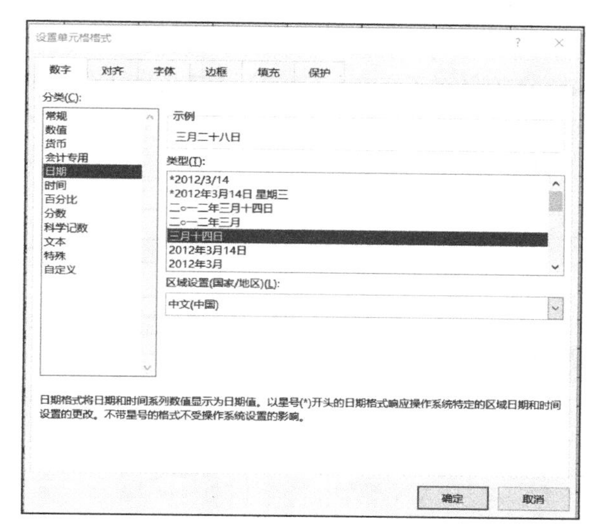

图 4-13 “设置单元格格式”对话框

（2）对数据进行字符格式化

在 Excel 2016 中，为了美化表格，经常会对数据进行字符格式化，如设置字体、字形和字号，添加下划线、删除线、上下标及改变字符颜色等。字符格式化主要是通过“开始”选项卡中的“字体”组中的相应按钮，或通过单击该组右下角的对话框启动器，打开“设置单元格格式”对话框，在“字体”选项卡中完成的。字符格式化操作与 Word 的“字体”对话框的使用类似。

注意 要取消格式化设置，可以选择“开始”选项卡中的“编辑”组中的“清除”下拉按钮，在下拉菜单中选择“清除格式”命令。

2. 调整工作表的列宽和行高

新建的工作表中所有单元格的宽度和高度默认是一样的，行高和列宽可以根据需要进行调整，一般情况下将其调整为能够完整显示内容即可。前面已经介绍过，如果输入的数值型数据过长会显示为“###”，如果输入的文本型数据过长，文本将会延伸到相邻的单元格中，如果相邻单元格中已有内容，那么文本就被截断，这些情况下都需要调整列宽。

粗略调整列宽和行高可以利用鼠标来完成，将鼠标指针指向要调整的列宽（或行高）的列标（或行号）的分隔线上，当鼠标指针变成带双向箭头的十字形时（见图 4-14），拖曳分隔线到需要的位置即可。

如果要精确调整列宽和行高，可以通过单击“开始”选项卡中的“单元格”组中的“格式”下拉按钮，在下拉菜单中选择“行高”或“列宽”命令，弹出“行高”和“列宽”对话框，输入需要的高度值或宽度值，如图 4-15 所示。

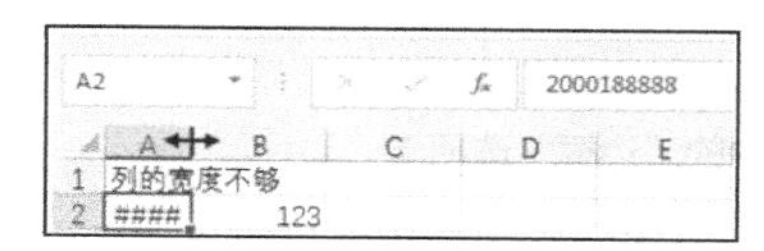

图 4-14 用鼠标调整列宽

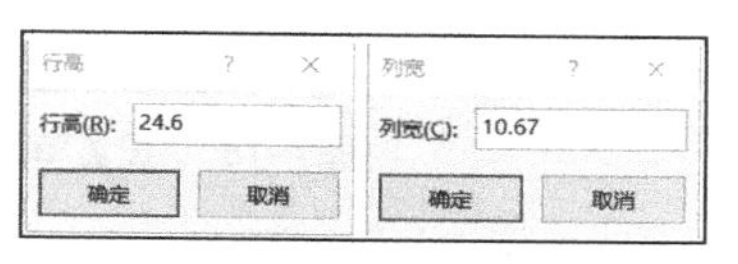

图 4-15 “行高”和“列宽”对话框

3. 设置对齐方式

在 Excel 2016 中，数字的默认对齐方式为右对齐，文本的默认对齐方式为左对齐。用户可以通过“开始”选项卡中的“对齐方式”组中的相应按钮（见图 4-16）或“设置单元格格式”对话框中的“对齐”选项卡（见图 4-17）设置对齐方式。

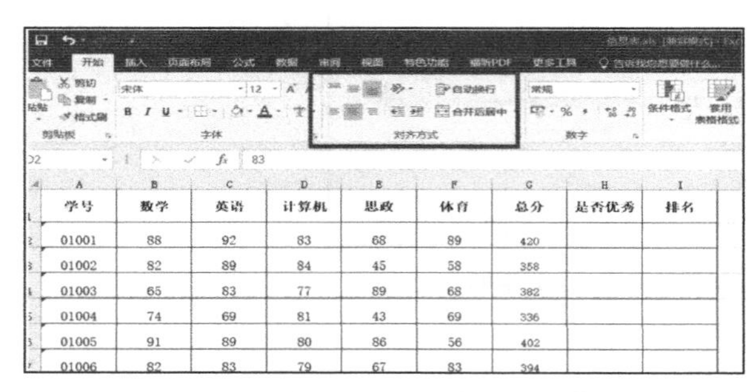

学号	数学	英语	计算机	思政	体育	总分	是否优秀	排名
01001	88	92	83	68	89	420		
01002	82	89	84	45	58	358		
01003	65	83	77	89	68	382		
01004	74	69	81	43	69	336		
01005	91	89	80	86	56	402		
01006	82	83	79	67	83	394		

图 4-16　开始选项卡中的“对齐方式”组

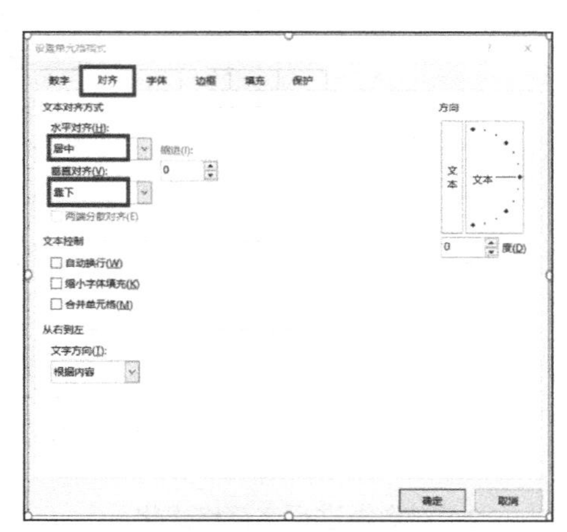

图 4-17　“设置单元格格式”对话框中的“对齐”选项卡

4. 添加边框和底纹

为工作表添加各种类型的边框和底纹，不仅可以起到美化工作表的作用，还可以使工作表更加清晰明了。

如果要给某一单元格或区域增加边框，首先应选中相应的区域，然后单击鼠标右键，在弹出的快捷菜单中选择“设置单元格格式”命令，打开“设置单元格格式”对话框，在“边框”选项卡中进行设置，如图 4-18 所示。

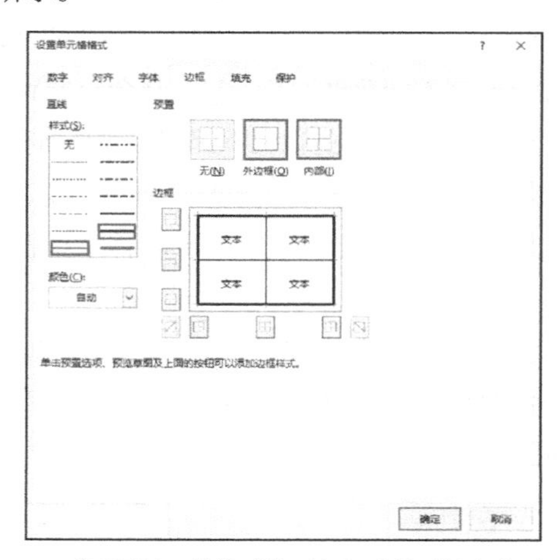

图 4-18　“设置单元格格式”对话框中的“边框”选项卡

除了为工作表添加边框，还可以为工作表添加背景颜色或图案，即底纹。添加底纹可通过“设置单元格格式”对话框中的“填充”选项卡来完成。

【例 4-2】 对“办公用品销售记录表”进行格式化，格式化前的原始表格如图 4-19 所示。设置“利润”“销售额”列小数位数为 2 位，加千位分隔符（,）和人民币符号（¥）；设置标题行高为 40，所有列的列宽为 8；将 A1 到 I1 单元格合后居中；标题字体格式为微软雅黑、22 号、加粗；表格内容水平居中，字体格式为宋体、11 号；表格外边框为红色粗线，内边框为黑色细线；表格第 1 行底纹为浅蓝色。格式化后的效果如图 4-20 所示。

	A	B	C	D	E	F	G	H	I
1	办公用品销售记录表								
2	季度	用品名称	销售人员	销售数量	单位	进货价	出货价	利润	销售额
3	一季度	传真纸	小金	300	筒	5	6	300	1800
4	一季度	笔记本	小古	2500	本	3	4	2500	10000
5	一季度	打印纸	小巴	150	盒	50	55	750	8250
6	一季度	传真纸	小米	200	筒	5	6	200	1200
7	一季度	打印纸	小白	100	盒	50	55	500	5500
8	一季度	放大尺	小牛	30	把	8	10	60	300
9	一季度	传真纸	飞飞	300	筒	5	6	300	1800
10	二季度	放大尺	小米	60	把	8	10	120	600
11	二季度	打印纸	小古	350	盒	50	55	1750	19250
12	二季度	打印纸	小金	250	盒	50	55	1250	13750
13	二季度	笔记本	小古	2100	本	3	4	2100	8400
14	二季度	打孔机	小巴	20	台	20	30	200	600
15									
16									

图 4-19 “办公用品销售记录表”原始表格

办公用品销售记录表								
季度	用品名称	销售人员	销售数量	单位	进货价	出货价	利润	销售额
一季度	传真纸	小金	300	筒	5	6	¥300.00	¥1,800.00
一季度	笔记本	小古	2500	本	3	4	¥2,500.00	¥10,000.00
一季度	打印纸	小巴	150	盒	50	55	¥750.00	¥8,250.00
一季度	传真纸	小米	200	筒	5	6	¥200.00	¥1,200.00
一季度	打印纸	小白	100	盒	50	55	¥500.00	¥5,500.00
一季度	放大尺	小牛	30	把	8	10	¥60.00	¥300.00
一季度	传真纸	飞飞	300	筒	5	6	¥300.00	¥1,800.00
二季度	放大尺	小米	60	把	8	10	¥120.00	¥600.00
二季度	打印纸	小古	350	盒	50	55	¥1,750.00	¥19,250.00
二季度	打印纸	小金	250	盒	50	55	¥1,250.00	¥13,750.00
二季度	笔记本	小古	2100	本	3	4	¥2,100.00	¥8,400.00
二季度	打孔机	小巴	20	台	20	30	¥200.00	¥600.00

图 4-20 “办公用品销售记录表”格式化后的效果

操作步骤如下。

① 选中 H 列至 I 列中数据区域的单元格，单击鼠标右键，在弹出的快捷菜单中选择“设置单元格格式”命令，打开“设置单元格格式”对话框，在“数字”选项卡的“分类”列表框中选择“数值”，在“小数位数”文本框中输入 2，选中“使用千位分隔符”复选框，再在“分类”列表框中选择“货币”，在“货币符号（国家/地区）”下拉列表中选择“¥”，单击“确定”按钮。

② 选中标题行（第 1 行），单击鼠标右键，在弹出的快捷菜单中选择“行高”命令，在打开的“行高”对话框中输入 40；选中 A 列至 I 列，打开“列宽”对话框并输入 8，单击“确定”按钮。

③ 选中 A1:I1 单元格区域，单击“开始”选项卡中的“对齐方式”组中的“合并后居中”按钮，完成标题行居中对齐操作。

④ 选中标题“办公用品销售记录表”，在“开始”选项卡中的“字体”组中设置字体为微软雅黑，字号为 22，字形为加粗。选中表格的内容，设置字号 8，字体为宋体，对齐方式为居中对齐。

⑤ 选中除了标题行外的整个表格（A2:I14 单元格区域），在“设置单元格格式”对话框中的“边框”选项卡中设置线条颜色为黑色，样式为粗线，单击预置栏中的“外边框”按钮，

设置线条样式为细线，单击预置栏中的“内部”按钮，单击“确定”按钮，完成工作表外边框和内边框的设置。选中“季度”所在行（A2:I2 单元格区域），在“设置单元格格式”对话框中的“填充”选项卡中设置背景色为“浅蓝色”，单击“确定”按钮。

5. 使用条件格式

设置条件格式可以将满足条件的单元格突出显示，以便用户查看表格内容。条件格式包括“突出显示单元格规则”“项目选取规则”“数据条”“色阶”“图标集”。下面通过例子介绍如何使用“突出显示单元格规则”和“项目选取规则”。

【例 4-3】 对“学生成绩信息表”设置条件格式，将各科成绩大于等于 90 分的数据显示为“红色，加粗”，将总分排名前四的数据用“蓝色、加粗”显示。格式化后的效果如图 4-21 所示。

学生成绩信息表

学号	数学	英语	计算机	思政	体育	总分	是否优秀	排名
01001	88	92	83	68	89	420		
01002	82	89	84	45	58	358		
01003	65	83	77	89	68	382		
01004	74	69	81	43	69	336		
01005	91	89	80	86	56	402		
01006	82	83	79	67	83	394		
01007	49	67	68	79	77	340		
01008	67	76	59	56	77	335		
01009	78	78	71	77	89	393		
01010	58	83	63	78	87	369		
01011	91	88	78	74	81	412		
01012	79	89	90	75	85	418		
01013	77	90	83	89	64	403		
平均分								
最高分								
最低分								

图 4-21　设置条件格式效果

操作步骤如下。

① 选中要设置条件格式的 B3:F15 单元格区域，单击“开始”选项卡中的“样式”组中的“条件格式”下拉按钮，在下拉菜单中选择“突出显示单元格规则”→“其他规则”命令（见图 4-22），打开“新建格式规则”对话框，在对话框中设置条件为“大于等于 90”，如图 4-23 所示，单击“格式”按钮打开“设置单元格格式”对话框，在对话框中设置字形为加粗，颜色为红色，单击“确定”按钮，如图 4-24 所示。

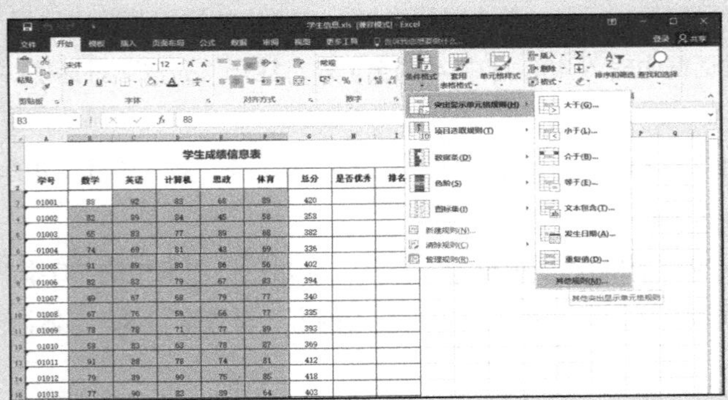

图 4-22　选择“其他规则”命令

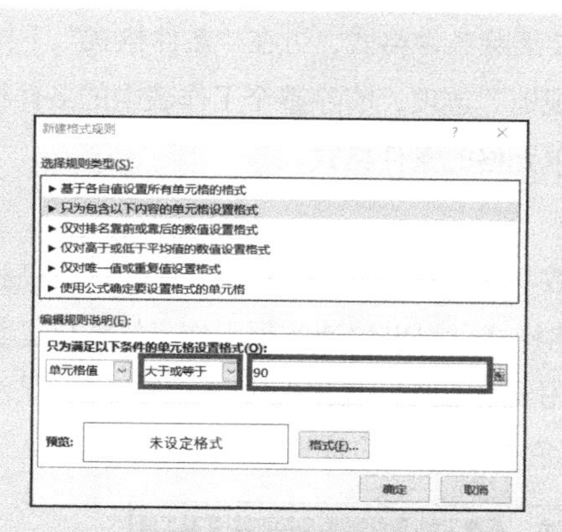

图 4-23 “新建格式规则”对话框

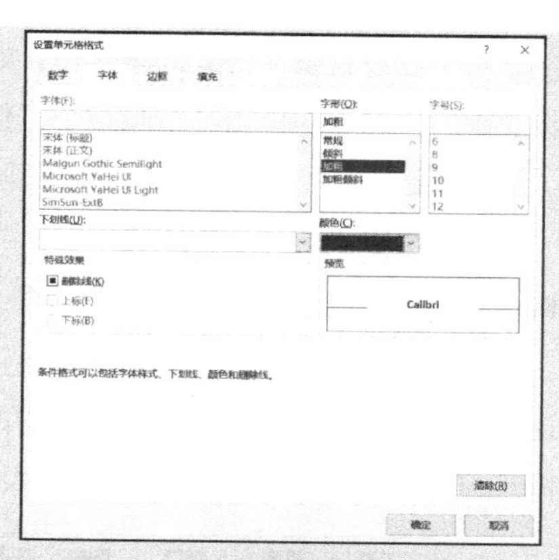

图 4-24 “设置单元格格式”对话框

② 选中要设置条件格式的“G3:G15”单元格区域，单击“开始”选项卡中的“样式”组中的“条件格式”下拉按钮，在下拉菜单中选择“项目选取规则”→“其他规则”命令（见图 4-25），打开“新建格式规则”对话框，在对话框中设置条件为“前 4”，如图 4-26 所示，单击“格式”按钮打开“设置单元格格式”对话框，在对话框中设置字形为加粗，颜色为蓝色，单击“确定”按钮，如图 4-27 所示。

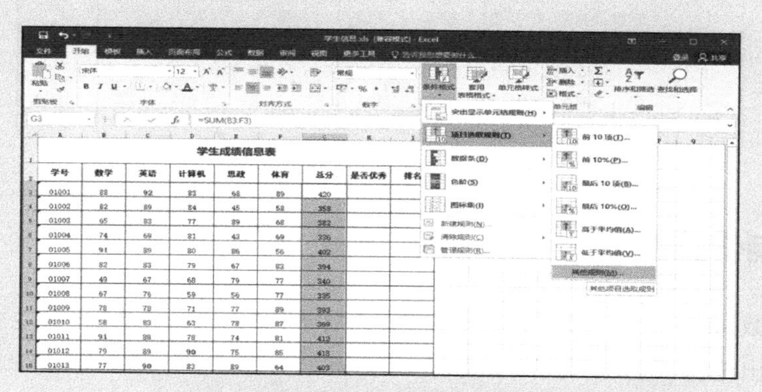

图 4-25 选择“其他规则”命令

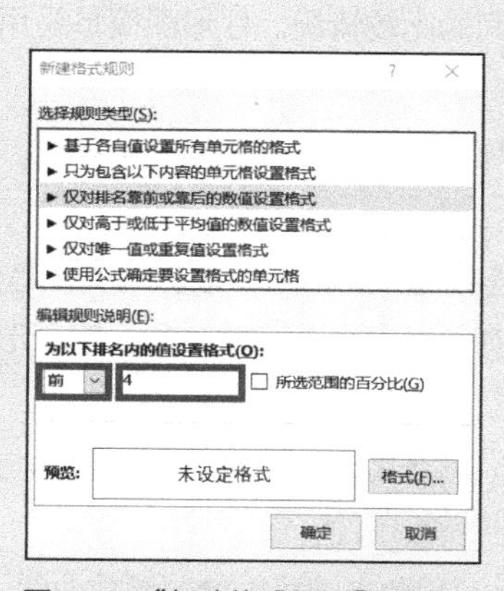

图 4-26 “新建格式规则”对话框

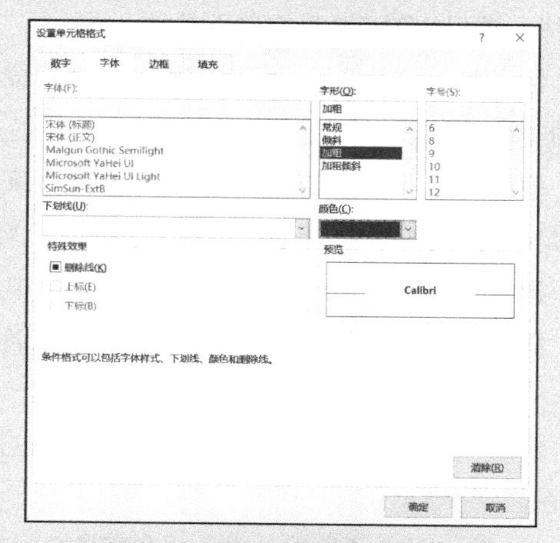

图 4-27 “设置单元格格式”对话框

注意 对于已设置条件格式的单元格，如果需要清除条件格式，可在“条件格式”下拉列表的“清除规则”子列表中单击“清除整个工作表的规则”选项，清除整个工作表中的条件格式，或单击“清除所选单元格的规则”选项，清除指定单元格的条件格式。

6. 自动套用格式

表格样式是一组已定义好的格式的组合，包括数字、字体、对齐、边框、颜色、行高和列宽等格式。Excel 2016 提供了许多种漂亮、专业的表格样式，可以快速实现工作表格式化。套用格式可通过“开始”选项卡中的“样式”组中的“套用表格格式”按钮来实现。图 4-28 是没有套用表格格式的一个例子，图 4-29 是套用“表样式深色 10”之后的效果。

工号	姓名	部门	职位	基本工资	奖金	应发工资	是否缴税	应扣税款	实发工资
01	小牛	工程部	项目专员	3000	3300				
02	小金	财务部	会计	2750	1300				
03	小古	人力资源部	人事专员	2800	1240				
04	小巴	销售部	销售经理	3000	8000				
05	小白	财务部	助理	2290	1100				

图 4-28 没有套用表格格式的表格

工号	姓名	部门	职位	基本工资	奖金	应发工资	是否缴税	应扣税款	实发工资
01	小牛	工程部	项目专员	3000	3300				
02	小金	财务部	会计	2750	1300				
03	小古	人力资源部	人事专员	2800	1240				
04	小巴	销售部	销售经理	3000	8000				
05	小白	财务部	助理	2290	1100				

图 4-29 套用表格格式后的表格

4.3 制作图表

图表是对数据的一种直观展示，根据表格中的数据生成图表，可以更清楚地呈现数据情况，使重要信息突出显示，让数据更具可读性。

Excel 2016 提供了十类图表，每类图表又有若干种子类型，其中有很多二维和三维图表类型可供选择。常用的图表类型有以下几种。

① 柱形图：用于显示一段时间内数据变化或各项之间的比较情况。柱形图简单易用，是最受欢迎的图表形式之一。

② 条形图：可以看作横着的柱形图，是用来描绘各项目之间数据差别的一种图表。条形图强调的是在特定的时间点上进行分类和数值的比较。

③ 折线图：将同一数据系列的数据点在图中用直线连接起来，以展示数据的变化趋势。

④ 面积图：用于显示某个时间阶段总体与各数据系列的关系。面积图又称为面积形式的折线图。

⑤ 饼图：能够反映出统计数据中各项所占的百分比。该类图表便于用户观察整体与个体之间的关系。

⑥ XY 散点图：通常用于显示两个变量之间的关系。利用散点图可以绘制函数曲线。

⑦ 圆环图：类似于饼图，但在中央空出了一个圆形的空间并可以包含多个数据系列。

⑧ 气泡图：类似于 XY 散点图，但它对成组的 3 个数值而非 2 个数值进行比较。

⑨ 雷达图：用于显示数据中心点以及数据类别之间的变化趋势。雷达图可为数值无法表现的倾向分析提供良好的支持。如果要在短时间内把握数据相互间的平衡关系，也可以使用雷达图。

⑩ 迷你图：以单元格为绘图区域，绘制出简约的数据小图标。由于迷你图太小，无法在图中显示数据内容，所以迷你图与表格是不能分离的。迷你图包括折线图、柱形图、盈亏 3 种类型，其中折线图用于表示数据的变化情况，柱形图用于表示数据间的对比情况，盈亏则可以将业绩的盈亏情况形象地表现出来。

使用 Excel 2016 还可以快速方便地制作一些商务图表，如层次结构图表中的树状图、旭日图，统计图表中的直方图、箱形图，还有瀑布图等。Excel 2016 还可以创建自定义组合图。

4.3.1 创建图表

图表的组成部分包括图表标题、坐标轴标题（包括分类轴标题和数值轴标题）、图例、数据标签等，如图 4-30 所示。在 Excel 2016 中插入图表分为 3 个步骤，第 1 步需要选择数据源，这也是关键的一步，选择哪一部分数据，可以从目标图表的分类轴和图例中分析出来，第 2 步在“插入”选项卡的“图表”组中找到合适的图表类型并插入，第 3 步完善图表各部分内容，使得图表达到要求。

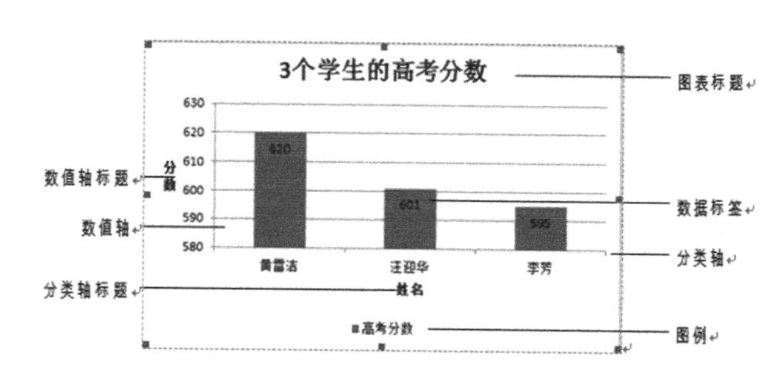

图 4-30　图表的组成部分

【例 4-4】 根据图 4-31 所示表格中的姓名、总分产生一个三维簇状柱形图，如图 4-32 所示。

几个学生成绩表						
姓名	数学	英语	计算机	思政	体育	总分
小南	88	92	83	68	89	420
小宁	82	89	84	45	58	358
小邕	65	83	77	89	68	382
小桂	74	69	81	43	69	336

图 4-31　几个学生成绩表

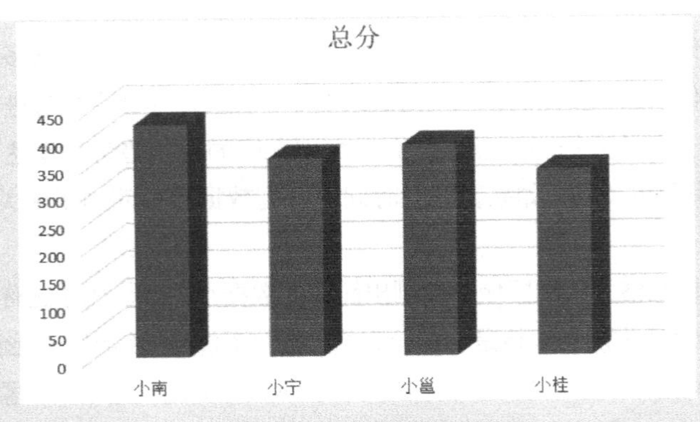

图 4-32　三维簇状柱形图

操作步骤如下。

① 先选中“姓名”列（A2:A6 单元格区域），按住 Ctrl 键，再选中“总分”列（G2:G14 单元格区域），如图 4-33 所示。

几个学生成绩表						
姓名	数学	英语	计算机	思政	体育	总分
小南	88	92	83	68	89	420
小宁	82	89	84	45	58	358
小邕	65	83	77	89	68	382
小桂	74	69	81	43	69	336

图 4-33　正确选中建立图表的数据源

② 单击“插入”选项卡中的“图表”组中的“插入柱形图或条形图”下拉按钮，在“三维柱形图”区中选择“三维簇状柱形图”以创建图表，然后将图表调整至合适大小。

4.3.2　编辑图表

在创建图表后，还可以对图表进行编辑，包括更改图表类型及选择图表布局和图表样式等操作。编辑图表可通过“图表工具”选项卡中的相应功能来实现。该选项卡在选中图表后便会自动出现，它包括两个部分：“设计”和“格式”。

其中，在“设计”部分可以进行如下操作。

① 添加图表元素：显示或隐藏主要横坐标轴与主要纵坐标轴，显示或隐藏网格线，添加或修改图表标题、坐标轴标题、图例、数据标签和数据表，添加误差线、趋势线、涨/跌柱线和线条等。

② 快速布局：快速套用软件中内置的布局，更改图表的整体布局。

③ 更改颜色：自定义图表颜色。

④ 更改图表样式：为图表应用内置的样式。

⑤ 切换行/列：将图表的 X 轴数据和 Y 轴数据对调。

⑥ 选择数据：打开“选择数据源”对话框，在其中可以编辑、修改系列和分类轴标签。

⑦ 更改图表类型：重新选择合适的图表。

⑧ 移动图表：在当前工作簿中移动图表或将图表移动到其他工作簿中。

在“格式”部分可以进行如下操作。

① 设置所选内容格式：在“当前所选内容”组中可快速定位图表元素，并设置所选内容格式。

② 插入形状：在图表中插入形状。

③ 编辑形状样式：快速套用样式，设置形状填充、形状轮廓以及形状效果。

④ 插入艺术字：快速套用艺术字样式，设置艺术字颜色、外边框或艺术效果。

⑤ 排列图表：设置图表元素的对齐方式等。

⑥ 设置图表大小：设置图表的宽度与高度、裁剪图表。

【例 4-5】 将例 4-4 中的图表标题改为“几个学生的成绩表”，添加横坐标轴标题为“姓名”，纵坐标轴标题为“分数”，添加图例并让其显示在图表右侧。效果如图 4-34 所示。

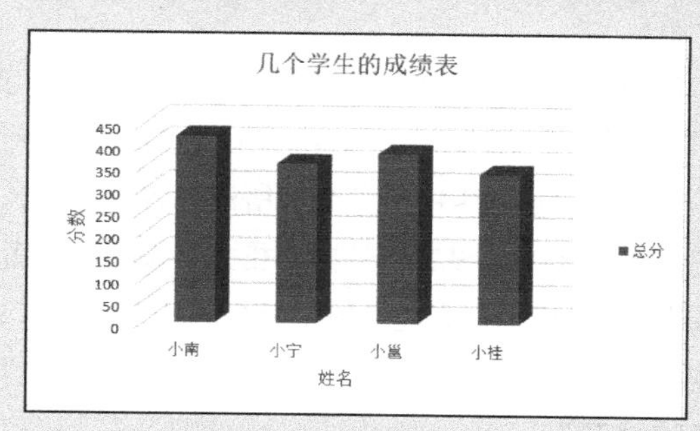

图 4-34 编辑图表

操作步骤如下。

① 单击图表标题文本框，在其中输入“几个学生的成绩表”。

② 在“图表工具”/“设计”选项卡中的“图表布局”组中，单击“添加图表元素”下拉按钮，在下拉菜单中选择“轴标题”→“主要横坐标轴”命令，在出现的“坐标轴标题”文本框中输入“姓名”。

③ 在“图表工具”/“设计”选项卡中的“图表布局”组中，单击“添加图表元素”下拉按钮，在下拉菜单中选择“轴标题”→“主要纵坐标轴”命令，在出现的“坐标轴标题”文本框中输入“分数”。

④ 在“图表工具”/“设计”选项卡中的“图表布局”组中，单击“添加图表元素”下拉按钮，在下拉菜单中选择“图例”→“右”。

4.3.3 格式化图表

生成一个图表后，为了获得更理想的显示效果，可以对图表的各个元素进行格式化。格式化图表可通过“图表工具”/“格式”选项卡中的相应按钮来完成，也可以双击要进行格式设置的图表元素，在打开的任务窗格中进行设置。

【例4-6】为例4-5中的三维簇状柱形图的图表标题“几个学生的成绩表”设置一个渐变色填充，渐变颜色为“中等渐变-个性色6”，修改绘图区的背景为“深色木质”。效果如图4-35所示。

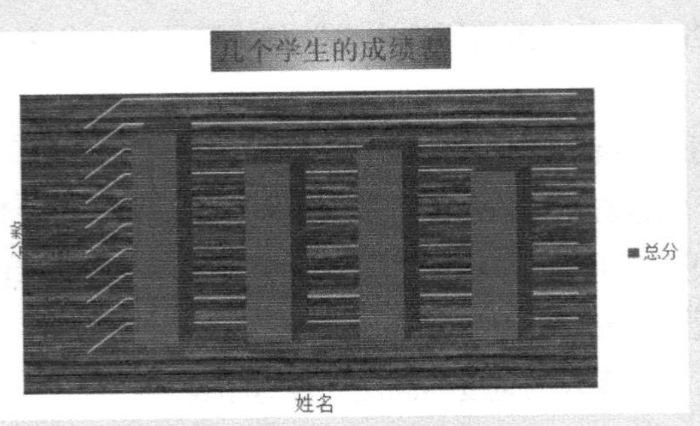

图4-35 格式化后的图表

操作步骤如下。

① 选中图表标题，单击鼠标右键，在弹出的快捷菜单中选择“设置图表标题格式”命令，弹出的任务窗格中单击“填充”→“渐变填充”→“预设渐变”，选择“中等渐变-个性色6”。

② 在“图表工具”/“格式”选项卡中的“当前所选内容”组中，单击“图表元素”下拉列表框，选择“绘图区”，然后单击“设置所选内容格式”按钮；或者将鼠标指针移至绘图区（当鼠标指针在图表中移动时，鼠标指针旁边会提示所指向的图表元素的名称），双击打开“设置绘图区格式”任务窗格。在“填充”选项卡中选中“图片或纹理填充”单选按钮，然后在“纹理”下拉列表中选择“深色木质”。

4.4 公式与函数

Excel 2016的主要功能不在于输入、显示和存储数据，它的强大更体现在数据计算和分析方面。Excel 2016不仅可以通过公式对表格中的数据进行一般的加、减、乘、除运算，还可以用函数进行求和、求平均值、计数、求最大值、求最小值以及其他更为复杂的运算。

4.4.1 使用公式计算数据

公式即对数据进行计算的等式，Excel 2016中公式以“=”开头，通过运算符号将常量、单元格引用地址、函数返回值等组合起来，形成公式表达式，如“=(A2+B2)/2”。公式与普通数据之间的最大区别在于公式是由“=”来引导的，并且“=”需要手动输入。

1. 常量

常量是一个固定的值，主要分为数值型常量、文本型常量和逻辑型常量。数值型常量可以是整数、小数、分数、百分数，但是不能带千位分隔符和货币符号。如56、5.00、4/5、45%等，文本型常量是用英文双引号（“”）括起来的若干字符，但其中不能包含英文双引号，如“平均值”“总金额”等。逻辑型常量只有TRUE（真）和FALSE（假）两个值。

2. 单元格引用地址

在输入公式时，之所以不用数据本身而是用单元格引用地址，如 C1、G1、H1 等，是为了保证计算结果及时更新，只要改变了单元格中的数据，引用该单元格的公式也会随之更新计算结果。如果在公式中直接用数据本身，那么单元格中的数据发生变化时，公式的计算结果就无法自动更新。

3. 运算符

Excel 公式中常用的运算符分为 4 类，如表 4-2 所示。

表 4-2　运算符

类型	表示形式	优先级
算术运算符	+（加）、-（减）、*（乘）、/（除）、%（百分比）、^（乘方）	从高到低分为 3 个级别：百分比和乘方、乘和除、加和减。优先级相同时，按从左到右的顺序运算
关系运算符	=（等于）、>（大于）、<（小于）、>=（大于等于）、<=（小于等于）、<>（不等于）	优先级相同
文本运算符	&（文本的连接）	
逻辑运算符	and（区域）、or（联合）、空格（交叉）	从高到低依次为区域、联合、交叉

四类运算符的优先级从高到低依次为逻辑运算符、算术运算符、文本运算符、关系运算符。当多个运算符同时出现在公式中时，Excel 2016 按运算符的优先级进行运算，优先级相同时，自左向右运算。

【例 4-7】 在“六月份员工工资结算表.xlsx”中，使用公式计算每位员工的应发工资。

操作步骤如下。

① 打开“六月份员工工资结算表.xlsx”，选中“应发工资”下的第 1 个单元格。

② 在单元格中输入公式“=E4+F4”，按 Enter 键，Excel 2016 自动计算并将结果显示在单元格中，同时公式内容显示在编辑框中，如图 4-36 所示。

③ 其他员工的实发工资可利用公式的自动填充功能（复制公式）快速完成。移动鼠标指针到公式所在单元格右下角的填充柄处，当鼠标指针变成黑十字形状时，按住鼠标左键拖曳经过目标区域，到达最后一个单元格时松开鼠标左键，公式自动填充完毕。

六月份员工工资结算表						
工号	姓名	部门	职位	基本工资	奖金	应发工资
02	小邕	财务部	会计	2750	1300	=E4+F4
05	小白	财务部	助理	2290	1100	
13	王晓伟	财务部	审计	3300	1650	
19	刘思思	财务部	财务经理	5000	1450	

图 4-36　使用公式法计算“应发工资”

注意 当公式输入错误时，可以进行修改。选择需要修改公式的单元格，在编辑框中进行修改，然后按 Enter 键即可。为了方便检查公式的正确性，可以设置在单元格中显示公式，可通过在“公式”选项卡中的“公式审核”组中的“显示公式”按钮实现。

4.4.2 使用函数计算数据

函数相当于是设好的公式，可以简化公式输入过程，提高计算效率。Excel 2016 中的函数主要包括财务、统计、逻辑、文本、日期和时间、查找和引用、数学和三角函数、工程、多维数据集和信息等类型。函数一般包括函数名称和参数 3 个部分组成，一般格式为函数名称（参数 1，参数 2，……）。其中函数名称表示函数的功能，每个函数都有唯一的函数名称，函数参数指函数运算对象，可以是数字、文本、逻辑值、表达式、引用或其他函数等。

1. 函数的使用

这里将介绍基本函数和几种常用的函数的使用。

（1）基本函数

Excel 2016 中最基本的 6 个函数是 SUM（求和）、AVERAGE（求平均值）、COUNT（计数，注意只有数值型的数据才能被计数）、IF（条件函数）、MAX（求最大值）和 MIN（求最小值）函数。

① SUM 函数：SUM 函数的语法格式为 SUM(number1,number2,…)，其中，参数 number1,number2,..表示若干个需要求和的参数，参数可以是单元格地址（如 F4,F5,F6），也可以是单元格区域（如 F4:F6）。

② AVERAGE 函数：AVERAGE 函数用于求平均值，即将参数中的单元格或单元格区域中的数据先相加再除以单元格的个数。其语法格式为 AVERAGE(number1,number2,…)。

③ COUNT 函数：COUNT 函数用于计算包含数字的单元格的个数以及参数列表中数字的个数。其格式为 COUNT(value1,value2,….)。

④ IF 函数：IF 函数是逻辑判断函数，主要作用是执行真假判断。IF 函数的语法格式是 IF(logical_test,value_if_true,value_if_false)，其中，参数 logical_test 表示计算结果为 TRUE 或 FALSE 的任意值或表达式，参数 value_if_true 是 logical_test 为 TRUE 时返回的值，参数 value_if_false 是 logical_test 为 FALSE 时返回的值。当要对多个条件进行判断时，需嵌套使用 IF 函数，IF 函数最多可以嵌套 7 层，用 value_if_false 和 value_if_true 参数可以构造复杂的检测条件。例如，“=IF(A4>=90，"优秀"，"良好")”表示如果 A4 单元格中的数值大于或等于 90，则返回“优秀”字样，反之则返回“良好”字样。

【例 4-8】 在“学生成绩信息表”中根据“综合分”来判定学生成绩等级，如图 4-37 所示，判定规则为 90~100（优）、80~89（良）、70~79（中）、60~69（及格）、60 以下（不及格）。

操作步骤如下。

① 选中“等级”下方的第 1 个单元格。

② 输入公式“ =IF(H3<60,"不及格",if(H3<70,"及格",if(H3<80,"中",if(H3<90,"良好",“优秀”)))”，然后按 Enter 键，得到第 1 个学生的成绩等级是“优”。

③ MOD 函数

- 功能：返回两数相除的余数。
- 语法格式：MOD(number,divisor)。
- 说明：参数 number 是被除数，参数 divisor 是除数。
- 举例："=Mod(8,3)"，返回值为 2。

④ RANK 函数

- 功能：对指定单元格的数据在指定数据区域进行排序。
- 语法格式：RANK(number,reference,order)。
- 说明：参数 number 是被排序的数据，参数 reference 是排序的数据区域，参数 order 指定按升序或降序排序，order 取 0 按降序排序，取 1 则按升序排序。
- 举例："=RANK(B1,$B$1:$B$12,0)"，表示求 B1 单元格中的数据在单元格区域 B1:B12 中的降序排位。

【例 4-10】 对图 4-41 所示的学生信息表进行统计分析，"排名"列需要根据"高考分数"列的内容进行填写。

	A	B	C	D	E	F	G	H	I
1	学生信息表								
2	学号	姓名	性别	专业	出生年月	籍贯	电话号码	高考分数	排名
3	07001	黄雷洁	女	土木工程	1999/1/10	广西来宾	66180819	620	
4	07002	汪迎华	女	工商管理	1998/7/10	天津	67090233	601	
5	07003	李芳	女	汉语言文学	1998/1/10	江西南昌	87304903	595	
6	07004	李海亮	男	农学	1999/1/13	湖南衡山	66230493	540	
7	07006	冯伟	男	农学	2000/5/10	广西都安	66734324	551	
8	07008	王海	男	工商管理	1999/6/17	山东济南	63242344	589	
9	07009	李娟	女	英语	1999/8/15	广西来宾	63334325	587	
10	07010	江贺	女	农学	1999/1/10	广西博白	64354354	538	
11	07011	唐英	女	英语	2000/10/14	湖南湘潭	84354354	582	
12	07012	丛古	男	汉语言文学	1999/10/12	广西柳江	64353215	606	
13	07014	王晓东	男	英语	1999/10/18	云南丽江	84351543	590	
14	07015	严肃	男	土木工程	2000/12/11	新疆哈密	66123450	605	
15	07017	文清	女	工商管理	1999/5/1	贵州遵义	64543534	605	
16	07018	潘峰	男	工商管理	2001/9/1	湖北宜昌	85642364	611	
17	07019	刘力田	男	土木工程	2000/6/8	青海西宁	64545435	630	
18	07020	王小二	男	汉语言文学	2000/7/18	山东济宁	85642364	610	
19	07021	王者	女	汉语言文学	2000/7/18	广西北海	85642365	602	

图 4-41　学生信息表

操作步骤如下。

① 选中 I3 单元格。

② 输入公式"=RANK(H3,$H$3:$H$19)"，H3 为第 1 个学生的高考分数，$H$3:$H$19 为所有学生高考分数所在的单元格区域，没有第 3 个参数则按降序排序，即分数高者名次靠前，按 Enter 键，得到第 1 个学生的名次是"2"。使用绝对引用地址（后文将介绍）是为了保证公式自动填充的结果正确。

③ 利用公式的自动填充功能得到其他学生的名次，结果如图 4-42 所示。

	A	B	C	D	E	F	G	H	I
1	学生信息表								
2	学号	姓名	性别	专业	出生年月	籍贯	电话号码	高考分数	排名
3	07001	黄雷洁	女	土木工程	1999/1/10	广西来宾	66180819	620	2
4	07002	汪迎华	女	工商管理	1998/7/10	天津	67090233	601	9
5	07003	李芳	女	汉语言文学	1998/1/10	江西南昌	87304903	595	10
6	07004	李海亮	男	农学	1999/1/13	湖南衡山	66230493	540	16
7	07006	冯伟	男	农学	2000/5/10	广西都安	66734324	551	15
8	07008	王海	男	工商管理	1999/6/17	山东济南	63242344	589	12
9	07009	李娟	女	英语	1999/8/15	广西来宾	63334325	587	13
10	07010	江贺	女	农学	1999/1/10	广西博白	64354354	538	17
11	07011	唐英	女	英语	2000/10/14	湖南湘潭	84354354	582	14
12	07012	丛古	男	汉语言文学	1999/10/12	广西柳江	64353215	606	5
13	07014	王晓东	男	英语	1999/10/18	云南丽江	84351543	590	11
14	07015	严肃	男	土木工程	2000/12/11	新疆哈密	66123450	605	6
15	07017	文清	女	工商管理	1999/5/1	贵州遵义	64543534	605	6
16	07018	潘峰	男	工商管理	2001/9/1	湖北宜昌	85642364	611	3
17	07019	刘力田	男	土木工程	2000/6/8	青海西宁	64545435	630	1
18	07020	王小二	男	汉语言文学	2000/7/18	山东济宁	85642364	610	4
19	07021	王者	女	汉语言文学	2000/7/18	广西北海	85642365	602	8

图 4-42　RANK 函数的应用后

⑤ SUMIF 函数

- 功能：对指定单元格区域中符合一个条件的单元格数据求和。
- 语法格式：SUMIF(range,criteria,[sum_range])。
- 说明：参数 range 是待判断的单元格区域，参数 criteria 是确定哪些单元格将被相加求和的条件，其形式可以为数字、表达式、单元格引用地址或文本，参数 sum_range 是可选参数，表示要求和的实际单元格区域，如果省略该参数，则对参数 range 指定的单元格区域中符合条件的单元格进行求和。
- 举例："=SUMIF(B1:B10,">20")"，表示对单元格区域 B1:B10 中数值大于 20 的单元格求和；"=SUMIF(B1:B10,">20", E1:E10)"，表示在单元格区域 B1:B10 中，查找数值大于 20 的单元格，并在单元格区域 E1:E10 中找到对应的单元格求和。

⑥ COUNTIF 函数

- 功能：统计指定区域中符合一定条件的单元格的个数。
- 语法格式：COUNTIF(range,criteria)。
- 说明：参数 range 为待判断的单元格区域，参数 criteria 为确定哪些单元格将被计算的条件，其形式可以为数字、表达式、单元格引用地址或文本。
- 举例："= COUNTIF(A1:A10,">5")"，表示统计单元格区域 A1:A10 中数值大于 5 的单元格的个数。

操作步骤如下。

① 选中 I2 单元格，输入文字“评价”。

② 选中 I3 单元格，输入公式“=IF(H3<$H$20,"低于平均工资","大于等于平均分")”，按 Enter 键。

③ 利用公式的自动填充功能完成对其他学生的评价。

4.5 数据管理和分析

Excel 2016 不仅具有数据计算处理的能力，还具有强大的数据管理功能。它可以方便、快捷地对数据进行排序、筛选、分类汇总、创建数据透视表等统计分析工作，为决策等提供必要的数据支撑。

4.5.1 建立数据清单

要使用 Excel 2016 的数据管理功能，首先必须建立数据清单。数据清单又称数据列表，是由 Excel 工作表中单元格构成的矩形区域，即一张二维表。数据清单是一种特殊的表格，必须包括两部分，即表结构和表记录。表结构是数据清单中的第 1 行，即列标题（又称字段名），Excel 2016 将利用这些字段名对数据进行查找、排序及筛选等操作。表记录则是 Excel 2016 实施管理功能的对象，该部分不允许非法数据内容出现。要正确创建数据清单，应遵循以下准则。

① 避免在一张工作表中建立多个数据清单。如果在工作表中还有其他数据，要在它们与数据清单之间留出空行、空列。

② 通常在数据清单的第 1 行创建字段名。字段名必须唯一，且每一字段的数据类型必须相同，如字段名是“部门”，则该列存放的数据必须全部是部门名称。

③ 数据清单中不能有完全相同的两行记录。

4.5.2 数据排序

数据排序是统计工作中的一项重要内容。在日常办公中，经常会遇到需要对表格数据进行排序的情况，比如按最高销量、学生成绩最高分等进行排序，此时可使用 Excel 2016 中的数据排序功能来实现。对数据进行排序可以快速直观地显示数据，并有助于更好地理解数据、组织并查找数据。

用来排序的字段称为关键字。排序方式有升序（递增）和降序（递减）两种，排序方向有按行排序和按列排序两种。对一些特殊情况还可以采用自定义排序。

数据排序有两种形式：简单排序和复杂排序。

1. 简单排序

简单排序指对一个关键字（单一字段）进行升序或降序排序。可以单击“数据”选项卡中的“排序和筛选”组中的“升序”按钮 或“降序”按钮 快速实现，也可以通过单击“排序”按钮 打开“排序”对话框进行操作。

2. 复杂排序

复杂排序指对一个以上关键字（多个字段）进行升序或降序排序，当排序的字段值相同时，可按另一个关键字继续排序，可以设置多个排序关键字。复杂排序必须通过单击“数据”选项卡中的“排序和筛选”组中的“排序”按钮来实现。

【例4-13】 对“六月份员工工资结算表”排序，按主要关键字“部门”升序排序，部门相同时，按次要关键字“应发工资”降序排序。排序结果如图4-45所示。

六月份员工工资结算表						
工号	姓名	部门	职位	基本工资	奖金	应发工资
19	刘思思	财务部	财务经理	5000	1450	6450
31	欧静滢	财务部	审计	3590	1620	5210
13	王晓伟	财务部	审计	3300	1650	4950
26	张维	财务部	出纳	2850	1500	4350
24	孙琳琳	财务部	会计	2910	1200	4110
02	小崑	财务部	会计	2750	1300	4050
05	小白	财务部	助理	2290	1100	3390
21	陆晓兵	工程部	项目经理	6000	5200	11200
12	振东	工程部	项目组长	3780	4000	7780
23	张乐军	工程部	项目组长	4500	3200	7700
32	雷凌	工程部	项目组长	4100	3300	7400
22	梁宁乐	工程部	项目专员	3600	3400	7000
06	飞飞	工程部	项目专员	3300	3245	6545
01	小桂	工程部	项目专员	3000	3300	6300
09	丽君	工程部	项目组长	4000	1300	5300
14	高见	工程部	项目专员	2480	2700	5180
25	王恺风	工程部	项目专员	3450	1720	5170
15	小卡	行政部	部门经理	2630	1520	4150
30	陆军	行政部	部门秘书	2520	1430	3950

图4-45　复杂排序结果

操作步骤如下。

① 打开“六月份员工工资结算表”，选择表中A3:G38单元格区域，单击“数据”选项卡中的“排序和筛选”组中的“排序”按钮，打开“排序”对话框。

② 在“排序”对话框中选择主要关键字为“部门”，排序依据为“数值”，次序为“升序”；单击“添加条件”按钮，选择次要关键字为“应发工资”，排序依据为“数值”，次序为“降序”；单击“确定”按钮，如图4-46所示。

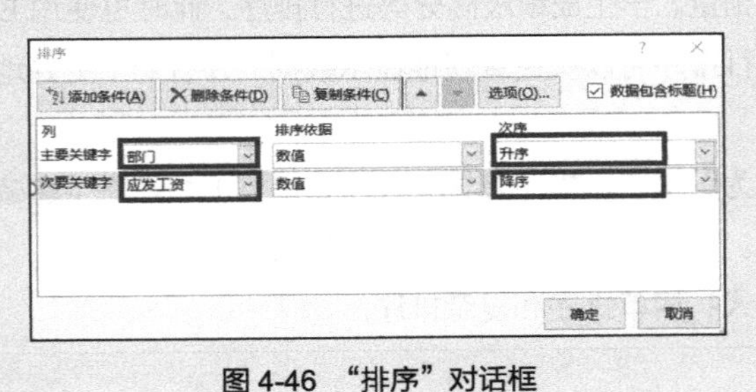

图4-46　“排序”对话框

4.5.3　数据筛选

数据筛选是将需要的数据记录找出来，将不需要的数据记录暂时隐藏起来。当筛选条件被清除时，隐藏的数据记录又恢复显示。

数据筛选有两种：简单筛选和高级筛选。简单筛选比较容易操作，可以实现单一字段筛选及多个字段的逻辑与关系（同时满足多个条件）筛选，能满足大部分应用需求；高级筛选能实现多个字段的逻辑或关系筛选，操作较复杂，需要在数据清单以外建立一个条件区域。

1. 简单筛选

简单筛选可通过单击“数据”选项卡中的“排序和筛选”组中的“筛选”按钮 来实现。不管涉及多少个字段，只需要在字段名下勾选需要显示的数据即可，多个字段的筛选逻辑上是同时满足的关系。例如筛选语句为“英语专业的男同学”，那么只需要在“专业”字段下勾选“英语”，在“性别”字段下勾选“男”就可以将符合条件的记录筛选出来。如果要取消筛选功能，可再次单击“筛选”按钮。

【例 4-14】 在“六月份员工工资结算表”（数据清单）中筛选出工程部应发工资大于等于 7000 且奖金大于等于 4000 的数据记录。效果如图 4-47 所示。

六月份员工工资结算表

工号	姓名	部门	职位	基本工资	奖金	应发工资
12	振东	工程部	项目组长	3780	4000	7780
21	陆晓兵	工程部	项目经理	6000	5200	11200

图 4-47　数据筛选效果

操作步骤如下。

① 选择数据清单中“A3:G38”单元格区域。

② 单击“数据”选项卡中的“排序和筛选”组中的“筛选”按钮，在各个字段名的右边会出现筛选按钮。

③ 单击“部门”列的筛选按钮，在下拉菜单中仅勾选“工程部”，使表格只显示工程部员工的数据记录，然后单击“确定”按钮。

④ 再单击“应发工资”列的筛选按钮，在下拉菜单中选择“数字筛选”→“大于或等于”命令，打开“自定义自动筛选方式”对话框。在“大于或等于”下拉列表框右边的下拉列表框中输入“7000”，如图 4-48 所示，然后单击“确定”按钮。此时，表格只显示工程部员工中应发工资大于等于 7000 的数据记录。

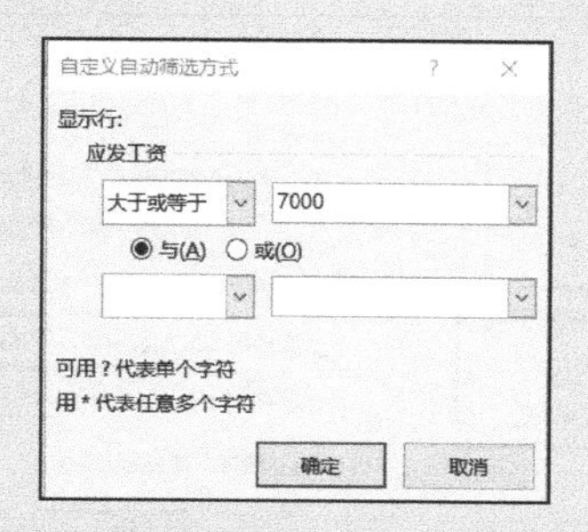

图 4-48　“自定义自动筛选方式”对话框

⑤ 用同样的方法进行“奖金”列的筛选。

2. 高级筛选

当筛选的条件较为复杂，或出现多字段间的逻辑或关系时，需要使用“数据”选项卡中的“排序和筛选”组中的“高级”按钮来实现。高级筛选需要在表格空白处建立条件区域，在条件区域把筛选条件定义好。定义筛选条件时先写上所有出现的字段名，然后从第 2 行开始输入条件，同一行上是同时成立的逻辑与关系，不同行上是逻辑或关系。建好条件区域后，单击“数据”选项卡中的“排序和筛选”组中的“高级”按钮，选好数据区域和条件区域，即可得到筛选结果。

【例 4-15】 在“六月份员工工资结算表”（数据清单）中筛选销售部应发工资小于 7000 或工程部应发工资小于 6000 的数据记录，并将筛选结果显示在原有区域。效果如图 4-49 所示。

工号	姓名	部门	职位	基本工资	奖金	应发工资
09	丽君	工程部	项目组长	4000	1300	5300
14	高见	工程部	项目专员	2480	2700	5180
25	王恺风	工程部	项目专员	3450	1720	5170
20	小朱	销售部	销售顾问	2000	4300	6300
35	周思敏	销售部	销售顾问	2650	3900	6550

图 4-49　高级筛选效果

操作步骤如下。

① 在数据清单以外选择一个空白区域，在首行输入字段名“部门”和“应发工资”，在第 2 行对应字段下面输入条件“销售部”和“<7000”，在第 3 行对应字段下面输入条件“工程部”和“<6000”，如图 4-50 所示。

② 选择数据清单中的任意单元格，单击“数据”选项卡中的“排序和筛选”组中的“高级”按钮，打开“高级筛选”对话框。

③ 在“高级筛选”对话框中选中“在原有区域显示筛选结果”单选按钮，并确认给出的列表区域和条件区域是否正确，如图 4-50 所示。如果不正确，可以单击“列表区域”文本框右侧的折叠对话框按钮，用鼠标在工作表中重新选择列表区域后单击折叠对话框按钮返回；然后单击“条件区域”文本框右侧的折叠对话框按钮，用鼠标在工作表中选择条件区域后单击折叠对话框按钮返回。

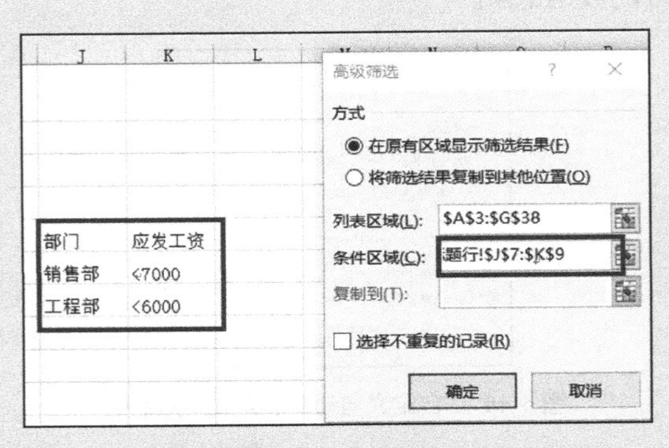

图 4-50　建立条件区域和“高级筛选”对话框

4.5.4 分类汇总

Excel 2016 的分类汇总功能在实际应用中经常用到，例如仓库的库存管理经常要统计各类产品的库存总量，商店的销售管理经常要统计各类商品的销售总量等。这些应用的共同特点是首先要进行分类（排序），将同类数据放在一起，然后再进行数量求和等汇总运算。

分类汇总本质就是对数据进行分组计算，即对数据清单按某个字段进行分类，将字段值相同的数据记录作为一类，进行求和、求均值、计数等方式的汇总运算。针对同一个分类字段，可以进行多种方式的汇总。

注意 在进行分类汇总操作前，必须先分类。可以利用排序的方法进行分类，排序的结果就是分类的结果。

分类汇总有两种形式：单项分类汇总和嵌套分类汇总。

1. 单项分类汇总

单项分类汇总是指对数据清单的一个或多个字段仅做一种方式的汇总。

【例 4-16】 在“六月份员工工资结算表”（数据清单）中，求各部门基本工资、奖金和实发工资的平均值。汇总结果如图 4-51 所示。

本例的要求实际是对“部门”字段分类，对“基本工资”“奖金”和“实发工资”进行汇总，汇总方式是求平均值。操作步骤如下。

① 选择“部门”列，单击“数据”选项卡中的“排序和筛选”组中“升序”按钮，对“部门”升序排序。

② 选择数据清单中的任意单元格，单击“数据”选项卡中的“分级显示”组中的“分类汇总”按钮，打开“分类汇总”对话框。

③ 在“分类汇总”对话框的“分类字段”下拉列表中选择“部门”，在“汇总方式”下拉列表中选择“平均值”，在“选中汇总项”（汇总字段）列表框中勾选“基本工资”“奖金”和“实发工资”，并清除其余默认汇总项，然后单击“确定”按钮，如图 4-52 所示。

六月份员工工资结算表

工号	姓名	部门	职位	基本工资	奖金	应发工资
19	刘思思	财务部	财务经理	5000	1450	6450
31	欧静滢	财务部	审计	3590	1620	5210
13	王晓伟	财务部	审计	3300	1650	4950
26	张维	财务部	出纳	2850	1500	4350
24	孙琳琳	财务部	会计	2910	1200	4110
02	小巍	财务部	会计	2750	1300	4050
05	小白	财务部	助理	2290	1100	3390
	财务部 平均值			3241.428571	1402.857143	4644.285714
21	陆晓兵	工程部	项目经理	6000	5200	11200
12	振东	工程部	项目组长	3780	4000	7780
23	张乐军	工程部	项目组长	4500	3200	7700
32	雷凌	工程部	项目组长	4100	3300	7400
22	梁宁乐	工程部	项目专员	3600	3400	7000
06	飞飞	工程部	项目专员	3300	3245	6545
01	小桂	工程部	项目专员	3000	3300	6300
09	丽君	工程部	项目组长	4000	1300	5300
14	高见	工程部	项目专员	2480	2700	5180
25	王恺风	工程部	项目专员	3450	1720	5170
	工程部 平均值			3821	3136.5	6957.5
15	小卡	行政部	部门经理	2630	1520	4150
30	陆军	行政部	部门秘书	2520	1430	3950
16	张龙	行政部	助理	2620	1300	3920
	行政部 平均值			2590	1416.666667	4006.666667

图 4-51 单项分类汇总结果

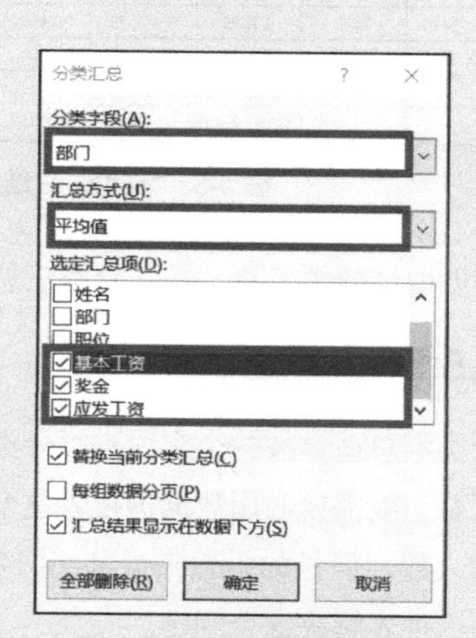

图 4-52 “分类汇总”对话框

分类汇总后，默认情况下，数据会分 3 级显示，可以单击分级显示区上方的按钮控制显示的层级。

2. 嵌套分类汇总

嵌套分类汇总是指对已进行分类汇总的数据再次进行分类汇总。在完成分类汇总后，单击“数据”选项卡中的“分级显示”组中的“分类汇总”按钮，打开“分类汇总”对话框，在“分类字段”下拉列表中选中一个新的分类选项，再对汇总方式、汇总项进行设置，取消选中“替换当前分类汇总”复选框，即可完成嵌套分类汇总的设置。

【例 4-17】 在例 4-16 求各部门基本工资、实发工资和奖金的平均值的基础上，再统计各部门人数。汇总结果如图 4-53 所示。

本例需要分两次进行分类汇总。操作步骤如下。

① 先按例 4-16 的要求进行分类汇总。

② 在例 4-16 的基础上统计各部门人数。统计人数的“分类汇总”对话框的设置如图 4-54 所示。需要注意的是，不能选中“替换当前分类汇总”复选框。

六月份员工工资结算表

工号	姓名	部门	职位	基本工资	奖金	应发工资
19	刘思思	财务部	财务经理	5000	1450	6450
31	欧静滢	财务部	审计	3590	1620	5210
13	王晓伟	财务部	审计	3300	1650	4950
26	张维	财务部	出纳	2850	1500	4350
24	孙琳琳	财务部	会计	2910	1200	4110
02	小崑	财务部	会计	2750	1300	4050
05	小白	财务部	助理	2290	1100	3390
		财务部 计数	7			
		财务部 平均值		3241.428571	1402.857143	4644.285714
21	陆晓兵	工程部	项目经理	6000	5200	11200
12	振东	工程部	项目组长	3780	4000	7780
23	张乐军	工程部	项目组长	4500	3200	7700
32	雷凌	工程部	项目组长	4100	3300	7400
22	梁宁乐	工程部	项目专员	3600	3400	7000
06	飞飞	工程部	项目专员	3300	3245	6545
01	小桂	工程部	项目专员	3000	3300	6300
09	丽君	工程部	项目组长	4000	1300	5300
14	高见	工程部	项目专员	2480	2700	5180
25	王恺风	工程部	项目专员	3450	1720	5170
		工程部 计数	10			
		工程部 平均值		3821	3136.5	6957.5

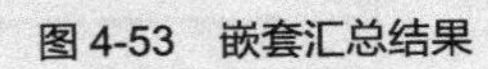
图 4-53　嵌套汇总结果

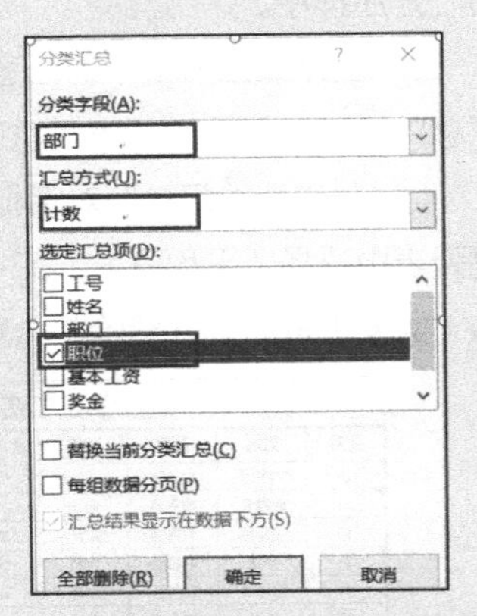

图 4-54　嵌套“分类汇总”对话框设置

若要取消分类汇总，在“分类汇总”对话框中单击“全部删除”按钮即可。

4.5.5　数据透视表

分类汇总适合按一个字段进行分类，对一个或多个字段进行汇总。如果要对多个字段进行分类并汇总，就需要利用数据透视表这个有力的工具。例如在例 4-17 中可以通过分类汇总求出各部门的人数，但是如果想知道各部门各职务的人数，分类汇总就无能为力了。下面通过例 4-18 用数据透视表解决这个问题。

【例 4-18】 在“六月份员工工资结算表”（数据清单）中，统计各部门各职务的人数。结果如图 4-55 所示。

计数项:职位	职位																	
部门	部门经理	部门秘书	财务经理	出纳	工程师	会计	开发工程	美工	人事专员	审计	实习生	项目经理	项目专员	项目组长	销售顾问	销售经理	助理	总计
财务部			1	1		2				2							1	7
工程部												1	5	4				10
行政部	1	1															1	3
人力资源部	1								3		1							5
设计部					1		2	2										5
销售部															4	1		5
总计	2	1	1	1	1	2	2	2	3	2	1	1	5	4	4	1	2	35

图 4-55 数据透视表统计结果

本例既要按“部门”分类，又要按“职务”分类，需要使用数据透视表。操作步骤如下。

① 选择数据清单中任意单元格。

② 单击“插入”选项卡中的“表格”组中的“数据透视表”按钮，打开“创建数据透视表”对话框。确认选择要分析的数据的范围（如果软件给出的数据范围不正确，可用鼠标自行选择单元格区域）及数据透视表的放置位置（可以放在新建表中，也可以放在现有工作表中），然后单击“确定”按钮。

③ 此时出现“数据透视表字段”任务窗格，把要分类的字段拖入“行”区、“列”区，使之成为数据透视表的行、列标题，将要汇总的字段拖入“∑值”区。本例以“部门”字段作为行标签，“职务”字段作为列标签，统计的数据项也是“职务”，如图 4-56 所示。默认情况下，如果字段是非数值型数据则对其计数，否则对其求和。

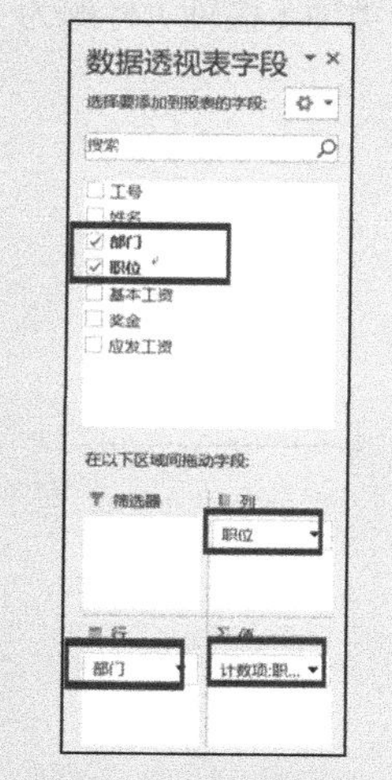

图 4-56 “数据透视表字段”任务窗格

创建好数据透视表后，“数据透视表工具”选项卡会自动出现，它可以用来修改数据透视表。数据透视表的修改主要有以下 3 个方面。

1. 更改数据透视表布局

数据透视表中行、列、数据字段都可以更改。将行、列、数据字段移出表示删除字段，移入表示增加字段。

2. 改变汇总方式

通过单击“数据透视表工具”/“分析”选项卡中的“活动字段”组中的“字段设置”按钮，打开“值字段设置”对话框，在“值汇总方式”选项卡中进行操作。

3. 更新数据

有时数据清单中的数据发生了变化，但数据透视表并没有随之变化。此时，不必重新生成数据透视表，只需单击“数据透视表工具”/“分析”选项卡中的“数据”组中的“刷新”按钮即可。

习题

请按照以下要求对 Excel 文档进行编辑、排版和图形制作。

① 在Sheet1中制作如图4-57所示的表格。在表格的第1行输入标题“商品销售统计表”，将标题字体格式设置为华文彩云、加粗、16号。合并第1行单元格（在一行内合并多列，且两端与数据表对齐），使标题居于合并后的单元格的中央（水平和垂直两个方向均居中）。增加表格线（包括标题单元格），设置第1列单元格底纹为浅绿色。

② 统计每种商品在各地销售量的合计值，要求必须使用公式或函数计算。

③ 计算每种商品在各地的平均销量，要求必须使用公式或函数计算，保留1位小数。

④ 选中“商品名称”“北京”“天津”“上海”“广州”5列的所有内容绘制簇状柱形图，分类轴（横轴）标题为“商品名称”，图表标题为“商品销售统计表”。

Chapter 5

第5章 演示文稿软件 PowerPoint 2016

演示文稿已广泛应用于会议报告、课程教学、个人总结、方案展示等方面，演示文稿制作软件已经成为人们在工作中使用最频繁的软件之一。本章将以PowerPoint 2016为例，介绍演示文稿制作软件的基本功能和使用方法。

5.1 PowerPoint 2016 演示文稿入门

PowerPoint 2016 的启动和退出与 Word 2016 及 Excel 2016 类似。最常用的启动方法是选择“开始”→“PowerPoint 2016”命令，进入 PowerPoint 2016 工作窗口，如图 5-1 所示。

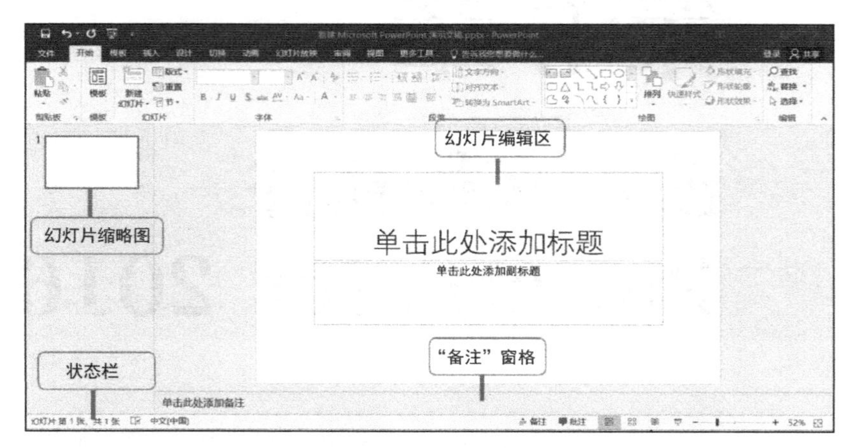

图 5-1 PowerPoint 2016 的工作环境

1. PowerPoint 2016 的工作窗口

PowerPoint 2016 的工作窗口和 Office 其他组件相似，不同之处主要体现在幻灯片编辑区、幻灯片缩略图和“备注”窗格等部分。

① 幻灯片编辑区：用于显示和编辑幻灯片内容。默认情况下，标题幻灯片中包含一个正标题占位符和一个副标题占位符，内容幻灯片包含一个标题占位符和一个内容占位符。

② 幻灯片缩略图：位于演示文稿编辑区的左侧，显示当前演示文稿中所有幻灯片的缩略图，单击某张幻灯片缩略图，可在幻灯片编辑区中显示该幻灯片的内容。

③“备注”窗格：用来添加注释，提醒用户等。

2. PowerPoint 2016 视图

PowerPoint 2016 根据建立、编辑、浏览、放映幻灯片的需要，提供了 4 种视图：普通视图、幻灯片浏览视图、阅读视图和幻灯片放映视图。视图不同，演示文稿的显示方式也不同，对演示文稿的操作也不同。各个视图间的切换可以通过“视图”选项卡中的相应按钮或窗口底部的 4 个视图按钮来实现。

（1）普通视图

图 5-1 所示就是普通视图，它是软件的默认视图，只显示一张幻灯片。

在普通视图中，可以查看幻灯片的外观，也可以在幻灯片中添加图形、影片和声音，创建超链接及添加动画。普通视图按照幻灯片的编号顺序显示演示文稿中全部幻灯片的缩略图。

普通视图中还集成了备注窗格（单击底部的备注窗格按钮出现），备注是演讲者对每一张幻灯片的注释，注释内容仅供演讲者使用，不在幻灯片中显示。普通视图中还集成了批注窗格（单击底部的批注窗格按钮出现），可以为幻灯片添加批注。单击批注窗格中的“新建”按钮，输入相关的注释信息，此时幻灯片上会添加批注标记，一张幻灯片上可以添加多条批注。查看批注的时候，单击幻灯片上的批注标记，会在批注窗格中显示相应内容。批注内容不会在放映过程中显示。

（2）幻灯片浏览视图

通过幻灯片浏览视图可以浏览演示文稿中所有幻灯片的整体外观，并且可以对其整体结构进行调整，如调整演示文稿的背景、移动或复制幻灯片等，但是不能编辑幻灯片的内容。

（3）阅读视图

如果希望在一个方便审阅的窗口中查看演示文稿，而不想使用全屏的幻灯片放映视图，则可以使用阅读视图。

（4）幻灯片放映视图

在幻灯片放映视图下，幻灯片进行全屏放映，放映过程中，可以浏览每张幻灯片的放映情况，测试幻灯片中插入的动画和声音效果。

5.2 编辑演示文稿

编辑演示文稿包括两部分：一是编辑幻灯片中的对象，二是编辑幻灯片。

1. 编辑幻灯片中的对象

在幻灯片上添加对象有两种方法：一是在建立幻灯片时，通过选择幻灯片版式为添加的对象提供占位符，然后添加需要的对象；二是通过“插入”选项卡中的相应按钮，如“图片”“图表”等来实现。

在幻灯片上添加的对象可以是文本框、图片、表格、组织结构图、公式等，还可以是超链接，或音频、视频等多媒体文件。

（1）插入多媒体文件

幻灯片中经常需要插入一些多媒体文件以增加感染力，让内容更加丰富生动。在幻灯片中插入视频和音频，可以通过单击“插入”选项卡中的“媒体”组中的相应按钮来实现。可插入的视频包括联机视频、本机视频，可插入的音频包括本机音频、录制的音频。

（2）插入超链接

利用超链接能跳转到同一演示文稿的其他幻灯片，也能跳转到其他演示文稿，甚至 Word 文档、网页和电子邮件地址等。超链接只在幻灯片放映视图下起作用，在普通视图下不起作用。

超链接有两种形式。

① 以下划线表示的超链接。通过单击“插入”选项卡中的“链接”组中的“超链接”按钮来实现。

② 以动作按钮表示的超链接。通过单击“插入”选项卡中的“插图”组中的“形状”下拉按钮，在下拉菜单中的“动作按钮”区中选择各种动作按钮来实现。

在幻灯片中添加的对象可以进行缩放、修改、移动、复制、删除等编辑操作。操作方法与 Word 相同。

2. 编辑幻灯片

幻灯片的删除、移动、复制等操作，通常在幻灯片浏览视图或普通视图中进行。

【例5-1】 新建“古诗鉴赏”演示文稿，共3张幻灯片。第1张幻灯片如图5-2所示，其中插入了图片“牧牛童子.jpg”，主标题文字为“唐诗三百首”，副标题文字为“李白等”。第2张幻灯片如图5-3所示，其中插入了唐诗《题破山寺后禅院》，插入了图片“寺庙.jpg”，插入了音频“梦里水乡.mp3”，右下角是一个动作按钮，能返回第1张幻灯片。第3张幻灯片中插入一首《静夜思》，如图5-4所示。

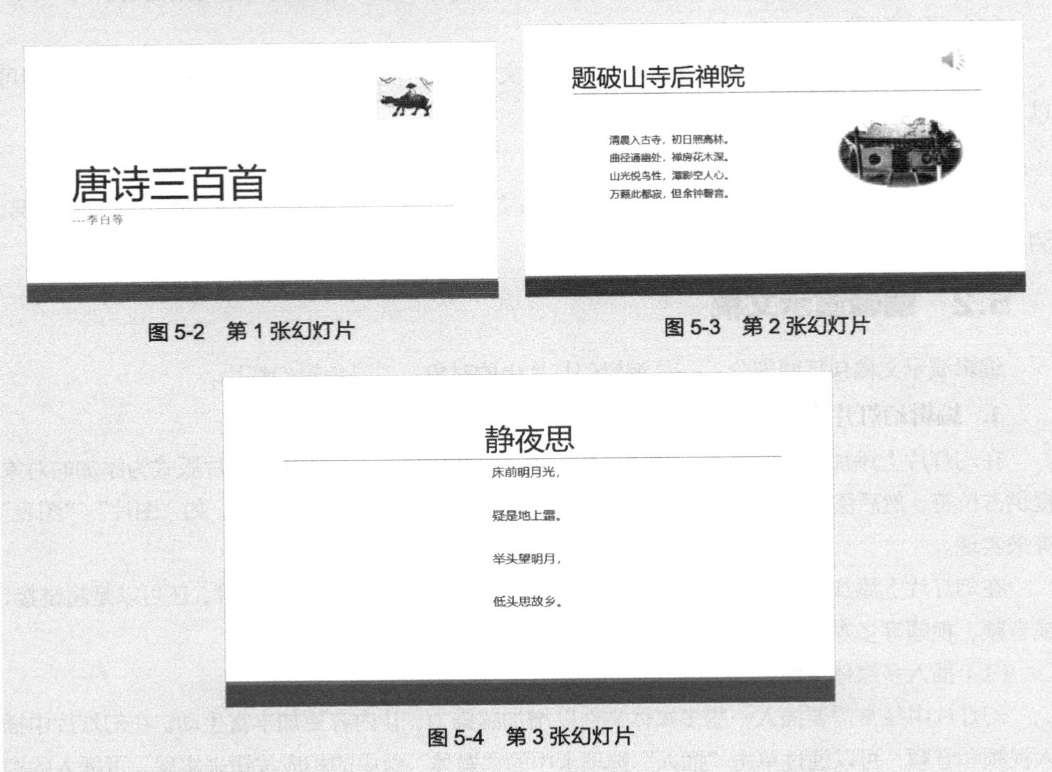

图5-2　第1张幻灯片

图5-3　第2张幻灯片

图5-4　第3张幻灯片

操作步骤如下。

① 在PowerPoint 2016中单击“文件”按钮，在菜单中选择“新建”命令，单击“空白演示文稿”。

② 在标题幻灯片上单击标题占位符，输入文字“唐诗三百首”，再单击副标题占位符，输入“李白等”。

③ 单击“插入”选项卡中的“图像”组中的“图片”按钮，在打开的“插入图片”对话框中找到图片文件“牧牛童子.jpg”，双击插入，并适当调整大小和位置。

④ 单击“开始”选项卡中的“幻灯片”组中的“新建幻灯片”下拉按钮，在展开的幻灯片版式库中选择“两栏”版式，插入一张幻灯片，输入唐诗《题破山寺后禅院》相应内容。选中右边的内容框，单击“插入”选项卡中的“图像”组中的“图片”按钮，找到图片文件“寺庙.jpg”，双击插入。单击“插入”选项卡中的“媒体”组中的“音频”下拉按钮，在下拉菜单中选择“PC上的音频”命令，在打开的“插入音频”对话框中找到视频文件“梦里水乡.mp3”，双击插入，并适当调整大小和位置。

⑤ 单击“插入”选项卡中的“插图”组中的“形状”下拉按钮，在“动作按钮”区中选择“动作按钮：开始”，将它插入到幻灯片右下角的合适位置，在出现的“操作设置”对话框中确认超链接到“第 1 张幻灯片”后单击“确定”按钮，如图 5-5 所示。

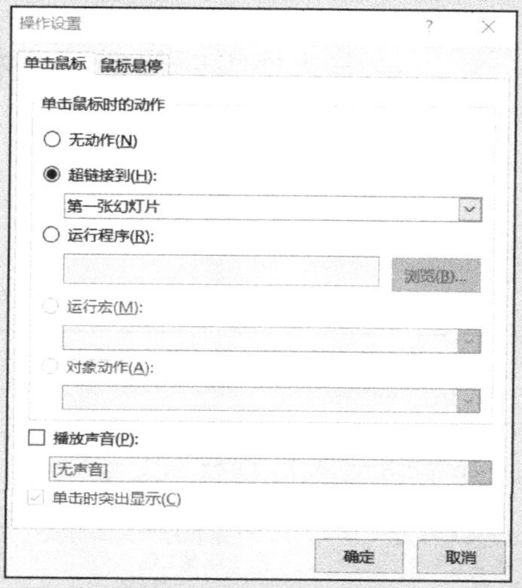

图 5-5 “操作设置”对话框

⑥ 在左边缩略图窗口中的第 2 张幻灯片上单击鼠标右键，新建一张“标题和内容”版式的幻灯片，输入古诗《静夜思》的内容。

5.3 幻灯片母版设置

一个演示文稿由若干张幻灯片组成，为了保持幻灯片的风格一致和布局相同，提高编辑效率，可以通过 PowerPoint 2016 提供的母版功能来设计好一套母版，使之应用于所有幻灯片。母版中包括可出现在每一张幻灯片上的显示元素，可以对整个演示文稿中的幻灯片进行统一调整，避免重复制作。

PowerPoint 2016 的母版分为幻灯片母版、讲义母版和备注母版。

1. 幻灯片母版

幻灯片母版是最常用的，它可以控制当前演示文稿中相同幻灯片版式上输入的标题和文本的格式与类型，使它们具有相同的外观。进入“幻灯片母版”视图后选中相应的幻灯片母版后，便可在右侧对幻灯片的标题、文本样式、背景效果、页面效果等进行设置，对母版的更改和设置将应用于同一演示文稿所有应用了该版式的幻灯片，如图 5-6 所示。

单击“视图”选项卡中的“母版视图”组中的“幻灯片母版”按钮，进入“幻灯片母版”视图，在左边窗格列出的 11 种版式中选择“两栏内容”，其母版如图 5-7 所示。幻灯片母版通常有 5 个占位符：标题、文本、日期、幻灯片编号和页脚。因此在母版中可以更改标题和文本样式，设置日期、页脚和幻灯片编号，插入对象。操作完毕后，单击“幻灯片母版”选项卡中的“关闭”组中的“关闭母版视图”按钮返回。

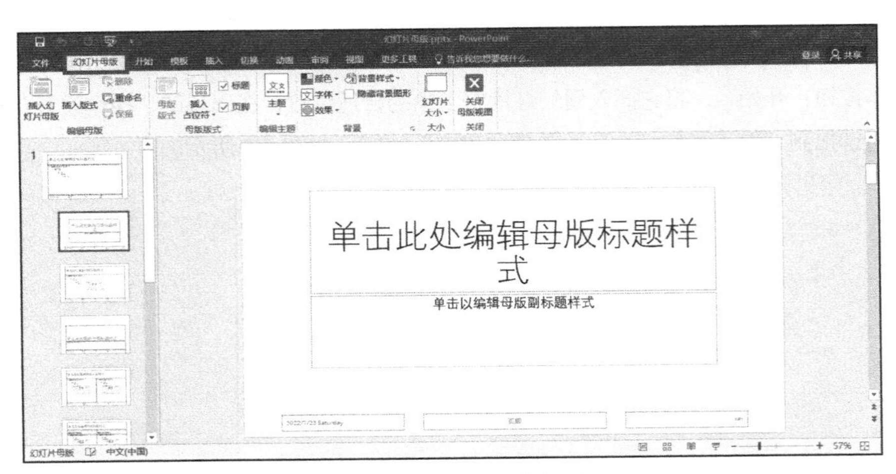

图 5-6 “幻灯片母版”视图

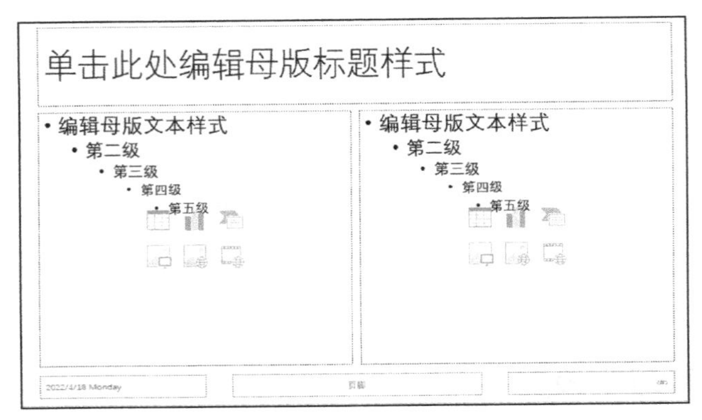

图 5-7 “两栏内容”版式的母版

2. 讲义母版

讲义母版用于控制幻灯片以讲义形式打印的格式。

3. 备注母版

备注母版主要用于对幻灯片备注窗格中的内容格式进行设置。

【例5-2】 在例5-1的演示文稿中，在每张幻灯片的右下角位置插入幻灯片编号，下方正中间位置插入页脚“人文荟萃”，并在标题版式母版中设置页脚字号为28磅。

操作步骤如下。

① 单击“插入”选项卡中的“文本”组中的“页眉和页脚”按钮，打开“页眉和页脚”对话框，选中“幻灯片编号”和“页脚”复选框，并在页脚文本框中输入“人文荟萃”，如图5-8所示，单击“全部应用”按钮。

② 单击“视图”选项卡中的“母版视图”组中的“幻灯片母版”按钮，进入“幻灯片母版”视图，在左边窗格中选择“标题幻灯片”版式，在页脚区输入“人文荟萃”，在“开始”选项卡中的“字体”组中的“字号”下拉列表中选择“28”，再单击“幻灯片母版”选项卡中的“关闭”组中的“关闭母版视图”按钮，完成后的第1张幻灯片如图5-9所示。

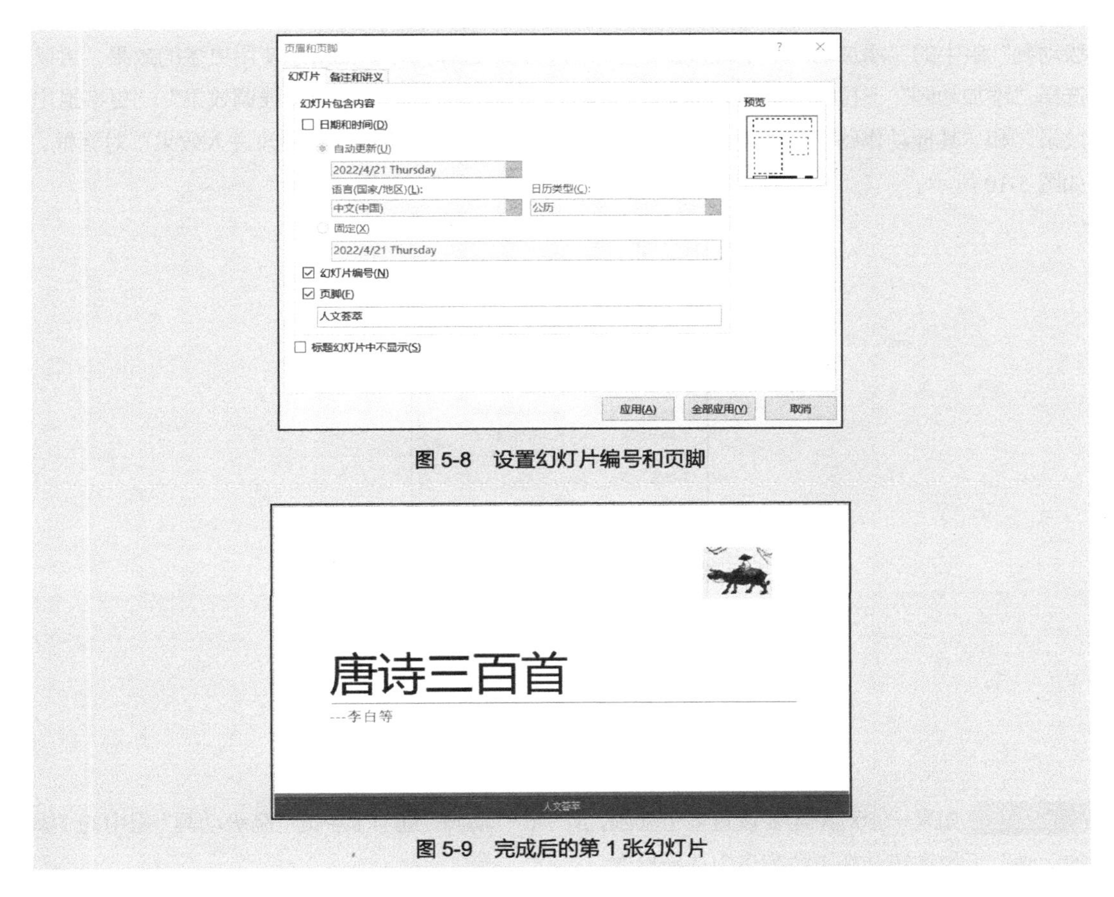

图 5-8 设置幻灯片编号和页脚

图 5-9 完成后的第 1 张幻灯片

5.4 设置演示文稿的播放效果

5.4.1 设计动画效果

动画效果是演示文稿中非常独特的一种元素，它直接关系着演示文稿的放映效果。在演示文稿的制作过程中，可以为幻灯片中的对象（文本、图片等）设置动画效果，使得幻灯片更加生动。

动画效果的类型包括进入动画、强调动画、退出动画以及动作路径动画。

① 进入动画：进入动画效果是对象进入幻灯片时产生的效果，包括浮入、擦除、缩放等。

② 强调动画：强调动画效果用于让对象突出，引人注目，一般是一些较华丽的效果，包括陀螺旋、波浪形等。

③ 退出动画：退出动画效果包括飞出、轮子、旋转、弹跳等多种效果，可根据需要进行设置。

④ 动作路径动画：动作路径动画用于自定义动画运动的路线及方向，也可以采用 PowerPoint 2016 中预设的多种路径。

1. 添加动画

添加动画可以通过单击“动画”选项卡中的“动画”组中的动画样式库中的相应按钮来完成，PowerPoint 2016 将一些常用的动画效果放置于动画样式库中。也可以单击“动画”选项卡中的“高级动画”组中的“添加动画”下拉按钮，在下拉列表中选择操作。如果想使用更多的效果，可以选择“添加动画”下拉按钮中的相应命令，包括“更多进入效果”“更多强调效果”“更多退出效果”和“其他动作路径”。例如，选择“更多进入效果”，将打开“更改进入效果”对话框，如图 5-10 所示。

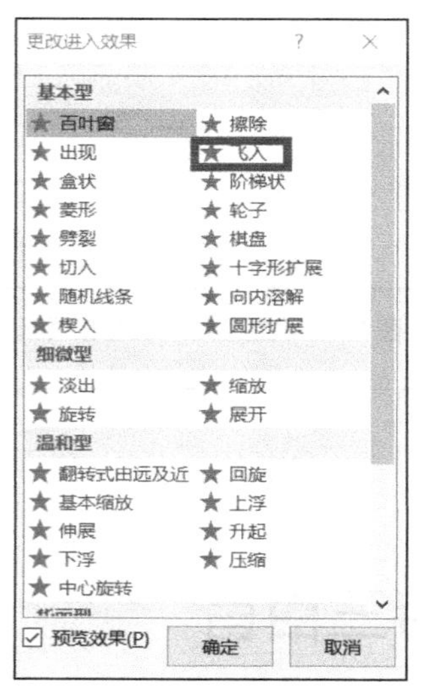

图 5-10 “更改进入效果”对话框

注意 如果一个对象需要设置多个动画，应单击“动画”选项卡中的“高级动画”组中的“添加动画”下拉按钮，在下拉列表中选择操作。

2. 编辑动画

动画效果设置好后，还可以对动画效果选项、持续时间、运动方式、顺序、声音、重复次数等内容进行编辑，让动画效果更加符合演示文稿的意图。有些动画可以改变方向，一般通过“动画”选项卡中的“动画”组中的“效果选项”下拉按钮来完成。例如，选择“浮入”动画后，单击“效果选项”下拉按钮后如图 5-11 所示。动画运行方式包括“单击时”“与上一动画同时”“上一动画之后”3 种方式，默认是“单击时”方式，动画运行方式可在“动画”选项卡中的“计时”组中的“开始”下拉列表中选择，如图 5-12 所示。

图 5-11 “浮入”动画“效果选项”

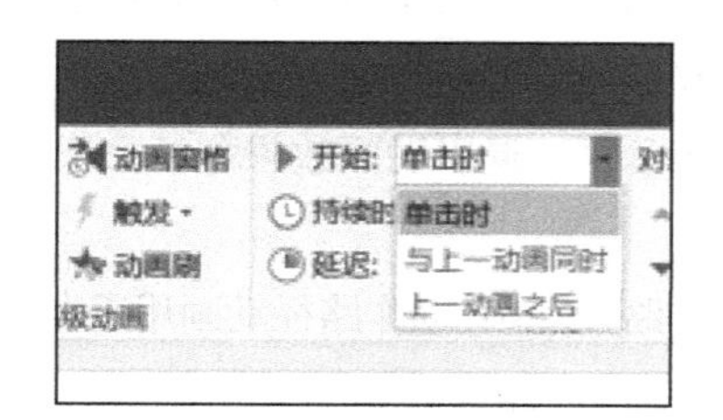

图 5-12 动画运行方式

若要改变动画顺序，可以先选中对象，再单击“计时”组中的“向前移动”“向后移动”按钮，此时对象左上角的动画序号会相应变化。

给动画添加声音可以先选中对象，单击“动画”选项卡中的“动画”组的对话框启动器按钮，打开“动画效果”对话框，在“效果”选项卡的“声音”下拉列表中选择合适的声音，在“效果”选项卡中还可以将文本设置为按字母、词或段落出现。

动画运行的时间长度包括非常快、快速、中速、慢速、非常慢 5 种方式，这可以在“动画效果”对话框中的“计时”选项卡中设置，在该选项卡中，还可以设置动画运行方式和延迟。

5.4.2 设计切换效果

幻灯片间的切换效果是指移走屏幕上已有的幻灯片，并以某种效果开始新幻灯片的显示，例如形状、揭开、覆盖、闪光等。幻灯片切换效果包括切换方式、切换方向、切换声音及换片方式等。设置幻灯片切换效果可通过“切换”选项卡中的“切换到此幻灯片”组和“计时”组中的相应按钮来实现，如图 5-13 所示。其中，在“计时”组中，可以设置通过单击鼠标进行手动切换，也可以设置自动换片时间来自动切换。如果要将所选的动画效果应用于其他幻灯片，单击“计时”组的“全部应用”按钮即可。

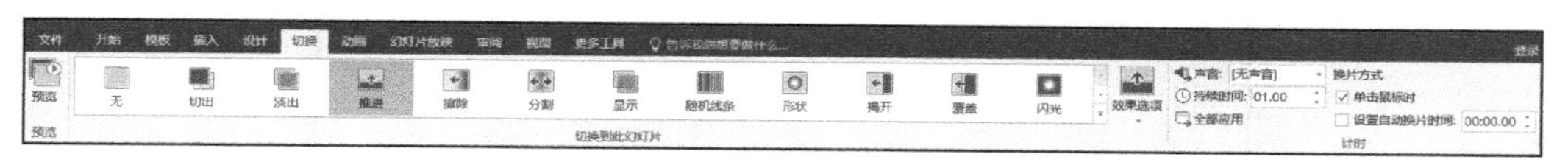

图 5-13 “切换”选项卡

5.4.3 放映演示文稿

在放映演示文稿前，一些准备工作是必不可少的，如将不需要放映的幻灯片隐藏、排练计时、设置幻灯片的放映方式、自定义幻灯片放映等。

1. 隐藏幻灯片

在普通视图的普通窗格中选中幻灯片，单击鼠标右键，在弹出的快捷菜单中选择“隐藏幻灯片”命令。或选中幻灯片，单击“幻灯片放映”选项卡中的“设置”组中的“隐藏幻灯片”按钮。

2. 排练计时

排练计时是对幻灯片的放映进行排练，对每个动画所使用的时间进行控制。整个演示文稿播放完毕后，系统会提示用户幻灯片放映总共所需要的时间并询问是否保留排练时间，单击“是”按钮后，PowerPoint 2016 自动切换到幻灯片浏览视图，并且在每个幻灯片下方显示出放映所需要的时长。幻灯片排练计时是通过单击“幻灯片放映”选项卡中的“设置”组中的“排练计时”按钮来实现的。需要注意的是，在这之前需要设置幻灯片的放映方式为“在展台浏览”。

3. 设置幻灯片的放映方式

在播放演示文稿前，使用者可以根据不同的需要设置不同的放映方式。这通过单击“幻灯片放映”选项卡中的“设置”组中的“设置幻灯片放映”按钮，在打开的“设置放映方式”对话框中操作实现，如图 5-14 所示。

有 3 种放映方式。

① 演讲者放映（全屏幕）：以全屏幕形式显示，演讲者可以控制放映的进程，可用绘图笔勾画，适用于大屏幕投影的会议、讲课等。

② 观众自行浏览（窗口）：以窗口形式显示，可编辑和浏览幻灯片，适用于人数少的场合。

③ 在展台浏览（全屏幕）：以全屏幕形式在展台上进行演示，按事先预定或通过“排练计时”按钮设置的时间和次序放映，不允许现场控制放映的进程。

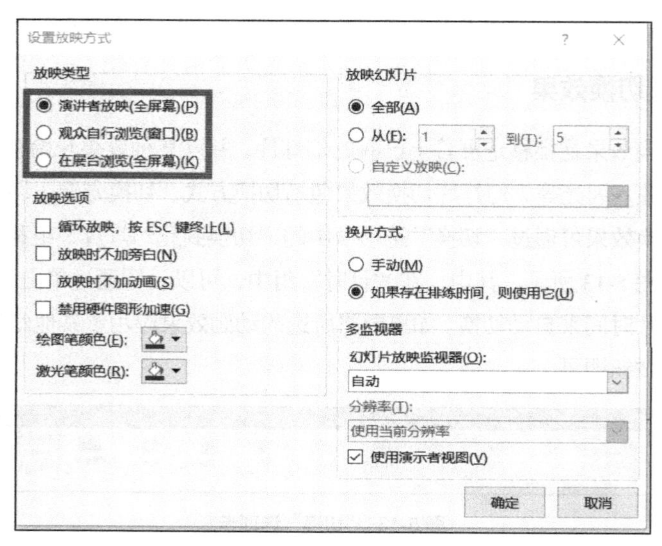

图 5-14 “设置放映方式”对话框

如果一个演示文稿有很多页面，且不需要全部播放出来的时候，就可以采用自定义幻灯片放映，它是缩短演示文稿或面向不同受众进行定制的好方法。具体方法是，单击“幻灯片放映”选项卡中的“开始放映幻灯片”组中的“自定义幻灯片放映”下拉按钮，在下拉菜单中选择“自定义放映”命令，打开“自定义放映”对话框。再单击“新建”按钮，打开“定义自定义放映”对话框，如图 5-15 所示，在其中设置幻灯片放映名称（默认为自定义放映 1），并选择左列表框中要显示的幻灯片，单击“添加”按钮放入右列表框，同时可以利用上下箭头按钮调整顺序，最后单击“确定”按钮。

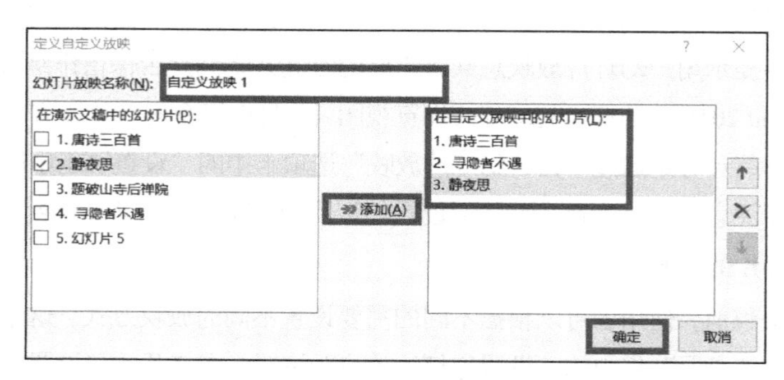

图 5-15 “定义自定义放映”对话框

如果需要将演示幻灯片的整个过程录制下来，包括语音旁白、墨迹和激光笔手势等，可以通过“幻灯片放映”选项卡中的“设置”组中的“录制幻灯片演示”下拉按钮来实现。

播放演示文稿有多种方式：按 F5 功能键，单击“幻灯片放映”选项卡中的“开始放映幻灯片”组中的“从头开始”按钮和“从当前幻灯片开始”按钮，以及单击窗口底部的“幻灯片放映”视图按钮等。其中，按 F5 功能键是从第 1 张幻灯片放映到最后一张幻灯片，最后一种方法是从当前幻灯片开始放映。

【例 5−3】 将例 5-2 的演示文稿中的第 1 张幻灯片的主标题设置“弹跳”的动画效果，速度为“慢速（3 秒）”，声音为“捶打”，从上一动画之后开始 1 秒后发生；设置幻灯片的切换效果为“涟漪”，换片方式为“单击鼠标时”或“每间隔 4 秒换页”。

操作步骤如下。

① 在普通视图的普通窗格中，单击第 1 张幻灯片，选中该幻灯片的标题，单击“动画”选项卡中的“动画”组中的动画库中的选择“弹跳”（见图 5-16），单击“确定”按钮。

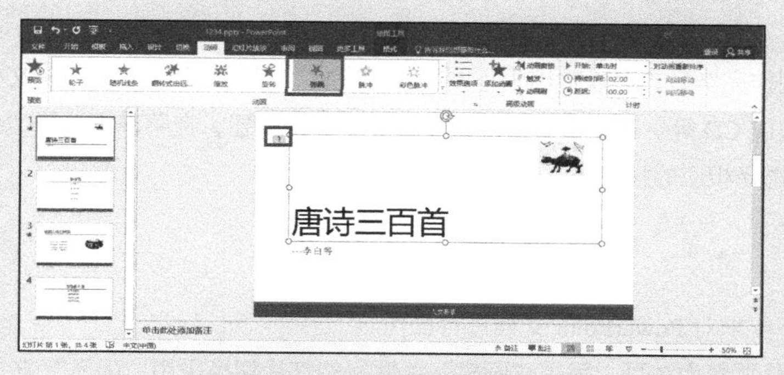

图 5-16　设置“弹跳”动画

② 选中标题，单击“动画”选项卡中的“动画”组右下角的对话框启动器，打开“空翻动画效果”对话框，在“效果”选项卡中设置“声音”为“捶打”。然后单击“计时”选项卡，在“开始”下拉列表中选择“上一动画之后”，在“延迟”文本框中选择或输入“1”，在“期间”下拉列表中选择“慢速（3 秒）”（见图 5-17），单击“确定”按钮。

图 5-17　设定时间为“慢速（3 秒）”

③ 选中任意幻灯片，选择“切换”选项卡中的“切换到此幻灯片”组中的幻灯片切换库中的“涟漪”按钮，在“计时”组中进行相应设置，并单击“全部应用”按钮。

④ 按 F5 功能键放映，查看动画播放效果。

5.5 打印、输出演示文稿

通过单击“文件”按钮，在菜单中选择“打印”命令可实现打印演示文稿。

【例 5-4】将例 5-4 中的演示文稿以讲义形式用 A4 纸打印出来，每张纸打印 3 张幻灯片。

操作步骤如下。

① 打开演示文稿。

② 单击“文件”按钮，在菜单中选择“打印”命令，在“设置”栏单击“整页幻灯片”下拉按钮，在展开的下拉菜单中单击“讲义”区中的“3 张幻灯片”按钮，在预览区域内即可看到打印效果，预览满意后单击“打印”按钮。

演示文稿制作完毕后，可以输出为不同格式的文件，可以创建 PDF/XPS 文档、创建视频、将演示文稿打包成 CD 等。这些操作可通过单击“文件”按钮，在菜单中选择“导出”命令，在“导出”界面中选择相应的按钮来实现。

习题

请按照以下要求对 PowerPoint 文档进行操作。

① 演示文稿页数为 2 页，采用“画廊”主题，幻灯片切换采用“闪光”方式。

② 第 1 页以艺术字作为主标题，字体为华文彩云，字号为 40，内容为“奋斗是人生的基石”。副标题为“永不放弃是成功的保证”。演播顺序：上一动画之后延时 2 秒以浮入方式显示主标题；单击鼠标，以随机线条方式显示副标题。

③ 第 2 页中有一个文本框，文本框内有两段励志格言（内容自定，不少于 20 个汉字）和一幅图片，文字为蓝色，均带有动画效果。演播顺序：单击鼠标，以弹跳方式显示两段文字；单击鼠标，延时 2 秒显示图片，采用底部飞入方式同时伴有鼓掌声；添加“动作按钮”中的“转到开头”按钮，单击鼠标返回第 1 页。

Chapter 6

第6章 计算机网络基础

随着信息技术的不断发展，计算机网络的应用日益广泛。计算机网络即将计算机连入网络，然后共享网络中的资源并进行信息传输。现在最常用的计算机网络是因特网（Internet），它是一个全球性的网络，通过这个网络，用户可以使用多种网络功能。本章将介绍计算机网络概述、计算机网络的组成、计算机网络的发展等内容。

6.1 计算机网络概述

6.1.1 计算机网络的定义

计算机网络是使用通用通信协议集实现数字互连，从而共享位于网络节点上的或由网络节点提供的资源的一组计算机。可使用有线、光学和无线射频等电信网络技术实现网络节点之间的互连。

计算机网络节点可能包括个人计算机、服务器、网络硬件、其他专用或通用主机等，它们一般以网络地址或主机名作标识符，当一个设备能够与另一个设备交换信息时，便可认为它们已连接成网络。计算机网络支持运行于计算机上的应用程序与服务端程序的连接，例如使用浏览器访问网页，使用音乐播放软件访问音频，使用即时通信软件聊天等；计算机网络也支持资源的共享，例如共享连接到局域网的打印机、传真机以及文件服务器等。

随着时代的发展，技术的进步，计算机网络已经得到了广泛的运用。计算机网络的使用群体非常庞大，现在几乎每人都有一部智能手机，打开手机连接蜂窝移动电话网或者 Wi-Fi 便可以进入网络世界，通过网络可以完成人们的许多需求。除了改变普通人的交流、生活、学习、工作方式之外，计算机网络在各行业中都得到了非常广泛的运用。

当前社会已进入数字化发展时代，企业如果未能跟紧科技进步的步伐，必然会在商业竞争中失利，甚至被淘汰出局。随着互联网的普及，很多传统企业也都相继开始向互联网方向转型，他们使用网络、大数据、人工智能、云计算等技术将之前线下的业务逐步搬到线上，完成企业商业生态系统的重构并在此基础上实现商业模式的创新。这些技术的应用在企业中能帮助企业节约生产成本、降低生产损耗，从而获取更高的经济效益。企业善用计算机网络技术（如 ERP 系统、CRM 系统等）能够增强企业活力、提高员工工作效率，从而在日益激烈的商业竞争中扎稳根基，获得更广阔的发展空间。在行政工作中，计算机网络技术的应用主要体现在借助自动化管理平台进行工作，自动化管理平台可以实现内部文档的快速收发，提高行政效率，如 OA 系统、钉钉和飞书等企业协作平台；可以快速查看员工业绩的各项数据，从而给予针对性的指导方案；能够对商业数据进行专业化研究，方便企业制定发展攻略。

互联网企业从一开始便依赖于计算机网络发展，它们以计算机网络技术为支撑，在网络服务器中部署各类服务，从而实现企业盈利。这些企业为大家提供了打车、点餐、购物、支付、即时通信、游戏、短视频、金融等各类服务，渗透到人们生活的方方面面，人们的行为习惯也发生了改变，从而又迅速产生了新的商业模式。

6.1.2 计算机网络的分类

计算机网络按照覆盖范围来分类可分为局域网、广域网和城域网三种。其中局域网的组网方便传输效率较高且灵活；广域网又称远程网，能实现较大范围的资源共享；城域网范围则在局域网和广域网之间，传输距离约几十千米。

按照计算机拓扑结构可将计算机网络分为网状网、环状网、星状网、树状网和总线型网等。

按照网络划分权可分为公用网和专用网。公用网就是由电信部门去组建完成，由政府和电信部门依法管理和控制的网络；专用网也称私用网络，一般为某一个单一的组织组建使用。按照网络中的计算机的几个地位可将计算机网络分为对等网络和基于服务器的网络。

6.1.3 全球计算机网络的发展历程

伴随着计算机技术和通信技术的发展，计算机网络自诞生以来发展迅速，如今已发展为遍布全球的庞然大物。计算机网络的发展规律也符合事物的普遍发展规律，经历了由简单到复杂，从小范围使用到逐渐普及，从单机到多机甚至万物互联的发展历程。计算机网络的国际发展历程主要可以分为 4 个阶段：

1. 第 1 阶段

在 20 世纪 50 至 60 年代，计算机网络处于面向终端阶段，这一阶段是计算机网络发展的萌芽阶段。在这一阶段，计算机的价格昂贵，数量也比较少，为了解决这一矛盾就形成了以主机为中心，终端分布在各处并与主机相连，用户使用本地的终端与远程主机通信的模式，如图 6-1 所示。

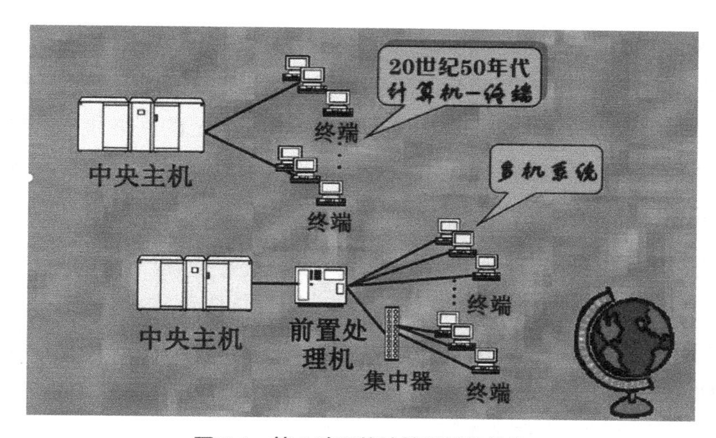

图 6-1 第 1 阶段的计算机网络结构

这一阶段网络的数据采用集中式处理方式，通过主机完成通信处理和数据处理，这样传输数据的速率就受到了限制，并且系统的可靠性与性能完全依赖于主机，但这样的结构非常便于管理与维护，数据一致性也比较好。随着连接的终端越来越多，为减轻承担数据处理任务的主机的负载，增加了前端处理机（FEP），这样在一定程度上解决了主机负担重的问题。

2. 第 2 阶段

计算机连接成计算机网络。ARPAnet 提出了分组交换技术，并在这个基础上逐渐形成了 TCP/IP 协议雏形。这一阶段又被称为“计算机-计算机网络”阶段，它以通信子网为中心，将多台计算机通过通信线路连接起来形成网络系统，实现各个计算机节点之间的通信。分组交换网（见图 6-2）以网络为中心，而不再以主机为中心，主机处于网络边缘，终端用户通过由分组交换网建立的网络共享同一网络上的各类丰富资源。

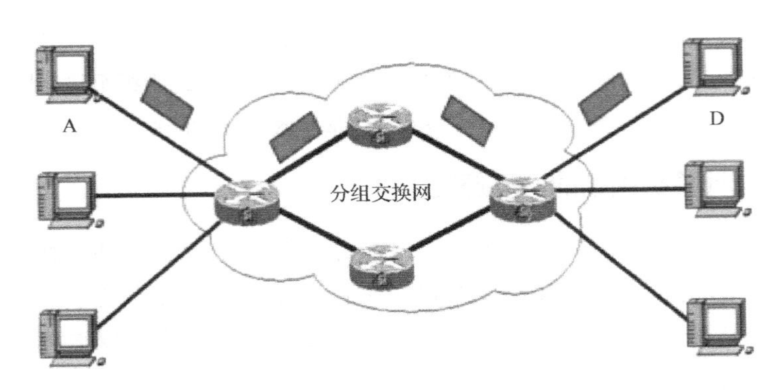

图 6-2　分组交换网示意图

在这个阶段的建立是最引人注目的，因为这时计算机之间的通信已经具备网络的基本功能和形态。这个时期的计算机网络虽然取得了重要的成果，也通过网络建立了计算机之间的连接与通信实现了资源共享，但它的缺点是没有形成统一的互连标准，使网络在应用与规模等方面受到了限制。

3. 第3阶段

形成面向标准化的计算机网络。20 世纪 70 年代末到 80 年代初，越来越多的微型计算机被人们使用，将众多微型计算机、小型计算机、工作站等连接起来以完成资源共享和信息传递的需求十分迫切，在这个时间段内，各个公司都相继推出了适用于自己的网络体系结构。将各类网络系统结构统一，使它们能够互连与通信，形成统一的标准具有非常重大的意义。为了形成统一的标准，使得使用不同网络体系结构的计算机能够互连，OSI 想要使世界范围内的计算机都遵循这个统一标准，从而达到不同厂商的计算机都能进行互连和交换数据的目的。因此在 ARPAnet 的基础上，形成了以 TCP/IP 为核心的因特网。

OSI 将整个框架分为七层，但是它的协议研发较慢，并且也严重落后于工程实践，对于新兴的网络来说较为冗余，因此没有被广泛地接纳与应用。在 ARPAnet 基础上发展起来的 TCP/IP 体系结构将整个网络分为 4 层，如图 6-3 所示。

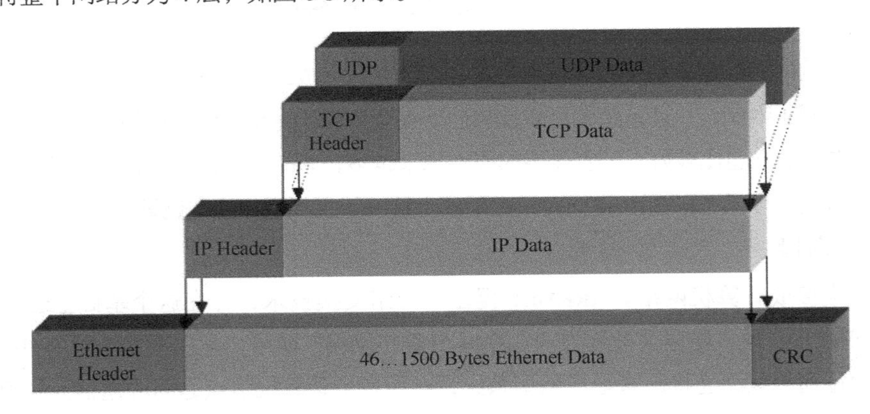

图 6-3　TCP/IP 体系结构

TCP/IP 体系结构可扩展性好，灵活性好，各个层之间相互独立，上层只需要调用下层的接口，下层协议的替换也不会影响到上层，便于分层实现与维护，并且能够促进标准化的工作。也正是因为具有这些好处，计算机网络在这一时期得到了飞速的发展。

4. 第 4 阶段

建立全球互联的计算机网络。随着标准化工作的不断推进，各个国家都建立了信息高速公路，这些信息高速公路互连逐渐形成了因特网。在这一阶段，各种新型网络技术的发展使得网络迅速走入寻常百姓家，互联网的用户逐渐增多。

6.1.4 我国计算机网络的发展历程

我国的计算机网络技术起步比较晚，但是经过了几十年的快速发展，我国的计算机网络已经具备很大的规模，并且具有巨大的发展潜力。我国最早开始研究建设广域网是铁道部自 1980 年开始研究的计算机联网。随后，其他相关部门比如军队、公安、银行等也前赴后继地建立了各自专门领域的广域网。我国于 1994 年 5 月建立了第 1 个万维网（WWW）服务器，并于 1994 年 9 月正式启动中国电信互联网（CHINANET），从 1997 年开始，互联网逐渐走入千家万户，这些年诞生了很多耳熟能详的互联网公司，如网易、搜狐、新浪、阿里巴巴、百度、腾讯、字节跳动、滴滴、京东、美团等，人们把沟通交流、购物、金融、保险、搜索、出行等都搬到了线上执行，目前人们的日常生活、工作、学习等几乎都可以通过计算机网络来完成，支付宝、微信、云闪付等新型支付方式的使用率逐年迅速提升。此外，我国还在积极部署与推行数字人民币，极大降低纸币的发行和交易成本，提高流通效率和央行货币的国际地位。截至 2020 年底，我国的网民数量约 9.89 亿，互联网在我国的普及率高达 60.4%。

如今，计算机网络已得到广泛的使用，各行业中都能看到计算机网络的身影，它已经逐渐成为基础技术、基础设施。计算机网络由于其强大的通信能力，可以使加入网络的节点能够共享其他节点上的资源。不仅如此，计算机网络可以协调计算机集群协同工作，完成在单机情况下不能完成的任务，使计算机性能能够得到最高程度的使用，尽力发挥单个计算机的所有潜质。计算机网络的用户通过网络进行即时通信、视频聊天、发送电子邮件、传输文件、设备收集信息甚至完成远程设备控制等操作。

计算机网络发展至目前阶段已经基本上实现资源共享，这也是计算机网络最原始的目的之一，通过计算机网络可以实现网络节点上的软件、硬件以及数据共享。由于网络节点之间的资源可以相互共享，因此可以合理安排计算机资源使得它们能够相互协作，从而最大限度地提高各类资源的利用率。资源共享允许用户使用自已有权限使用的网络资源，便于管理与调配。通过资源共享可以充分利用自身已具有的资源，减少软件的重复开发、部署，避免重复建设大型数据库，从而减少了人力、物力、财力的消耗与浪费。

6.2 计算机网络的组成

6.2.1 拓扑结构

计算机网络按照拓扑结构可分为网状网、环状网、星状网和总线型网等，如图 6-4 所示。

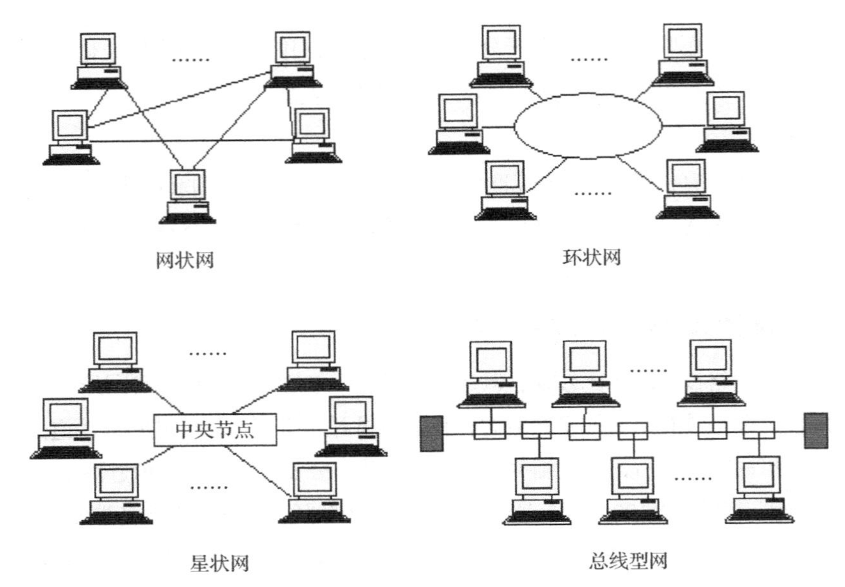

图 6-4 计算机网络拓扑结构

6.2.2 传输介质

计算机互联网的传输介质包括双绞线、同轴电缆、光纤、网线（见图 6-5）以及无线传输介质等。

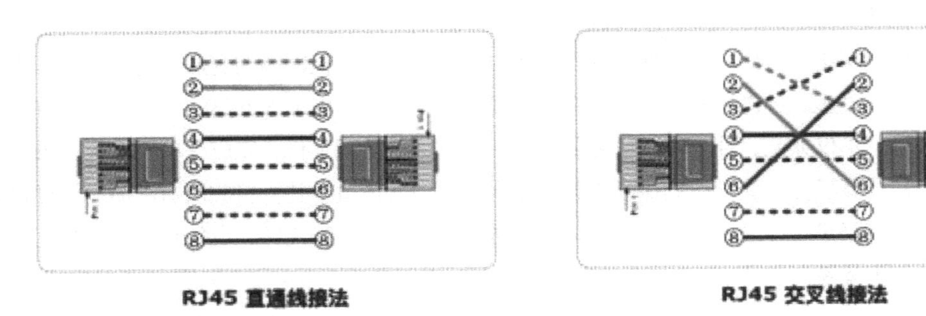

图 6-5 RJ45 插头接法

6.2.3 网络设备

计算机网络设备是由网络硬件及网络软件系统结合构成的，计算机的网络设备主要包含系统集成主机、前端处理器、后备交换机、集线器、网络交换机以及路由器等设备。

从拓扑结构上看，计算机网络是由一些网络节点和连接着这类网络节点的通信链路构成的。从逻辑功能上讲，计算机网络是由资源子网和通信子网组成构造的。计算机网络中的节点又称之为网络单元，一般可分为三类：访问节点、混合节点与转接节点，通信链路则是指不同网络节点之间的传递信息数据的线路，如图 6-6 所示。

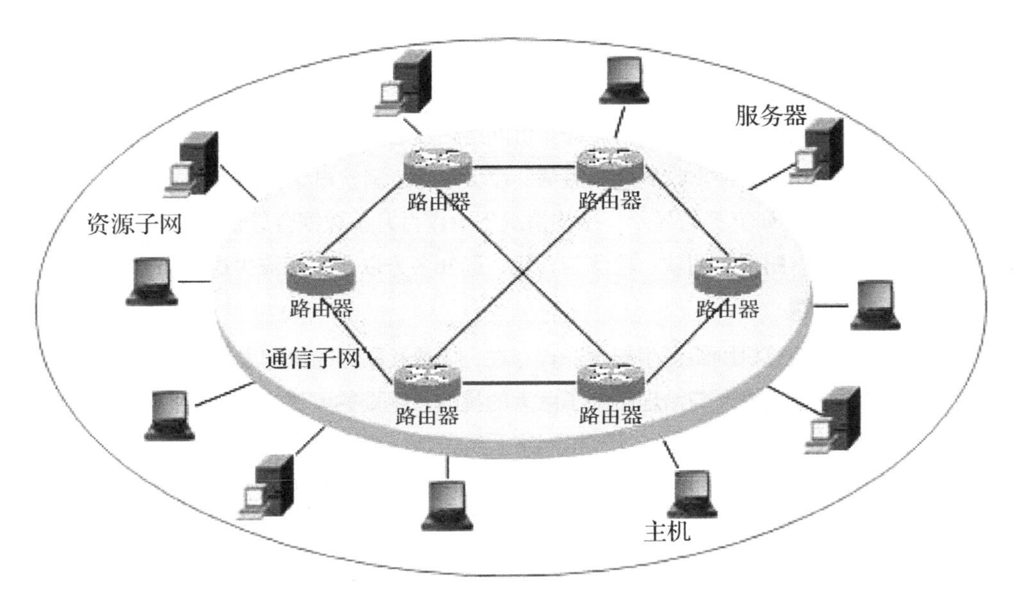

图 6-6 计算机网络的结构

6.3 计算机网络的发展现状、存在的问题及解决措施

6.3.1 计算机网络的发展现状

随着移动互联网时代的到来及智能手机的普及，网民数量持续增长，基于计算机网络的新技术也不断发展，云计算、物联网、人工智能、大数据、区块链等新概念和技术涌现而出。互联网基础设施不断完善，5G 网络技术逐步投入商用，有效支持物联网等技术的发展。互联网的高速发展造成 IP 地址资源短缺，全球范围内正在积极推动 IPv6 部署，各网络软件均开始支持 IPv6 协议。应用层的协议不断更新迭代，例如 HTTP3.0 协议，不断优化数据传输效率。云计算发展势头迅猛，行业科技公司纷纷建立云体系，开发以数据和处理能力为中心的密集计算模式并提供弹性的信息化资源与服务。大数据技术不断发展，各类新的数据分析技术层出不穷，在搜索引擎、推荐系统、精准广告投放等领域得到了广泛应用。物联网技术在生产性物联网应用、消费性物联网应用、智慧城市等领域发展迅速。

总之，目前计算机网络技术从协议层到基础设施层再到各类新技术均以迅猛的速度在发展，计算机网络技术将更加深入地影响我们的生活、工作、学习以及思维方式。

6.3.2 计算机网络发展中的问题

计算机网络的发展虽然取得了巨大的成就，但是其自身的问题也不能忽视，下面就从几个方面来分析网络发展中的问题。

1. 网络控制能力不足

计算机网络在底层协议的设计过程中对用户控制方面的考虑不足，导致对网络中的资源没有做到很好的管控，容易发生信息的泄露。为了解决这一问题，计算机网络专家提出了很多方案，但在理论运用到实际的过程中引发出了一系列的问题，这些机制和方案并不适用于网络的实际运行过程。

随着大数据行业的不断发展，如果对计算机网络还没有严格有效的控制措施，用户的个人隐私就得不到保障，用户就会经常收到垃圾短信、垃圾邮件、骚扰电话。数据泄露也会给企业带来巨大的损失，据 IBM 的研究报告显示，平均情况下泄露百万条数据会导致损失 2.8 亿元人民币，数据泄露的损失主要有赔偿与罚款、检测与升级、通知各方以及用户流失这 4 个方面构成。

2. 网络安全问题

网络安全问题自计算机网络诞生起便一直存在，随着互联网的快速发展，网络安全问题越来越明显，给各国的互联网发展与治理带来了巨大的挑战。主要的网络安全问题有下面几个：

（1）系统漏洞带来的安全问题。计算机网络系统虽然一直在不断地升级、更新和维护，但世界上并没有完美无缺的系统，即使填补了一些漏洞，随着技术的升级和进步，新的漏洞也会逐渐暴露出来，这就造成一定的危险。

（2）计算机病毒带来的安全问题。计算机病毒的传染性极强，同时具有很强的攻击性和破坏性，虽然市面上的杀毒软件正在不断地更新迭代，防范病毒的能力也越来越强，但是，新型的计算机病毒仍然在不断出现，它们通过计算机网络传播，并且能绕过杀毒软件进行攻击，造成数据甚至是财产的损失。

（3）黑客攻击带来的安全问题。黑客对计算机科学、计算机网络方面的知识有深刻的理解，并且技术水平高、动手能力强，他们能够探索出计算机系统的漏洞，并且开发出计算机病毒，运用计算机网络对目标进行攻击从而达到自己的目的。黑客是网络安全的重要威胁。

（4）网络协议的薄弱带来的安全问题。计算机网络协议本身存在的缺陷给系统带来受攻击点，网络协议设计初期为了便利性与开放性，没有仔细考虑其安全性，很多的网络协议都存在很大的安全漏洞。攻击者使用协议的漏洞发动 DDOS、CC 攻击等，使得合法的用户无法得到服务的响应。计算机网络甚至会因为硬件的故障导致网络通信的中断。在软件方面也存在着一些问题，由于软件出现崩溃等原因，可能会出现网络大幅波动、网络连接断开、网络变缓慢等问题，甚至会导致用户无法正常使用网络，从而影响计算机网络的正常工作。硬件和软件方面的技术屏障还暂未突破，这也就影响到了计算机网络整体的技术提高。由于互联网发展迅速，前期设计上的问题也逐渐体现出来，后来在技术标准上有一些改进，但是由于前期的基础设施已经建立好，如果使用新的协议标准也就需要相应的基础设施，这使得新的协议标准在推广上会有很大的阻碍，从而也阻碍了计算机网络的技术提高。

6.3.3 计算机网络的维护

1. 管理软件的安装

计算机管理软件是一种管理类型的软件，其中 SNMP 被广泛使用，这是一种网关中的专门协议，相当于一个信息收集系统，同时能有效处理这些信息，并将这些信息打包发送给管理员从而尽可能达到有效管理的目的。我们都知道计算机在正常运行的同时也难免遭受病毒的攻击，有时候一个病毒会感染可能整个网络，所以经常杀毒尤为重要，这就是必须在网关上建立防御系统，并在网络前端运行防病毒程序的原因。因为网络病毒的分布具有一定的特点，所以一般的杀毒方式并不是很有效，而是应该根据整个网络病毒分布特点来考虑建立较为强大的杀毒体系，对计算机病毒应该防患于未然。

计算机网络可以同时提供多种类型的数据、多种文件的传输服务，因此，即使计算机脱离了病毒，病毒在网络上却无法彻底清除，这就需要我们经常及时查杀病毒，完善防火墙，完善和改进网络安全检测。

2. 及时监控管理

配置一套数据库监控软件，即时监控查看数据，实现对网络整体数据的实时监测和报警。它的目标是保证计算机网络的正常运行；在计算机网络运行出现异常时能及时发现和排除故障；采用实时影像监控、数字影像录像、报警联动机制远程访问，使网络资源的使用达到最优化的程度。和谐环境建立于约束之上，我们都应该有网络维护与管理的自我意识，时刻提醒自己，规范自己的行为，定期漏洞扫描，对系统进行及时的修补，尽量避免病毒入侵，学会利用网络搜集学习资料，查看新闻，有效地改正不好的上网习惯，时刻记得预防为主，习惯为重，有效地规范上网行为，极大地提高办公效率，这对办公人员和网络安全都是双赢的选择。防火墙是一种高级访问控制设备，它是网络安全的屏障，是一种安全策略的控制，它可以根据公司的安全策略来控制网络内外的行为，可以过滤网络数据包，监控网络攻击的检测和预警，拒绝被禁止的网络行为。防火墙还能记录信息内容和活动，但不能防病毒，因此依靠防火墙也容易造成安全漏洞。

3. 搭建 SNMP 简单网络管理协议

简单网络管理协议（Simple Network Management Protocol，SNMP）是网络管理中的一种特殊协议，它主要是为网络应用层的网络节点设计的。它被许多厂商使用，是当今市场上使用最广泛的网络管理协议。SNMP 被许多制造商用来为不同类型的设备定义标准协议和接口，SNMP 的存在可以保证通用方便地管理接口协议，可以有效减少网络管理的工作量，提高网络管理员的管理效率，SNMP 的管理模式如图 6-7 所示。

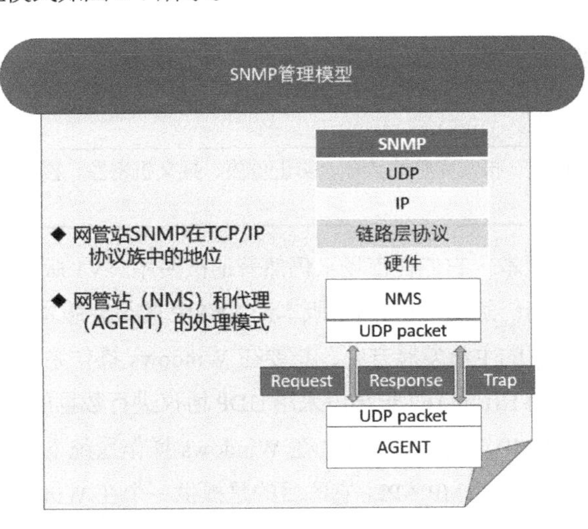

图 6-7　SNMP 的管理模式

SNMP 主要是由其中的管理站和代理两个重要内容组成，两个部分各司其职达到有效又高效工作。管理站是协议中的一个中心节点，相当于一个信息收集系统，同时能有效处理这些信息并将这些信息打包发送给管理员从而达到有效管理，如图 6-8 所示。

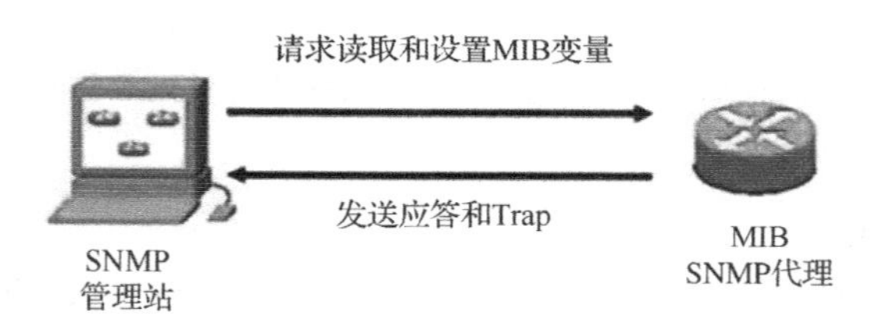

图 6-8 管理站的工作示意图

SNMP 代理相当于一个节点的管理站，这些 SNMP 代理会收集并有效地转换其所在节点的信息，配置为在 SNMP 代理和管理站之间进行有效的信息交换，发送节点信息并执行管理站的任务和命令。

4. 建立 SNMP 的工作方式

大多数计算机系统使用 Windows 操作系统。软错误是指软件或系统在运行时出现问题。软件错误通常是计算机使用不当造成的错误，或系统参数或设置不当造成的错误，软错误通常是可以恢复的，在某些情况下，软错误也可以转化为硬错误。SNMP 为管理员提供了三种工作模式：读、写和拦截。管理员可以通过 SNMP 获得必要的信息和数据。此时，可用的 SNMP 是一个“读取”操作，负责执行设备操作，运行设备的管理员正在运行“写入”操作。如表 6-1 所示。

表 6–1 不同版本的 SNMP

版本	描述
V1	由于轮询的性能限制，SNMP 不适合管理很大的网络。SNMP 不适合检索大量数据。SNMP 的陷入报文是没有应答的，可能会丢掉重要的管理信息。SNMP 只提供简单的团体名认证，安全措施很弱。不支持管理站之间的通信。
V2	管理者与管理者之间可以通信。SNMPv2 提供 3 种访问管理信息的方法：管理站和代理之间的请求响应通信；代理系统到管理站的非确认通信；管理站和管理站之间的请求响应通信，以支持分布式网络管理。
V3	提供了数据源标识、报文完整性认证、防止重放、报文机密性、授权和访问控制、远程配置与高层管理。

目前，SNMP 有 3 种版本，它们在市场上仍然普遍被使用。V1 版本是 SNMP 的最原始和最基本的版本，大多数制造商仍然使用它。V3 版本是 SNMP 的最新版本，增加了信息传输和交互的安全性，这也是未来协议的主流发展方向，想要在 Windows 操作系统中实现 SNMP 的编程，可以通过 Winsock 接口使用 161 或 162 号端口采用 UDP 协议进行数据的传输。但从 Windows 2000 开始，微软已经封装了 SNMP，提供了一整套在 Windows 操作系统下开发的基于 SNMP 的网络管理程序的接口，这就是 WinNAMP API。它的目的是提供一个在 Windows 操作系统环境下开发基于 SNMP 的网络管理程序的解决方案。它为使用 SNMP 的开发者们提供了必须遵循的开放式

单一接口规范，它也定义了与过程调用、数据结构与类型相关的其他语法。

那么也就是说，微软已经将 SNMP 的各部分以函数的形式封装，并且针对 SNMP 使用 UDP 协议的特点而重新设置了消息重传、超时等机制。我们可以使用 WinNAMP API 进行处于 Windows 操作系统环境下基于 SNMP 的管理系统的开发操作。

6.3.4 网络安全问题的解决措施

1. 加强防火墙建设

防火墙能够有效地防止网络攻击，它可以识别用户行为，甄别出异常请求，从而防止各类攻击行为，它是保障网络完全的重要手段。因此在网络基础设施中集成防火墙具有重大的意义，这样可以通过全面的威胁可视能力与一致的管理策略保护网络免受日益复杂的入侵威胁。

2. 及时进行系统的升级和更新

安全性再高的系统也不能保证完全没有漏洞，随着新技术的出现，较老系统中的安全漏洞问题会凸显，如果不及时升级更新，会使网络病毒趁机而入侵占计算机网络。因此需要及时对系统进行升级和更新，防患于未然。

3. 做好系统访问权限控制

做好系统访问权限管理，禁止高权限账号进行远程登录，根据不同的用户和角色设计不同的权限规则，保证用户仅能访问被授权的资源，做到资源细粒度的管理与控制。这样就算被黑客侵入，黑客也只能操作部分资源，影响范围可控，同时也将损失降到最低。

4. 加强安全技术的应用

深入学习网络安全技术，加强安全技术的应用如网络入侵检测技术、网络加密技术等。安全系统软件开发完成后，将为以后的计算机安全技术的管理工作提供极大的方便。据估计，新系统的开发和设计的花费将小于未来的运行和维护的成本，新系统可能获得更大的经济效益。

6.3.5 计算机网络发展趋势

1. 明确发展方向

在计算机网络技术不断发展的过程中相关的网络技术必然会展示出相应的传承性、规律性。规律性是指有关技术工作者可以按照网络信息技术的基本规律，实施拓展性的研究；继承性是指通过网络技术将网络中的所有资源聚集起来，同时针对各类服务技术、媒体运用技术进行集成化的处理，以确保计算机网络可以对有关的数据信息进行快速的传递，并能提供高质量的交互服务。

2. 转变体系结构

在计算机网络技术发展环节逐渐彰显出了多样化、动态化的特点，它更新换代的速率相对较快。因此需要系统研发工作者做到实践经验与专业理论的相互整合，推进网络技术不断地变革创新，同时对计算机网络将来的体系架构进行展望。从体系架构角度来看，需逐渐加强数据信息的通信效率和质量，同时进行高效率、高速率的传输。针对现阶段所存在的资源大量占据、系统通信协议繁杂等有关问题，计算机网络系统应当向着轻型化不断转变，从而在一定程度上降低计算机网络的成本费用。除此之外，计算机网络体系架构还需针对多用户游戏、分享式编辑、视频会议、多媒体数据库的查找和呈现等主要流程，实施全新的分布式排列，同时需对文件传递的方式、具体的服务内容进行相应的调整，在较大程度上加强网络服务的质量。

3. 优化网络技术

现阶段计算机网络技术的重心和关键技术是交换技术及路由技术互相融合的技术。互联网的不断发展需要工程技术工作者注重开发出更多不同形式的路由算法，增多互联网关键路由器中的路由表数量，进而在较大程度上缩减路由器的功能，合理提升路由器的管理能力。

4. 加强网络安全

网络安全关乎着所有使用人员的切身利益，伴随计算机网络规模的日益发展壮大，网络安全问题同样逐渐引起了社会各界人士的高度关注。采用先进的网络管理技术，制造安全性更强的管理工具，筛选更为优质的互联网管理人才，完善并推进健全的网络安全法律法规，建立健全的网络和信息安全管理制度，从技术上、制度上、法律法规上多方位保证网络安全，使用户在享受网络带来便利的情况下同时也无后顾之忧。

6.3.6 计算机网络发展方向展望

1. 以服务为主题

计算机网络技术的快速发展主要是为了给人们提供更好的信息服务，因此，在计算机服务系统的建设方面，应当将计算机网络系统的系统创建和系统开发作为主要的发展内容。与此同时，在技术快速发展的当今社会，网络技术的进步能够推动计算机服务技术进行优化提升，因此，建立完善的服务机制，特别是计算机网络服务机制已经成为了趋势。

2. 移动化

多媒体信息资源在互联网中的产生速度越来越快，应用方式也变得越来越多。现在压缩技术以及多媒体网络环境的日益完善不断地提高了信息高速公路的相关建设，提高了信息在网络中的传播速度。因此，使用无线网络并迈入移动化发展阶段已经成为未来计算机发展的一种趋势。随着国家对高速移动互联网的支持，将信息技术与无线网络持续融合，朝着高速化的方向发展已经成为计算机高速发展的一种动态性的模式。近年来，5G 技术已经开始商用，随着人工智能技术的快速发展，互联网与人工智能之间的联系也将变得紧密，自动化的发展模式以及智能化的网络时代也会随着时代的不断进步逐渐变得成熟。在发展的过程中，计算机总体朝着智能化、信息化的方向迈进。

3. 智能网络

随着人工智能、物联网等新兴技术的爆发式应用，网络数据呈几何倍数的增长，目前互联网的可靠性、安全性、可扩展性等都正在面临巨大的挑战，智能网络的发展势在必行。将人工智能与计算机网络空间融合，使得网络能够实现智能感知，是计算机网络发展的新方向。智能网络通过网络感知来积累网络知识，通过学习形成知识面从而指导网络自主高效地运行，通过感知网络当前状态以及对应用的需求，来智能地适配网络和应用，并且提供自主化的网络服务策略，从而构建基于知识驱动的智能化网络。

6.4 网络安全

6.4.1 计算机病毒

目前人们对计算机病毒的定义比较多，最初尤金·斯帕福德（Eugene H. Spafford）这样定义：能够独立运行的，同时还可以自行传播和复制到其他计算机上的一种程序代码。随着技术的不断发展，计算机病毒出现变种，且对其抑制的难度也有所提升，学者对其给予了更多的解释，其中埃尔德（Elder）和金泽尔（Kienzle）这样定义：计算机网络主要是经网络来实现传播的，其不用通过用户干预便可实现独立运行，或者是可以通过文件共享来实现传播，进而对其他计算机发出攻击的一种恶意代码。虽然计算机病毒的样式比较多，且人们对其定义也有所不同，但纵观几种常见的定义可以了解到，计算机病毒的定义存在共性，具体体现在如下方面：首先，计算机病毒在运行过程中是相对独立的，无须用户干预；其次，计算机病毒的自我复制和传播特性较为明显，且传播方式比较多，传播速度也比较快，可对计算机网络产生较强的破坏性。

近些年来，病毒所触发一系列安全事件时有所见，并且随着病毒的升级和发展，使得安全事件发生的形势越来越严峻，从之前出现的冲击波病毒、CodeRed、SQL 杀手病毒等，到后来出现的尼姆达病毒、聪明基因病毒等，病毒的身影无处不在，同时也开始同传统病毒相互结合，若未能够对其及时进行预防，将会在几日之内迅速传播，导致网络受到大规模感染，并对网络安全造成严重的危害。病毒已经成为当前危害网络安全的头号杀手，并且每一种病毒的特点均存在一定的差异，总体来讲，病毒的更新有一种后浪推前浪的发展特点，例如，CodeRed 一旦入侵计算机系统之后，便会留有后门，冲击波病毒与 SQL 杀手之间存在极为相似之处，两种病毒均能够通过网络服务器向外进行扩散。

6.4.2 恶意软件

根据计算机恶意软件的概念可以得出计算机恶意软件的特征，其特征包含如下方面。

1. 主动攻击及自我复制

恶意软件具备主动攻击以及自我复制的功能，当计算机恶意软件被打开之后，便会主动对攻击目标进行搜索，即对计算机网络系统之中出现的漏洞发出主动攻击，一旦发现漏洞存在便会立即攻击，若未发现漏洞，则会寻找新系统，并对漏洞进行查找，全部流程均是恶意软件独立完成的，无须人为干预。

2. 具有破坏性和反复攻击性

伴随网络持续发展，计算机恶意软件的破坏性也表现得日益明显，导致用户面临严重的经济损失和信息安全的风险，并造成计算机系统出现崩溃和网络瘫痪。此外，即便将计算机恶意软件清理，若计算机在重连网络前未能安装漏洞补丁，则这台计算机仍可能会被恶意软件所感染，并且恶意软件会对其进行反复攻击。

3. 极具伪装和隐藏能力

计算机恶意软件通常均具备非常高的隐藏能力（见图 6-9），用户很难对其发现，无法及时对其清理。此外，当恶意软件感染计算机网络系统时，这些病毒会预先为自己留出“后路”。

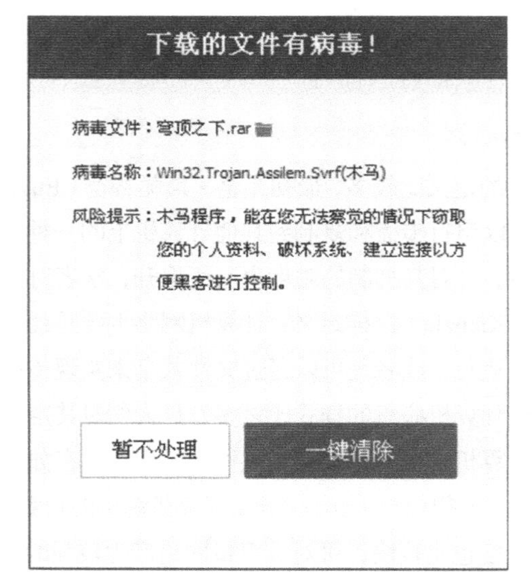

图 6-9　恶意软件

4. 篡改文件性质

恶意软件的聪明基因服务端文件即 genuesever.exe，其大小为 256963 字节，所使用的图标为 HTM 文件图标，该恶意软件的客户端文件即 genueclient.exe，其大小为 389969 字节，若系统设置了不显示文件扩展名，用户便易将此文件误认为是 HTM 文件，非常容易受其诱骗。若不小心运行此文件，则该文件便会装模作样地将 IE 浏览器启动，从而诱导计算机使用者认为该文件的确是 HTM 文件，同时运行后会生成 genueserver.htm 文件，该文件还会对使用者产生迷惑。

此外，MBBManager.exe 主要是用于启动过程中加载运行的，而 editor.exe 则是用于同 TXT 文件之间联系的，当计算机使用者发现 MBBManager.exe，并将其删除时，实际上并未删除聪明基因，若将文本文件打开，则 editor.exe 将会被激活，其将会再度生成 MBBManager.exe，并且 Explore32.exe 还会躲在 C:\WINDOWS\system 内部等待时机“行动”，使得计算机使用者认为该文件属于系统文件。

6.4.3　预防攻击

若仅对计算机病毒及恶意软件进行检测，而不对其采取任何防治措施，那么对计算机病毒及恶意软件的检测将毫无意义，所以还应该制定计算机病毒及恶意软件的防治措施。由于企业机构和个人用户在日常使用计算机网络时均可能被感染病毒及恶意软件，所以以下从两个角度对计算机病毒及恶意软件的防治进行探讨。

1. 企业机构应采取的防治措施

（1）着力提升网络安全管理员的能力水平

计算机病毒及恶意软件主要是通过企业、机构所用计算机系统出现的漏洞来发出攻击的，所以企业机构的网络安全管理员应该关注软件和系统的安全性，应将计算机操作系统以及相关应用程序及时更新，同时还要将系统中出现的漏洞及时修复，以免计算机病毒及恶意软件趁机从系统漏洞中侵入。随着计算机病毒及恶意软件持续发展，其侵害计算机系统以及软件程序的能力越来越强，企业机构所面临的网络安全风险也越来越高，需要不断提升网络安全管理员的能力水平。

（2）重视检测系统的构建和应用

计算机病毒及恶意软件主要针对计算机系统漏洞来发起攻击，所以应该加强对计算机系统漏洞的修复，并且还应该在此基础上对病毒及恶意软件发出的数据包实施有效、实时的检测，一旦发现计算机病毒及恶意软件正在侵入系统或是对系统发出攻击，应该立即采取隔离保护措施，对未被攻击的计算机进行保护，同时还应该及时清理病毒，以免病毒及恶意软件发生扩散。

（3）构建应急系统和数据备份系统

为了降低计算机病毒及恶意软件对计算机系统造成的风险，还需构建应急系统。通常来讲，病毒及恶意软件对计算机系统造成的侵害是无法估量的，爆发性表现得比较明显，当发现病毒及恶意软件对计算机网络系统产生侵害时，整个计算机网络系统已受到一定程度的感染，所以应该预先制定应急方案，使这种风险造成的损失降至最低程度。同时数据备份也非常关键，如果系统受到病毒及恶意软件攻击而不能够恢复，数据备份便能够发挥作用，以免数据信息丢失，影响企业经营。

（4）充分利用防火墙及杀毒软件

为了确保企业机构内部的局域网达到安全的状态，必须安装防火墙及杀毒软件，从而利用防火墙及杀毒软件将病毒及恶意软件拒之门外，与此同时，还应该对企业机构的内部员工进行安全教育培训，对于各类员工还要做好计算机系统操作权限控制，针对服务器加强网络监控，避免病毒及恶意软件对计算机操作系统造成威胁，此外，还应该及时对计算机操作系统出现的漏洞进行补丁修复，从而保证企业机构的局域网的安全。

2. 个人用户应采取的防治措施

（1）安装安全稳定的杀毒软件

随着计算机病毒及恶意软件的持续发展进化，采用常规杀毒软件已经无法满足病毒防控要求，应该采用具有实时监控功能的杀毒软件，从而对计算机实施有效保护。并且当前出现的网页病毒及恶意软件也需要采用安全稳定、实时的杀毒软件，安装有效、安全稳定的杀毒软件已经成为防治计算机病毒及恶意软件的基本要求。

（2）升级病毒数据库

仅仅是安装有效、安全稳定的杀毒软件还远远不够，这是由于杀毒软件对病毒及恶意软件进行查杀的过程中，主要是依据病毒数据库之中涉及的病毒特征码来进行查杀的，但随着病毒及恶意软件的不断发展，病毒特征码也在发生变化，所以需要对病毒数据库进行更新，将新型病毒及恶意软件所对应的病毒特征码纳入到病毒数据库之中，从而使杀毒软件在杀毒过程中能够有所依据，提升杀毒软件对病毒及恶意软件查杀的能力。

（3）避免查看陌生网站和邮件

从前文可以了解到，计算机病毒及恶意软件通常具备自动发送的能力，当病毒及恶意软件操纵者向用户发送邮件时，一旦用户将邮件打开，病毒便会自动散播。特别是一些没有任何文字和附件的邮件，更加使用户放松警惕，从而导致病毒及恶意软件悄然地侵入到用户系统网络中，并通过网站和邮件继续传播。对于此，个人用户应该避免查看一些陌生的网站和邮件，并且还应该及时升级浏览器，并安装相应的补丁程序，以免病毒及恶意软件通过陌生邮件和网站肆意侵入，影响网络安全。

（4）重视提升自身的网络安全意识

伴随网络的不断发展，网页上经常会出现一些不良信息，这些不良信息一般会携带大量计算机病毒及恶意软件，并且其中还包含较多的恶意代码，所以个人用户在使用计算机的过程中，一定要提升自身的网络安全意识，不要浏览一些陌生的、不安全的网站网址，同时还应该对浏览器进行设置，提升其网络安全级别，此外，还应该禁止 Java 及 ActiveX 脚本的运行，使计算机感染病毒及恶意软件的风险降低，从而保证个人用户的信息安全。

习题

1. 计算机网络的基本功能是什么？
2. 计算机网络的类型有哪些？
3. 因特网是什么？
4. TCP/IP 定义了哪些层次？
5. 在客户端/服务器模型中，怎样区分客户端和服务器？

Chapter 7

第7章 多媒体技术基础

多媒体技术是一门迅速发展的综合性信息技术，它把电视的声音和图像功能、印刷业的出版能力、计算机的人机交互能力和互联网的通信技术有机地融于一体，对信息进行加工处理后，再综合地表达出来。多媒体技术改善了信息的表达方式，使人们通过多种媒体得到实体化的形象。

本章主要介绍多媒体技术的基本概念、多媒体信息的数字化、多媒体信息的处理和制作技术。

7.1 多媒体的基础知识

7.1.1 多媒体的表现形式与定义

1. 媒体的表现形式

媒体（Media）一词来源于拉丁语 Medius，意为两者之间。媒体是传播信息的媒介，它是指人借助用来传递信息与获取信息的工具、渠道、载体、中介物或技术手段，也指传送文字、声音等信息的工具和手段，也可以把媒体看作为实现信息从信息源传递到受信者的一切技术手段。媒体有两层含义，一是承载信息的物体，二是指储存、呈现、处理、传递信息的实体。媒体的概念和范围相当广泛，根据国际电信联盟的定义，媒体可分为感觉媒体、表示媒体、显示媒体、存储媒体和传输媒体 5 大类，如表 7-1 所示。

表 7–1　媒体的分类

媒体类型	媒体特点	媒体形式	媒体实现方式
感觉媒体	人类感知环境的信息	视觉、听觉、触觉等	文字、图形、声音、图像、视频等
表示媒体	信息的处理方式	计算机数据格式	图像编码、音频编码、视频编码等
显示媒体	信息的表达方式	输入和输出信息	数码相机、显示器、打印机等
存储媒体	信息的存储方式	存取信息	内存、硬盘、光盘、U 盘、纸张等
传输媒体	信息的传输方式	网络传输介质	电缆、光缆、电磁波等

人类利用听觉、视觉、味觉、触觉和嗅觉感受各种信息，其中通过视觉得到的信息最多，其次是听觉和触觉，三者一起得到的信息，达到了人类感受到的信息量的 95%。因此，感觉媒体是人们接收信息的主要来源，而多媒体技术则充分利用了这种优势。

2. 多媒体的定义

多媒体（Multimedia）是多种媒体的综合，一般包括文本、声音和图像等多种媒体形式。

在计算机系统中，多媒体指组合两种或两种以上媒体的一种人机交互式的信息交流和传播媒体。使用的媒体包括文字、图片、照片、声音、动画和影片，以及程序所提供的互动功能。

从以上定义中，我们可以看出多媒体的 5 个特点。

① 从字面上看，任何两种以上的媒体就可以称为多媒体。但通常认为，多媒体中的连续媒体（声音和视频）是人与机器交互的最自然的媒体，必须包含它们。

② 多媒体是一种人机交互式媒体，这里的“机”，主要是指计算机，或由微处理器控制的其他终端设备，这是因为计算机具有良好的交互性，能够比较容易地实现人机交互功能。从这个意义上说，多媒体与目前的电视、报纸、广播等媒体存在区别。

③ 多媒体是信息交流和传播的工具，在这点上，多媒体与报纸、杂志、电视等媒体的功能相同。

④ 多媒体技术以数字信号的形式进行信息的存储、处理和传输。

⑤ 计算机对自然状态下的文本、声音、图形、图像、视频等信息进行处理时，必须先对这些信息进行采样、量化、编码等处理，将它们转换成计算机能够接收的二进制信号，而以上处理的数据量非常之大，因此，多媒体技术目前主要研究和解决的是数据编码、压缩与解压缩过程中存在的问题。

7.1.2 多媒体技术特性

1. 多样性

多媒体技术可以同时以图、文、声、像等多种媒体形式传递和表达信息，这丰富了它的信息表现力和表现效果，使计算机变得更加人性化。20 世纪 90 年代以前的计算机以处理文本信号为主，而目前的计算机大多是多媒体计算机。多媒体计算机不仅能输入多媒体信息，而且还能处理和输出多媒体信息，这大大改善了人与计算机之间的交互界面，使计算机变得越来越符合人的自然需求。

2. 交互性

多媒体技术可以对某些事物的运动过程进行控制，比如倒放、慢放、快放、变形、虚拟等，让用户在接收信息的同时能够充分发挥主动探索精神，激发用户的想象力和创造力。通过交互过程，用户可以获得关心的信息，可以对某些事物的运动过程进行控制，从而满足用户的某些特殊要求。例如，影视节目播放过程中的快进与倒退，图像处理过程中的人物变形等。对一些娱乐性应用（如游戏），人们甚至还可以介入到剧本编辑、人物修改之中，增加了用户的参与性。

3. 集成性

集成性包括 3 个方面的含义：一是指多种信息形式的集成，即文本、声音、图像、视频信息形式的一体化；二是多媒体将各种单一的技术和设备集成在一个系统中，例如将图像处理技术、音频处理技术、电视技术、通信技术等，通过多媒体技术集成为一个综合的系统，实现更高的应用目标，如电视会议系统、视频点播系统、虚拟现实系统等；三是对多种信息源的数字化集成，例如可以将用摄像机获取的视频图像、存储在硬盘中的照片及计算机产生的文本、图形、动画、伴音等，经编辑后，向屏幕、音响、打印机、硬盘等设备输出，也可以通过互联网进行远程输出。

4. 实时性

实时性是指视频图像和声音必须保持同步性和连续性。例如视频播放时，画面不能出现动画感、马赛克等现象，声音与画面必须保持同步等。

7.1.3 多媒体文件的存储形式

计算机对文本、图形、图像、声音、动画、视频等信息进行处理时，首先需要将这些材料来源不同、信号形式不一、编码规格不同的外部信息，转换成计算机能够处理的信号，然后按规定格式对其进行编码，这个过程称为多媒体信息的数字化。

1. 信息的编码

由于计算机只能识别和处理二进制数据，因此必须对原始信息（如文字、数据、图片、视频等）进行编码，将信息表示为计算机能够识别的二进制编码的过程称为“信源编码”，解码是编码的一个逆过程。

信源编码是将信息按一定规则进行数字化的过程。例如对文字、符号等信息，可以利用 ASCII 标准进行编码，这些编码可以由文本编辑软件（如 Word）进行解码；在网页中，采用了超文本标记语言（HTML）进行编码，这些具有特殊功能的符号标记语言也是一种信源编码，它由浏览器软件（如 IE）进行解码；对模拟信号进行模/数转换后，可以利用 PCM（脉冲编码调制）技术进行编码，利用音频软件进行解码（如 QQ 音乐）；对音频和视频信号，可以利用 MPEG 等压缩标准进行信源压缩编码，可以利用音频/视频播放软件（如暴风影音）进行解码。

2. 字符信息的编码

最通用的字符编码是 ASCII，它主要用于计算机信息编码。ASCII 共定义了 128 个英文字符，其中 33 个字符为控制字符，无法显示；另外 95 个字符为可显示字符，包含键盘空白键所产生的空白字符（显示为空白）。

3. 流媒体文件

多媒体文件可分为静态多媒体文件和流式媒体文件（简称流媒体）。静态多媒体文件无法提供网络在线播放功能，例如，要观看某个影视节目，必须将这个节目的视频文件下载到本地计算机，然后进行观看。简单地说，就是先下载，后观看。这种方式的缺点是占用了有限的网络带宽，无法实现网络资源的优化利用。

流媒体是指在互联网中采用流式传输技术的媒体。流媒体视频在播放时并不需要下载整个文件，只需将文件的部分内容下载到本地计算机后，就可以实现即时传送、随时播放。实现流媒体的关键技术是数据的流式传输。

4. 多媒体信息的数据量

数字化的图形、图像、视频、音频等多媒体信息的数据量很大，下面分别以图像、音频和视频等数字化信息为例，计算它们的理论数据存储容量。

（1）点阵图像的数据量

将扫描仪获取的一张 11 in×8.5 in（相当于 A4 纸张大小）的彩色照片输入计算机，扫描仪分辨率设为 300 dpi，扫描色彩为 24 位 RGB 彩色图，经扫描仪数字化后，未经压缩的图像存储空间为

$$11\ \text{in} \times 300\ \text{dpi} \times 8.5\ \text{in} \times 300\ \text{dpi} \times (24\ \text{bit} / 8\ \text{bit}) = 24\ \text{MB}$$

（2）数字化高质量音频的数据量

人们能够听到的最高声音频率为 22 kHz，制作 CD 音乐时，为了达到这个指标，采样频率为 44.1 kHz，量化精度为 32 位，存储一首 1 min 未经压缩的立体声数字化音乐需要的存储空间为

$$(44\,100\ \text{Hz} \times 32\ \text{bit} \times 2\ \text{声道} \times 60\ \text{s}) / 8\ \text{bit} = 20.2\ \text{MB}$$

（3）数字化视频的数据量

如果美国国家电视系统委员会（National Television System Committee，NTSC）制式的视频

图像分辨率为640×480，每秒显示30幅视频画面（帧频为30 fps），色彩采样精度为24位，存储1 min未经压缩的数字化NTSC制式视频图像需要的存储空间为

$$(640 \times 480 \times 24\ \text{bit} \times 30\ \text{fps} \times 60\ \text{s}) / 8\ \text{bit} = 1.5\ \text{GB}$$

由以上分析可知，除文本信息的数据量较小外，其他多媒体信息的数据量都非常大。因此，多媒体信息的数据编码和压缩技术非常重要。

7.2 音频信息技术

7.2.1 声音的基本特性

1. 声音的物理特性

声音是振动产生的，如敲一个茶杯，它振动发出声音；拨动吉他的琴弦，吉他就发出声音。但是仅仅振动还不够，如把一个闹钟放在一个密封的玻璃罐子里，抽掉罐子里的空气，则无论闹钟怎么振动，也听不到声音，这是因为声音要靠介质来传递，如空气。声音是一种波，通常我们叫它声波。声波传进人的耳朵，使人耳中的鼓膜振动，触动人的听觉神经，人才感觉到了声音。

声音不仅可以在空气中传播，也可以在水、土、金属等物质中传播。声音在空气中的传播速度约为340 m/s。

2. 声音的三要素

声音分为乐音和噪声。乐音的振动比较有规则，有固定音高；而噪声的振动则毫无规则，无法形成音高。决定声音不同有3个条件：音高、音量和音色。

（1）音高

为什么钢琴上的每个琴键声音都不一样呢？打开钢琴盖可以看到钢琴的弦是由粗到细排列的，由于琴弦的粗细不同，琴弦的振动频率也就不同，粗的琴弦不如细的琴弦振动得快。不同音高的产生是由于物体的振动频率不同，振动频率越高，音高也就越高。

声音频率的单位是Hz（赫兹），1 Hz就是一秒振动一次。例如，音乐中的标准音A是440 Hz，也就是每秒振动440次，这个声音是乐器定音的标准，而钢琴中央C的频率则是261.63 Hz。C调下唱名与频率之间的对照如表7-2所示。

表7-2 C调下唱名与频率的对照表

基本音级的唱名	do	re	mi	fa	sol	la	si
简谱的唱名	1	2	3	4	5	6	7
十二平均律频率/Hz	261.6	293.7	329.6	349.3	392.1	440	493.9
纯音频率/Hz	264	297	330	352	396	440	495

（2）音量

音量就是声音的强弱，音量由声波的振幅决定。例如，轻轻拨动吉他的琴弦，琴弦的振动幅度很小，发出的声音也很小；如果用力拨动琴弦，琴弦的振动幅度就会很大，发出的声音也就很大。在振动中，振动的物体偏离中心的最大值称为振幅。

声源的振幅越大，声音越响。声波的幅度能量按高于或低于正常大气压来度量，这个变化部分的压强就称为声压，单位为 Pa（帕斯卡）。为了方便计算，通常采用 dB（分贝）表示，0 dB 是声压的基准，它以人耳刚刚能听到的声音为标准。3 dB 内的音量变化，一般人是难以察觉的。

（3）音色

音色是人耳对某种声音的综合感受。音色与多种因素有关，但主要取决于声音的频谱特性和包络。同样是标准音 A，振动频率都是 440 Hz，但钢琴和二胡的声音差别很大。即使都是二胡，一把好的二胡与一把一般的二胡相比，音色的差别也非常大。

3. 声音的数字化过程

（1）采样

将模拟音频信号转换成数字音频信号，必须经过采样过程。采样过程是在每个固定时间间隔内对模拟音频信号截取一个振幅值，并用给定字长的二进制数表示，将连续的模拟音频信号转换成离散的数字音频信号。截取模拟音频信号振幅值的过程称为“采样”，所得到的振幅值称为“采样值”。单位时间内采样的次数越多（采样频率越高），数字音频信号就越接近原声。

（2）量化

另一个影响音频数字化的因素是对采样信号进行量化的位数。例如，声卡采样位数为 8 位，就有 256（2^8）种采样等级；如果采样位数为 16 位，就有 65536（2^{16}）种采样等级；如果采样位数为 32 位，就有 4294967296（2^{32}）种采样等级。目前，大部分声卡为 24 位或 32 位采样量化。

（3）编码

对模拟音频信号采样、量化完成后，计算机得到了一大批原始音频数据，将这些信源数据按文件类型进行规定的编码后，再加上音频文件格式的头部，就得到了一个数字音频文件。这项工作由计算机中的声卡和音频处理软件共同完成。

4. 声音信号的输入与输出

数字音频信号可以通过光盘、电子琴等设备输入到计算机。模拟音频信号一般通过话筒和音频输入接口输入到计算机，然后由计算机中的声卡转换为数字音频信号，这一过程称为“模数转换”。当需要将数字音频文件播放出来时，可以利用音频播放软件将数字音频文件解压缩，然后通过计算机中的声卡或音频处理芯片，将离散的数字量再转换成连续的模拟量信号，这一过程称为“数模转换”。

7.2.2 音频文件的基本格式

音频文件可分为波形文件和音乐文件两大类，由于它们对自然声音记录方式的不同，文件大小和音频效果相差很大。波形文件通过录入设备录制原始声音，直接记录真实声音的二进制采样数据，通常文件较大。

目前，较流行的音频文件有 WAV、MP3、WMA、RM、MIDI 等格式。

（1）WAV 格式

WAV 格式是 Microsoft 公司和 IBM 公司共同开发的 PC 标准音频格式，具有很高的音质。

未经压缩的 WAV 格式的文件存储容量非常大，1 min CD 音质的音乐大约占用 10 MB 存储空间。

（2）MP3 格式

MP3 是一种符合 MPEG-1 音频压缩第 3 层标准的格式。MP3 格式压缩比高达 1：10～1：12，是一种有损压缩，由于大多数人听不到 16 kHz 以上的声音，因此，MP3 编码器便剥离了所有频率较高的音频。一首 50 MB 的 WAV 格式歌曲用 MP3 格式压缩后，只需 4 MB 左右的存储空间，而音质与 CD 音质相差不多。MP3 格式是互联网的主流音频格式。

（3）MIDI 格式

MIDI 是电子合成乐器的统一国际标准格式。在 MIDI 格式的文件中，只包含产生某种声音的指令，这些指令包括使用什么 MIDI 乐器、乐器的音色、声音的强弱、声音持续时间的长短等。计算机将这些指令发送给声卡，声卡按照指令将声音合成出来。MIDI 音乐可以模拟上万种常见乐器的发音，唯独不能模拟人的声音，这是它最大的缺陷。其次，在不同的计算机中，由于音色库与音乐合成器的不同，MIDI 音乐会有不同的音乐效果。另外，MIDI 音乐缺乏重现真实自然声音的能力，电子音乐味道太浓。MIDI 音乐主要用于电子乐器、手机等多媒体设备。MIDI 音乐的优点是生成的文件非常小，一首 10 min 的 MIDI 音乐文件，只有几 KB 大小。

由于 MIDI 格式的文件存储的是命令，而不是声音数据，因此，可以在计算机上利用音乐软件随时谱写和演奏电子音乐，而不需要聘请乐队，甚至不需要用户演奏乐器。MIDI 音乐大大降低了音乐创作者的工作量。

7.2.3 音频处理软件

1. 多媒体音乐工作站的基本组成

在多媒体技术出现之前，作曲家在创作音乐时，不可能一边写乐谱一边听乐队演奏的实际效果。作曲家只有凭感觉在谱纸上写作，写完后交给乐队试奏，听了实际效果后再修改，直至定稿。作曲家一般借助钢琴来试听和声的效果，但这需要很好的钢琴演奏水平，而且在钢琴上无法试出乐器搭配的效果。例如，长笛和中提琴一起演奏是什么效果？贝司加上一支长号再加一支英国管重叠起来是什么效果？这些就只能凭经验了。而有了计算机音乐系统后，只需要将各声部通过 MIDI 键盘或者话筒，依次输入到计算机中，然后利用多媒体音乐工作站软件就可以创作和演奏一部交响乐了。

多媒体技术的出现，给音乐领域带来了一次深刻的革命。现在音乐软件在很多方面已经取代了过去那些笨重庞大而昂贵的音乐硬件设备。如果用户只是进行一些非音乐专业的音频处理工作，一台普通的计算机和普通的话筒就可以了。如果用户需要进行专业音乐创作，一台几千元的计算机接上一个 MIDI 键盘，再安装一些音乐制作软件，就可以进行计算机音乐的学习和创作了。

2. 音频处理软件

音频软件大致分为两大类：一类是音频处理软件，另一类是音乐工作站。

音频处理软件的主要功能有：音频文件格式转换，通过话筒现场录制声音文件，多音轨的音频编辑，音频片段的删除、插入、复制，音频的消噪，音量的加大和减小，音频的淡入和淡出，加入音频特效，对多音轨音频的混响处理等。音频处理软件的音频编辑功能很强大，但是音乐创作功能很弱，它主要适用于非音乐专业人员。

音乐工作站除具有音频处理软件的所有功能外，它在音色选择、音量控制、力度控制、速度控制、节奏控制、声道调整、感情控制、滑音控制、持音控制等方面也具有相当强大的功能。此外，音乐工作站还具有MIDI音乐输入、输出和编辑功能，强大的软件音源或硬件音源的处理功能，五线谱记谱、编辑、打印等功能。音乐工作站主要适用于音乐专业人员。

3. Cakewalk Sonar 音乐工作站软件

Cakewalk Sonar（俗称声纳）音乐工作站软件几乎包括了所有音乐创作人员需要的计算机音乐制作功能。Cakewalk Sonar 具有强大的MIDI制作、音频录制、编辑、混音、伴奏和操控等功能，是一个综合性的音乐工作站软件。利用Cakewalk Sonar，可以设计和制作音乐，以达到计算机作曲的目的。Cakewalk Sonar 可以实现MIDI信号与数字音频信号（WAV信号）的同步，使人们不但可以利用计算机作曲，也可以同时录制歌声，甚至是MIDI设备无法发出的声音。音乐工作站的发展方向是MIDI、音频、音源（合成器）一体化制作，而Cakewalk Sonar很好地具备了这些功能。

4. Adobe Audition

Adobe Audition 是一款普及率极高的音频编辑和混音软件，软件原名为Cool Edit Pro，被Adobe公司收购后，改名为Adobe Audition。Adobe Audition专为广播设备和音频、视频专业人员设计，它具有音频格式转换、音频混合、背景噪声消除、音频编辑、卡拉OK带制作和各种音频效果处理等功能。它最多可以混合128个声道，可编辑单个音频文件，并可使用45种以上的数字信号处理效果。Adobe Audition还是一个完善的多声道录音室，可以录制音乐、无线电广播，或是为录像配音。

5. GoldWave

GoldWave 是一款简单易用的数码录音及编辑软件，它可以对数字音乐的各种音频格式进行转换。GoldWave 可以现场录制声音文件，也可以对原有的声音文件进行编辑，制作出各种各样的效果。GoldWave的缺点是一次只能编辑两个音轨，而且不能处理MIDI、RM等格式的音乐文件。GoldWave主要适用于对音频处理没有复杂要求的用户。

7.3 图像信息处理技术

7.3.1 图像信息技术

1. 图形和图像的区别

在计算机领域，图形和图像是两种不同的表达方式，在处理技术上有很大的区别。图形使用点、线、面来表达物体形状；图像采用像素点阵构成位图。图形中三角形的顶点与顶点之间是有联系的，它们决定了物体的形状；图像的像素点之间没有必然的联系。图形的复杂度与物体大小无关，与物体的细节程度有关；图像的复杂度与物体的内容无关，只与图像的像素点有关。图形放大时不会失真；图像放大时会产生马赛克现象。图形学主要研究物体的建模、动画、渲染等；图像学主要研究图像的编辑、恢复与重建、内容识别、图像编码等。将图形转换为图像的过程称为“光栅化”，技术成熟；图像转换为图形的技术目前很不成熟，仅能对一些单色的工程线条图进行简单转换。

2. 图像的编码

图像由像素点阵构成，也称位图。点阵图采用点阵表示和存储。黑白图形只有黑、白两个灰度等级，如果每一个像素用 1 位二进制编码（0 或 1）表示，就可以对黑白图像的信源进行编码了。图像的信源编码与分辨率有关，分辨率越高，图像细节越清晰，但是图像的存储容量也越大。

如果图像为灰度图，图形中每个像素点的亮度值用 8 位二进制数表示，则亮度表示范围有 256（2^8）个灰度等级（0～255）。

如果是彩色图像，则 R（红）、G（绿）、B（蓝）三基色每种颜色用 8 位二进制数表示，如果色彩深度为 24 位，它可以表达 1677 万（2^{24}）种色彩。

位图表达的图像形象逼真，但是文件较大，处理高质量彩色图像时对硬件平台要求较高。图像缺乏灵活性，因为像素之间没有内在联系而且图像的分辨率是固定的。将图像缩小后，如果再将它恢复到原始尺寸大小，就会变得模糊不清。

3. 图像的分辨率

分辨率是数字化图像的重要技术指标，分辨率越大，图像文件的尺寸越大，能表现更丰富的图像细节；如果分辨率较低，图像就会显得相当粗糙。分辨率有以下几个方面的含义。

（1）图像分辨率

数字化图像的分辨率是水平与垂直方向像素的总和。例如，800 万像素的数码相机，图像最高分辨率为 3264×2448。

（2）屏幕分辨率

一般用显示器屏幕的水平像素×垂直像素表示，如 1024×768 等。

（3）印刷分辨率

印刷分辨率是指图像在打印时，每英寸像素的个数，一般用 dpi（像素/英寸）表示。例如，普通书籍的印刷分辨率为 300 dpi，精致画册的印刷分辨率为 1200 dpi。

（4）分辨率之间的关系

使用数码相机拍摄一幅 380 万像素的数码图像，图像的分辨率为 2272×1704。将该图像在屏幕分辨率为 1024×768 的显示器中输出时，如果图形按 100%的比例显示，则只能显示图像的一部分，因为图像分辨率大于屏幕分辨率；如果将图像满屏显示，则屏幕只显示了图像 45%左右的像素。如果将以上图像在打印机中输出，当打印画面尺寸为 3.5 in×5 in（5 寸相片）时，打印出的图片印刷分辨率为 450 dpi 左右；如果打印画面尺寸扩大到 8 in×12 in 时，则打印出的图片印刷分辨率将降为 190 dpi 左右。

4. JPEG 静止图像压缩标准

ISO 和 ITU 共同成立的联合图片专家组（Joint Photographic Experts Group，JPEG）于 1991 年提出“多灰度静止图像的数字压缩编码”（简称 JPEG/JPG 标准）。JPEG 标准适合对彩色和单色多灰度等级的图像进行压缩处理。

JPEG 标准支持很高的图像分辨率和量化精度。它包含两部分：第 1 部分是无损压缩，采用差分脉冲编码调制（Differential Pulse Code Modulation，DPCM）的预测编码；第 2 部分是有损压缩，采用离散余弦变换（Discrete Cosine Transform，DCT）和哈夫曼（Huffman）编码，通常压缩率达到 20～40 倍。

JPEG 算法主要存储颜色变化，尤其是亮度变化，因为人眼对亮度变化要比对颜色变化更为敏感。JPEG 算法的设计思想是：恢复图像时不重建原始画面，而是生成与原始画面类似的图像，丢掉那些没有被注意到的颜色。

5. 矢量图形的特点

矢量图形（Graphic）采用特征点和计算公式对图形进行表示和存储。矢量图形保存的是每个图元的数学描述信息，在显示和打印矢量图形时，要经过一系列的运算才能输出结果。矢量图形可以无限放大，细节轮廓仍然保持圆滑。

矢量图形主要用于表示线框型图片、工程制图、二维动画设计、三维物体造型、美术字体设计等方面。大多数计算机绘图软件、计算机辅助设计软件、三维造型软件都采用矢量图形作为基本图形存储格式。矢量图形可以很好地转换为点阵图像，但是，点阵图像转换为矢量图形时效果很差。

7.3.2 图像和图形文件格式及处理软件

1. 点阵图像文件格式

点阵图像文件有很多通用的标准存储格式，如 BMP、TIF、JPG、PNG、GIF 等格式，这些图像格式标准是开放和免费的，这使得图像在计算机中的存储、处理、传输、交换和使用都极为方便，以上图像格式也可以相互转换。

（1）BMP 格式

位图（Bitmap，BMP）是 Windows 操作系统中最常用的图像格式，它有压缩和非压缩两类，常用的为非压缩文件。BMP 格式结构简单，形成的图像文件较大，它最大的优点是能被大多数软件使用。

（2）TIF 格式

标记图像文件（Tagged Image File，TIF）格式是一种工业标准图像格式，它也是图像文件格式中最复杂的一种。TIF 格式的存放灵活多变，它的优点是独立于操作系统和文件系统，可以在 Windows、Linux、UNIX、Mac OS 等操作系统中使用，也可以在某些印刷专用设备中使用。TIF 格式分成压缩和非压缩两大类，它支持所有图像类型。TIF 格式存储的图像质量非常高，但占用的存储空间也非常大，信息较多，这有利于图像的还原。TIF 格式主要应用于美术设计和出版行业。

（3）JPG 格式

JPG 是一个适用于彩色、单色和多灰度静止数字图像的压缩标准。JPG 对图像的处理包含两部分：第 1 部分是无损压缩，第 2 部分是有损压缩。JPG 格式将不易被人眼察觉的图像颜色删除，从而达到较大的压缩比。JPG 图像可显示的颜色数为 1600 万（16777216）种，可将图像文件的大小缩小到原图的 2%～50%不等，在保证图像质量的前提下，获得较高的压缩比。大多数数码相机拍摄的图像都经过了 JPG 压缩处理。JPG 格式由于优异的性能应用非常广泛，JPG 格式也是互联网上的主流图像格式。

（4）GIF 格式

图像互换格式（Graphics Interchange Format，GIF）是一种压缩图像存储格式，它采用无损 LZW（lempel-ziv-welch）压缩方法，压缩比较高，文件很小。GIF 是作为一种跨平台图像标准而开发的、与硬件无关的格式。GIF 包含 87a 和 89a 两种格式。GIF89a 文件格式允许在一个文件中存储多个图像，因此可实现 GIF 动画功能。GIF 还允许图像背景为透明属性。GIF 格式是目前互联网上使用得最频繁的文件格式，网上的很多小动画都是 GIF 格式。GIF 图像可用的颜色数为 1600 万（16777216）种，但是 GIF 使用 8 位调色板，因此在一幅图像中只能使用 256 种颜色，这会导致“色滩”现象出现，色彩层次感差，因此不能用于存储大幅的真彩色图像。

（5）PNG 格式

可移植网络图形（Portable Network Graphic，PNG）格式采用无损压缩算法，它的压缩比高于 GIF 格式，支持图像透明。PNG 是一种点阵图像格式，网页中有很多图像都是这种格式。PNG 格式的色彩深度可以是灰度图像的 16 位，也可以是彩色图像的 48 位，可显示 4.3 亿种色彩，是一种新兴的网络图像格式。

2. 矢量图形文件格式

① IA 格式：Adobe 公司矢量图形设计软件 Illustrator 的专用格式。

② DWG 格式：计算机辅助设计软件 AutoCAD 的专用格式。

③ 3DS 格式：三维动画设计软件 3DS Max 的专用格式。

④ FLA 格式：动画设计软件 Flash 的专用格式。

⑤ VSD 格式：Microsoft 公司的网络结构图设计软件 Visio 的专用格式。

⑥ SVG 格式：W3C（因特网联盟）组织研究和开发的矢量图形标准。SVG 格式最大的优点在于它的易用性，它可以自由缩放图形，文字独立于图形，文件体积小，并且支持透明效果、动态效果、滤镜效果，有强大的交互性。SVG 是基于 XML 的应用。作为标准开放的 SVG 格式并不属于任何个人专利，正是因为这点，SVG 格式将能够得到更迅速的开发和应用。目前，已经有少数公司推出了支持 SVG 创作、编辑和浏览的工具或软件。

3. 点阵图像处理软件

Adobe 公司出品的 Photoshop 是目前使用广泛的专业图像处理软件，以前主要用于印刷排版、艺术摄影和美术设计等领域。随着计算机的普及，越来越多的文档需要对其中的图像进行处理。例如，办公人员需要对报表中的图片进行处理和制作，工程技术人员需要对工程图和效果图进行处理，大学生需要对课程论文中的图片进行处理，个人用户需要对数码相片进行处理等。这些市场需求极大地推动了 Photoshop 图像处理软件的普及化，使它迅速成为继 Office 软件后的又一大众普及型软件。

4. 矢量图形处理软件

常用的矢量图形处理软件有 CorelDRAW（平面设计）、Adobe Illustrator（平面设计）、Microsoft Office Visio（办公和企业图形设计）、AutoCAD（机械、建筑图形设计）、Protel DXP（电路图设计）、3DS Max（三维动画设计）等。

7.4 动画基础知识

7.4.1 动画类型

动画（Animation）是多幅按一定频率连续播放的静态图像，动画有逐帧动画、矢量动画和变形动画几种类型。逐帧动画是由多帧内容不同而又相互联系的画面，连续播放从而形成的视觉效果。矢量动画是一种纯粹的计算机动画形式，矢量动画可以对每个运动的物体分别进行设计，对每个对象的属性特征，如大小、形状、颜色等进行设置，然后由这些对象构成完整的动画画面。变形动画是把一个物体从原来的形状改变成为另一种形状，在改变过程中，把变形的参考点和颜色有序地重新排列，就形成了变形动画、这种动画的效果有时候是惊人的，如将一只奔跑的猎豹逐渐变形为一辆奔驰的汽车，变形动画适用于场景转换、特技处理等影视动画制作。

7.4.2 动画的基本知识

三维动画是为了表现真实的三维立体效果。物体的旋转、移动、拉伸、变形等变换，都能通过计算机动画表现它的空间感。三维动画是一种矢量动画形式，它融合了变形动画和逐帧动画的优点，可以说三维动画才是真正的计算机动画。以前，三维动画软件对计算机硬件和软件环境的要求相当高，但目前利用普通计算机就能完成三维动画设计。完成一幅三维动画，最基本的工作流程为建模、渲染和动画。

1. 建模

建模是使用计算机软件创建物体的三维形体框架。目前，使用最广泛和最简单的建模方式是多边形建模方式，这种建模方式是利用三角形或四边形的拼接，形成一个立体模型的框架。三维动画设计软件提供了很多种预制的二维图形和简单的三维几何体，加上三维动画软件强大的修改功能，就可以选择不同的基本形体进行组合，从而完成更为复杂的造型。但是，在创建复杂模型时，有太多的点和面的数据要进行计算，所以处理速度会变慢。

2. 渲染

在三维动画中，物体的光照处理、色彩处理和纹理处理过程称为渲染。将不同的材质覆盖在三维模型上，就可以表现物体的真实感。影响物体材质的因素有两个方面：一是物体本身的颜色和质地；二是环境因素，包括灯光和周围的场景等。

3. 动画

动画是三维创作中最难的部分。如果说在建模时需要立体思维，在渲染时需要美术修养，那么在动画设计时，不但需要熟练的技术，还要有导演的能力。

7.5 视频基本知识

7.5.1 视频标准制式

视频是多媒体的重要组成部分，是人们最容易接受的信息媒体。

国际上流行的视频标准分别为 NTSC 制式、PAL 制式和 SECAM 制式。

1. NTSC 制式

NTSC 制式是于 1952 年由美国国家电视系统委员会制定的彩色电视广播标准，美国、加拿大等大部分西半球国家，以及日本、韩国、菲律宾等国家均采用这种制式。NTSC 制式的主要特性：每秒显示 30 帧画面；每帧画面水平扫描线为 525 条；一帧画面分成两场，每场 262.5 线；电视画面的长宽比为 4∶3，电影为 3∶2，高清晰度电视为 16∶9；采用隔行扫描方式，场频为 60 Hz，行频为 15.75 kHz；信号类型为 YIQ。

2. PAL 制式

PAL 制式是由德国在 1962 年制定的彩色电视广播标准，主要用于德国、英国等一些西欧国家，新加坡、中国、澳大利亚、新西兰等国家也采用这种制式。PAL 制式规定：每秒显示 25 帧画面；每帧水平扫描线为 625 条；水平分辨率为 240～400 个像素点；电视画面的长宽比为 4∶3；采用隔行扫描方式，场频为 50 Hz，行频为 15.625 kHz；信号类型为 YUV。

3. SECAM 制式

SECAM 是法文缩写，意为顺序传送彩色信号与存储恢复彩色信号制，是由法国在 1966 年制定的一种彩色电视制式。SECAM 制式的使用国家主要集中在法国，以及东欧和中东一带。

7.5.2 模拟视频信号技术

NTSC 制式和 PAL 制式的视频是模拟信号，计算机要处理这些视频图像，必须进行数字化处理。模拟视频信号的数字化存在以下技术问题。

① 电视机采用 YUV 或 YIQ 信号方式，而计算机采用 RGB 信号。

② 电视机画面是隔行扫描，计算机显示器采用逐行扫描。

③ 电视机图像的分辨率与计算机显示器的分辨率不尽相同。

因此，模拟视频信号的数字化工作主要包括色彩空间转换、光栅扫描的转换及分辨率的统一等。

模拟视频信号的数字化一般采用以下方法。

（1）复合数字化

复合数字化方式是先用一个高速的模数转换器对模拟视频信号进行数字化，然后在数字域中分离出亮度和色度信号，以获得 YUV 分量或 YIQ 分量，最后再将它们转换成计算机能够接收的 RGB 色彩分量。

（2）分量数字化

分量数字化方式是先把模拟视频信号中的亮度和色度分离，得到 YUV 或 YIQ 分量，然后用 3 个模数转换器对 YUV 或 YIQ 中的 3 个分量分别进行数字化，最后再转换成 RGB 色彩分量。

将模拟视频信号数字化并转换为计算机图形信号的多媒体接口卡称为“视频捕捉卡”。

7.5.3 视频压缩与编辑软件

1. MPEG 动态图像压缩标准

运动图像专家组（MPEG）负责开发电视图像和音频的数据编码、解码标准，这个专家组开发的标准称为 MPEG 标准。已经开发和正在开发的 MPEG 标准有 MPEG-1、MPEG-2、MPEG-4、MPEG-7 等。MPEG-3 标准随着发展已经被 MPEG-2 标准所取代，MPEG-4 标准主要用于视频通信会议。MPEG 算法除了对单幅电视图像进行编码压缩（帧内压缩）外，还利用图像之间的相关特性，消除了电视画面之间的图像冗余，这大大提高了视频图像的压缩比。MPEG-2 标准的压缩比可达到 60～100 倍。

MPEG-1 标准的画面分辨率很低，只有 352×240 个像素，1 s 有 30 幅画面（帧频），采用逐行扫描方式。MPEG-1 标准广泛应用于 VCD 视频节目及 MP3 音乐节目。

MPEG-2 标准不仅适用于光存储介质，也用于广播、通信和计算机领域，HDTV 编码也采用 MPEG-2 标准。MPEG-2 标准的音频与 MPEG-1 标准兼容。

2. 视频制作软件

视频制作软件是对图片、视频、音频等素材进行重组编码工作的多媒体软件。重组编码是将图片、视频、音频等素材进行非线性编辑后，根据视频编码规范进行重新编码，转换成新的格式，比如 VCD、DVD 格式，这样图片、视频、音频无法被重新提取出来，因为已经被转化为新的视频格式，发生质的变化。

视频制作软件的另一个重要技术特征在于，除了具有图片转视频的技术，优秀专业的视频制作软件还需能为原始图片添加各种多媒体素材，制作出图文并茂的视频，譬如，为图片配音乐、添加 MTV 字幕效果、各种相片过渡转场特效等，这些都是优秀的视频制作软件必须具有的显著特征。

Chapter 8

第 8 章 计算机新技术

计算机新技术的研究热点很多，如人工智能、大数据、物联网、云计算、计算社会学、量子计算机、区块链、机器学习、3D 打印、虚拟现实、增强现实、无线传感器网络、移动计算、情感计算等，本章讨论几种影响较大的计算机新技术。

8.1 云计算

8.1.1 云计算的概念

云计算技术是硬件和网络技术发展到一定阶段而出现的新技术，一般来说，为了整合资源达到输出目的的技术都可以被称为云计算技术，分布式计算技术、虚拟化技术、网络技术、服务器技术、数据中心技术、云计算平台技术和分布式存储技术等都属于云计算的范畴，同时新出现的Hadoop、HPCC、Storm和Spark等技术也属于云计算的范畴。云计算技术意味着计算能力可以成为一种可订制的商品，它在全球范围内获得迅猛发展，成为应用范围广、对产业影响深刻的技术。

为什么叫“云”呢？这是因为云一般比较大（如“阿里云”提供巨大的存储空间），规模可以动态伸缩（如大学的公共云则规模较小），而且边界模糊，云在空中飘忽不定，无法确定它的具体位置（如计算设备或存储设备在不同的国家或地区），但是它确实存在于某处。云计算将计算资源与物理设施分离，让计算资源“浮”起来，成为一朵“云”，用户可以随时随地根据自己的需求使用云资源。

云计算实现了计算资源与物理设施的分离，数据中心的任何一台设备都只是资源池中的一部分，不专属于任何一个应用，一旦资源池设备出现故障，马上退出这个资源池，进入另外一个资源池。这样既提高了资源利用效率又提升了系统容灾的能力。

8.1.2 云计算的特点

云计算将网络中的计算、存储、设备、软件等资源集中起来，将资源以虚拟化的方式为用户提供方便快捷的服务。云计算是一种基于互联网的超级计算模式，在远程数据中心，几万台服务器和网络设备连接成一片，各种计算资源共同组成了若干个庞大的数据中心。

云计算中最关键的技术是虚拟化，此外还包括自动化管理工具，如可以让用户自助服务的门户、计费系统以及自动进行负载分配的系统等。云计算目前需要解决的问题有降低建设成本、简化管理难度、提高灵活性、建立“云”之间互联互通的标准等。

云计算具有较高可靠性和安全性，用户的数据由服务器处理，数据被复制到多个服务器节点上，当某一个节点任务失败时，即可在该节点进行终止，再将数据存储在服务器端，应用程序在服务器端运行启动另外一个程序或节点，以保证应用和计算正常进行。

8.1.3 云计算的应用

以亚马逊（Amazon）为例，它提供的专业云计算服务包括弹性计算云（Amazon EC2）、简单储存服务（Amazon S3）、简单队列服务（Amazon SQS）等。

在云计算模式中，用户通过终端接入互联网，向“云”提出需求；“云”接受请求后组织资源，通过互联网为用户提供服务。用户终端的功能可以大大简化，复杂的计算与处理过程都将转移动到用户终端背后的“云”去完成。在任何时间和任何地点，用户只要能够连接至互联网，就可以访问“云”，用户的应用程序并不需要运行在用户的计算机、手机等终端设备上，而是运行在互联网的大规模服务器集群中。用户处理的数据也无须存储在本地，而是保存在互联网上的数据中心。

随着云计算技术产品、问题解决方案的不断成熟，云计算技术的应用领域不断发生扩展，衍生出了云制造、教育云、环保云、物流云、云安全、云游戏、移动云计算等各种功能，对医药医疗领域、制造领域、金融领域能源领域、电子政务领域、教育科研领域的影响巨大，在电子邮箱、数据存储、虚拟办公等方面提供了巨大的便利。

8.2 大数据

8.2.1 大数据的特点

大数据是指无法在一定时间范围内用常规工具（IT 技术和软硬件工具）进行捕捉、管理、处理的数据集合。数据是存储在某种介质上、包含信息的物理符号，进入电子时代后，人类生产数据的能力和数量得到飞速提升，美国互联网数据中心指出，互联网上的数据每年增长 50%，目前世界上 90%以上的数据是最近几年才产生的。此外，这些数据并非单纯是人们在互联网上发布的信息，85%的数据由传感器和计算机设备自动生成。全世界的各种工业设备、汽车、摄像头，以及无数的数码传感器，随时都在测量和传递着有关信息，这导致了海量数据的产生。例如一个计算不同地点车辆流量的交通遥测应用，就会产生大量的数据。

大数据整体上具有 4 个特点，也称 4V 特点。一是数据体量大（volumes），一般在 TB 级别；二是数据类型多（variety），由于数据来自多种数据源，因此数据类型和格式非常丰富，有结构化数据（如数组、二维表等）、半结构化数据（如树结构数据、文本文字等）以及非结构化数据（如图片、视频、音频等）；三是数据处理速度快（velocity），在数据量非常庞大的情况下，需要做到数据的实时处理；四是数据的真实性高（veracity），如路上监控信息、某一区域环境监测信息、银行金融业务数据等。

8.2.2 数据获取技术

1. 数据获取渠道

数据采集是大数据处理的第 1 个环节，采集的数据的质量对于后续的数据分析影响非常大。数据采集的渠道有内部数据源，如企业内部信息系统、数据库、电子表格等存储的大量内部数据；外部数据资源主要是互联网资源，以及物联网自动采集的数据资源等。

数据采集时需要做好以下工作：一是有针对性地采集数据，二是尽量拓展数据采集渠道（如文字、图片等），三是注重多场景数据的采集（如晴天、雨天等）。数据的来源主要有以下几种。

（1）利用互联网获取

利用互联网收集信息是最重要的数据收集方式，虽然互联网数据存在真假难辨等问题，但是从大的方面看，互联网数据对于行业发展的趋势预测具有重要的意义，所以不少大数据公司都比较注重互联网数据的收集和分析。通过网络爬虫等方式可以从互联网上获取大量的相关数据，这些数据可能是非结构化的数据（如图片），也有半结构化数据（如树结构数据），还有结构化的数据（如数组、文本、二维表）。

（2）采集系统日志

许多公司的业务平台每天都会产生大量的日志数据。日志收集系统要做的事情就是收集业务日志数据供离线和在线的分析系统使用。

（3）采集存储数据

一些企业或者单位使用MySQL、Oracle等关系型数据库存储数据。此外，Redis、MongoDB这些非关系型数据库（NoSQL）也常用于保存大量数据。这些数据在允许使用的情况下是大数据的重要来源。

（4）采集其他数据

可以通过采集RFID射频数据、传感器网络数据、移动互联网数据等方式，获取各种类型的结构化、半结构化和非结构化的海量数据。

2. 用网络爬虫获取数据

传统的数据收集机制（如问卷调查、抽样统计等）往往受到各种各样的限制，例如成本、人力、时间、范围等，而且会因为样本容量小、可信度低等因素，导致收集的数据与实际情况有所偏离，有较大的局限性。目前互联网上的信息几乎囊括了社会、文化、工程、技术、经济、娱乐等所有领域，而且信息量还在爆炸式增长。如何自动获取和分析互联网上的海量信息引起了人们的高度重视。

网络爬虫（也称网络蜘蛛）是一种计算机程序，它按照一定的步骤和算法规则自动抓取和下载网页。如果将互联网看成一个大型蜘蛛网，网络爬虫就是在互联网上爬来爬去，获取需要的数据资源。网络爬虫也是网络搜索引擎的重要组成部分，百度搜索引擎之所以能够找到用户需要的资源，就是通过大量的爬虫时刻在互联网上爬来爬去来获取数据。

大数据技术最重要的工作是获取海量数据，从互联网中获取海量数据的需求，促进了网络爬虫技术的飞速发展。同时，一些网站为了保护自己宝贵的数据资源，运用了各种反爬虫技术。因此，与黑客攻击技术与防黑客攻击技术一样，爬虫技术与反爬虫技术也一直在相互较量中发展。或者说，某些爬虫技术也是一种黑客技术。

8.2.3 大数据处理的一般过程

大数据处理的数据源类型多种多样，在不同的场合通常需要使用不同的处理方法。在处理大数据时，其处理过程通常表现为在适当的工具辅助下，对广泛异构的数据源进行抽取和集成，按照一定的标准统一存储数据，并通过合适的数据分析技术对其进行分析，最后提取信息，选择合适的方式将结果展示给终端用户。可将过程概括为数据抽取和预处理、数据分析、数据可视化和应用3个环节。

1. 数据抽取和预处理

大数据采集过程中通常有一个或多个数据源，这些数据源包括同构或异构的数据库、文件系统、服务接口等，采集到的数据易受到噪声数据、数据值缺失、数据冲突等影响，因此需首先对收集到的大数据集合进行抽取和预处理，以保证大数据分析结果的准确性与价值性。例如通过填补缺失值、光滑噪声数据、平滑或删除离群点、纠正数据的不一致性来达到数据处理的目标。

2. 数据分析

数据分析是大数据处理的核心步骤，在决策支持系统、商业智能系统、推荐系统和预测系统中广泛应用。从异构的数据源中获取原始数据后，将数据导入一个集中的大型分布式数据库或分布式存储集群，进行一些基本的预处理工作，然后根据自己的需求对原始数据进行分析，如数据挖掘、机器学习和数据统计等。

3. 数据可视化和应用

数据可视化是将大数据分析与预测结果以计算机图形或图像的直观方式显示给用户的过程，这个过程中可与用户进行交互式处理。数据可视化技术有利于发现大量业务数据中隐含的规律性信息，以支持管理决策。数据可视化环节可大大提高大数据分析结果的直观性，便于用户理解，故数据可视化是提高大数据可用性和易于理解性的关键因素。

此外，数据清洗是对数据进行重新审查和校验的过程，目的是删除重复信息、纠正错误信息，并提供数据一致性。数据清洗一般由计算机而不是人工完成。

8.2.4 数据挖掘技术

数据挖掘是从大量的、不完全的、有噪声的、模糊的、随机的实际应用数据中，提取隐含在其中的、人们事先不知道的、潜在有用的信息和知识的过程。数据挖掘经常采用人工智能中的机器学习和模式识别技术以及统计学方面的知识，通过筛选数据库中的大量数据，最终发现有意义的知识。人工智能里面有很多方法和工具，这些都可以成为数据挖掘的方法，例如神经网络技术、关联规则技术、回归分析技术等都可以很好地运用于数据挖掘。

与数据挖掘相近的同义词有数据融合、人工智能、商务智能、模式识别、机器学习、知识发现、数据分析和决策支持等。数据挖掘的原则是：要全体不要抽样，要效率不要绝对精确，要相关不要因果。

8.2.5 大数据应用案例

在不知不觉中，大数据已经深入到人们生活的方方面面。衣食住行各个领域都在不断产生着数据，而对这些数据进行挖掘和应用，又再次对人们的生活产生新的影响。例如百度搜索、微博消息等，它们使对人们的行为和情绪的细节化测量成为可能。挖掘用户的行为习惯和喜好，可以从凌乱的数据背后，找到符合用户兴趣和习惯的产品和服务，并对这些产品和服务进行针对性的优化，这就是大数据的价值。

下面将用 3 个案例介绍大数据的应用。

1. 关联规则挖掘案例

【例 8-1】 尿布和啤酒赫然摆在一起出售，这个奇怪的举措却使尿布和啤酒的销量双双增加了。这不是一个笑话，而是发生在美国沃尔玛连锁店超市的真实案例，并一直为商家津津乐道。沃尔玛超市拥有世界上领先的数据仓库系统，为了能够准确了解顾客的购买习惯，沃尔玛基于以往的购买大数据，对顾客的购物行为进行购物篮分析，以了解顾客经常一起购买的商品有哪些。沃尔玛的数据仓库里存储了各门店的详细的原始交易数据，沃尔玛利用数据挖掘方法对这些数据进行分析，一个意外的发现是：跟尿布一起购买最多的商品竟是啤酒！经过大量实际调查和分析，一个隐藏在“尿布与啤酒”背后的美国人的一种行为模式被揭示出来：一些年轻的父亲下班后经常要到超市去买婴儿尿布，而他们中有30%～40%的人同时也会为自己买一些啤酒，如图8-1所示。

图8-1　啤酒与尿布的购买关系

2. 基于统计模型的应用案例

【例8-2】百度公司在春运期间推出的“百度地图春节人口迁徙大数据”项目，对春运大数据进行计算分析，并采用可视化呈现方式，实现了全程、动态、即时、直观地展现中国春节前后人口大迁徙的轨迹与特征。

3. 推荐系统的案例

【例8-3】抖音平台会通过用户的浏览记录、搜索记录来分析用户的行为并建立模型，将该模型和数据库中的产品进行匹配，然后完成推荐过程。推荐算法似乎知道用户的爱好和习惯，并能猜测用户的新需求，完成精准的推荐，其实它是和数据库中已有的大数据进行了匹配，知道有某些习惯的人会有哪些偏好。

8.3　机器学习

机器学习是一门涉及多领域的学科，包括数理统计学、近似理论、算法复杂度理论等。它研究计算机如何模拟或实现人类的学习行为，以获取新的知识或技能，重新组织已有的知识结构使之不断改善自身的性能。常见的机器学习算法有决策树算法、朴素贝叶斯算法、支持向量机算法、随机森林算法、人工神经网络算法、关联规则算法等。

从实践的角度看，机器学习是一种通过大样本数据，训练出模型，然后用模型进行预测的方法。在机器学习过程中，首先需要在计算机中存储大量的历史数据。接着将这些数据通过机器学习算法进行处理，这个过程称为“训练”，处理的结果可以用来对新的数据进行预测，这个结果称为“模型”（如神经网络、支持向量机等）。对新数据的出现称为“预测”。训练与预测是机器学习的两个过程，训练产生模型，模型指导预测。通俗地说，机器学习=数据+模型+特征。

机器学习需要经过数据准备、模型选择、模型评估、预测 4 个步骤，其中会用到不同的算法来分别解决遇到的问题。

1. 数据准备

数据收集是机器学习的基础，要通过各种合理途径收集到足够多的真实数据，并将这些数据集分为两个部分，一部分（约 80%）用于训练模型，一部分（约 20%）用于模型评估。

2. 模型选择

模型是可以由输入产生正确输出的函数或者概率统计方法。在机器学习中，一方面需要对实际问题进行抽象化处理，将要解决的问题抽象成一个数学模型，然后进一步去处理这个数学模型。另一方面，还要对数据进行抽象，在对某些数据进行判别的时候，需要找出一些特征，或者表示成其他形式，然后再去寻找合理的算法。

机器学习中，主要采用生成和判别两类概率统计模型。常见的生成模型有高斯混合模型、隐马尔科夫模型、朴素贝叶斯模型等；常见的判别模型有逻辑回归、支持向量机、神经网络、决策树、线性回归等。以神经网络为例，它在图像识别、语言识别、决策优化、专家系统等领域有很多应用。

【例 8-4】 给银行设计一个算法判断一个申请信用卡的用户是不是欺诈用户，输出结果为“是”或者“否”。如对这个问题进行抽象，它实际上就是二分分类问题。我们可以将是欺诈用户定义为 0，将不是欺诈用户定义为 1，这个问题最终要解决的是输出 0 或 1 的结果。另外，这个算法还需要对数据进行抽象。例如，判定一个用户是不是欺诈用户时需要使用一些信息，如该用户的年龄、职业、是否有欺诈历史、申请额度大小、是否和欺诈用户有联系等，将这些信息表示成一个特征，或者其他形式，这就是对数据进行抽象。

3. 模型评估

选中了模型之后，我们需要对这个模型进行评估。这时需要设定一个目标函数来评价模型的效果。目标函数的选取有多种形式，一般来说，错误率在分类问题中是个常用指标，或者说是常用的目标函数。例如，在回归分析中，我们会使用最小均方误差（MMSE）这个目标函数。此外还有最大似然估计（MLE）、最大后验概率（MAP）等指标。

目标函数的求解通常都会转化为最优化问题，常用的优化算法有快速梯度下降法、迭代法、牛顿法、概率计算公式等。

【例 8-5】 对于例 8-4 中提到的判断用户是否为欺诈用户问题，可以定义一个错误率。如果一个用户不是欺诈用户，但是算法将他误判成了欺诈用户，这就是一个错误。错误率在分类问题中是常用指标，或者说是常用目标函数。

4. 预测

根据大数据集训练出模型，然后用模型进行预测，评估自动学习的效果。

8.4 物联网

2005年11月，在突尼斯举行的信息社会世界峰会上，国际电信联盟（ITU）发布了《ITU互联网报告2005：物联网》报告，正式提出了物联网（IoT）的概念。ITU报告指出，无所不在的物联网通信时代即将来临，世界上所有的物体从轮胎到牙刷、从房屋到纸巾，都可以通过物联网主动进行信息交换。射频识别技术（RFID）、传感器技术、智能嵌入技术将得到更加广泛的应用。

1. 物联网的特征

物联网是通过RFID装置（见图8-2）、红外感应器、全球定位系统、激光扫描器等，按照约定的协议，把任何物品与互联网连接起来，进行信息交换和通信，以实现智能化识别、定位、跟踪、监控和管理的一种网络。它是在互联网基础上的延伸和扩展的网络，能在任何物品之间进行信息交换和通信。

以上定义体现了物联网的3个主要本质：一是互联网特征，物联网的核心和基础仍然是互联网，需要联网的物品一定要能够实现互联互通；二是识别与通信特征，即纳入物联网的“物”一定要具备自动识别（如RFID）与机器到机器通信（M2M）的功能；三是智能化特征，即网络系统应具有自动化、自我反馈与智能控制的特点。

物联网应用主要涉及传感器技术、RFID标签和嵌入式系统技术3项关键技术。传感器技术是计算机应用中的关键技术，通过传感器可以把模拟信号转换成数字信号供计算机处理；RFID标签也是一种传感器技术，它同时融合了无线射频技术和嵌入式技术，在自动识别、物品物流管理方面的应用前景十分广阔；嵌入式系统技术是综合了计算机软硬件、传感器技术、集成电路技术、电子应用技术的复杂技术，不断推动工业生产和国防工业的发展。

图8-2 RFID装置

2. 物联网的应用前景

自2013年《物联网发展专项行动计划》印发以来，物联网技术促进了生产生活和社会管理方式向智能化、精细化、网络化方向转变。物联网对于提高国民经济和社会生活的信息化水平，提升社会管理和公共服务水平，带动相关学科发展和技术创新能力增强，推动产业结构调整和发展方式转变具有重要意义。

物联网通过智能感知、识别技术和普适计算，广泛应用于社会各个领域之中（如图8-3所示），因此被称为继计算机、互联网之后，信息产业发展的第3次浪潮。物联网并不是一个简单的概念，它是新一代信息技术与制造业深度融合的产物，通过对人、机、物的全面互联，构建起全要素、全产业链、全价值链全面连接的新型生产制造和服务体系，是数字化转型的实现途径，是实现新旧动能转换的关键力量。它联合了众多对人类发展有益的技术，为人类提供了多种多样的服务。

IT 产业下一阶段的任务是把新一代 IT 技术充分运用在各行各业之中，具体地说，就是把感应器嵌入和装备到电网、铁路、桥梁、隧道、公路、建筑、供水系统、大坝、油气管道等各种物体中，并且将它们普遍连接，形成物联网。在这一巨大的产业中，需要技术研发人员、工程实施人员、服务监管人员、大规模计算机提供商及众多领域的研发者与服务提供人员。可以想象，这一庞大技术将派生出巨大的经济规模。

图 8-3　物联网在各个领域的应用

【例 8-6】矿井环境监测的无线传感器网络系统由传感器节点和中心节点组成，不同的监测区域均有中心节点。每个中心节点负责处理本区域内传感器节点传送过来的数据，而基站模块负责接收来自各个监测区域的中心节点发送的无线信号，基站模块可接入互联网，使得无线传感器网络的信息能够被远程终端访问，矿井无线传感器网络系统结构如图 8-4 所示。

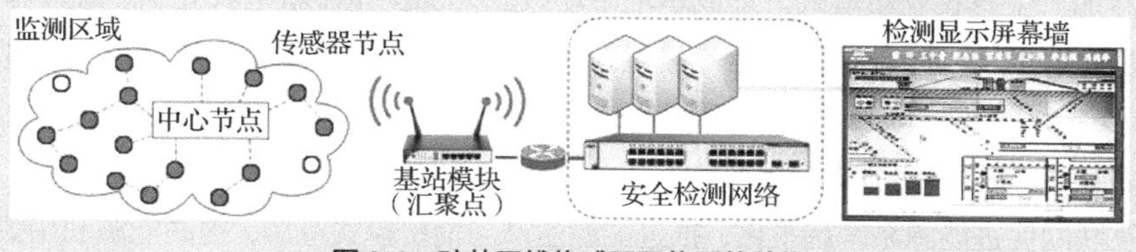

图 8-4　矿井无线传感器网络系统结构

8.5　其他计算机新概念及技术

计算机在发展过程中应用范围越来越广。以前计算机常被视为智能化的代表，现在计算机可能只是参与了其中的一部分工作，或者被嵌入到一个更加智能的产品中。下面介绍一些流行的计算机新概念及技术。

8.5.1　互联网+

1. “互联网+”的特点

“互联网+”就是“互联网+传统行业”，它让互联网与传统行业进行深度融合，创造新的发展生态。“互联网+”是对传统行业升级转型的重要途径，传统行业通过“互联网+”能够利用信息和互联网平台进行自我改造和升级，从而适应新发展趋势，创造新的发展机会。

“互联网+”是两化（信息化和工业化）融合的升级版，将互联网作为当前信息化发展的核心特征提取出来，并与工业、商业、金融业等产业全面融合。“互联网+”就是“互联网+传统行业”，但并不是简单的两者相加，而是利用信息通信技术以及互联网平台，让互联网与传统行业进行深度融合，创造新的发展生态。其中关键就是创新，只有创新才能让这个“+”真正有价值、有意义。正因为此，“互联网+”被认为是“创新 2.0”下的互联网发展新形态、新业态。

2. “互联网+”的典型应用

2015 年 7 月国务院印发《关于积极推进“互联网＋”行动的指导意见》，明确未来 3 到 10 年的发展目标，提出包括创新创业、协同与制造、现代农业、智慧能源等 11 项重点行动。

（1）“互联网+”创新创业

充分发挥互联网的创新驱动作用，以促进创业创新为重点，推动各类要素资源聚集、开放和共享，大力发展众创空间、开放创新等，引导和推动全社会形成大众创业、万众创新的浓厚氛围，打造创新发展新引擎。

（2）“互联网+”协同制造

推动互联网与制造业融合，提升制造业数字化、网络化、智能化水平，加强产业链协作，发展基于互联网的协同制造新模式。在重点领域推进智能制造、大规模个性化定制、网络化协同制造和服务型制造，打造一批网络化协同制造公共服务平台，加快形成制造业网络化产业生态体系。

（3）“互联网+”现代农业

利用互联网提升农业生产、经营、管理和服务水平，培育一批网络化、智能化、精细化的现代“种养加”生态农业新模式，形成示范带动效应，加快完善新型农业生产经营体系，培育多样化农业互联网管理服务模式，逐步建立农副产品、农资质量安全追溯体系，促进农业现代化水平。

（4）“互联网+”智慧能源

通过互联网促进能源系统扁平化，推进能源生产与消费模式革命，提高能源利用效率，推动节能减排。加强分布式能源网络建设，提高可再生能源占比，促进能源利用结构优化。加快发电设施、用电设施和电网智能化改造，提高电力系统的安全性、稳定性和可靠性。

（5）“互联网+”普惠金融

促进互联网金融健康发展、全面提升互联网金融服务能力和普惠水平，鼓励互联网与银行、证券、保险、基金的融合创新，为大众提供丰富、安全、便捷的金融产品和服务，更好满足不同层次实体经济的投融资需求，培育一批具有行业影响力的互联网金融创新型企业。

（6）“互联网+”益民服务

充分发挥互联网的高效、便捷优势，提高资源利用效率，降低服务消费成本。大力发展以互联网为载体、线上线下互动的新兴消费，加快发展基于互联网的医疗、健康、养老、教育、旅游、社会保障等新兴服务，创新政府服务模式，提升政府科学决策能力和管理水平。

（7）“互联网+”高效物流

加快建设跨行业、跨区域的物流信息服务平台，提高物流供需信息对接和使用效率。鼓励大数据、云计算在物流领域的应用，建设智能仓储体系，优化物流运作流程，提升物流仓储的自动化、智能化水平和运转效率，降低物流成本。

（8）“互联网+”电子商务

巩固和增强我国电子商务发展领先优势，大力发展农村电商、行业电商和跨境电商，进一步扩大电子商务发展空间。电子商务与其他产业的融合不断深化，网络化生产、流通、消费更加普及，标准规范、公共服务等支撑环境基本完善。

（9）“互联网+”便捷交通

加快互联网与交通运输领域的深度融合，通过基础设施、运输工具、运行信息等互联网化，推进基于互联网平台的便捷化交通运输服务发展，显著提高交通运输资源利用效率和管理精细化水平，全面提升交通运输行业服务品质和科学治理能力。

（10）“互联网+”绿色生态

推动互联网与生态文明建设深度融合，完善污染物监测及信息发布系统，形成覆盖主要生态要素的资源环境承载能力动态监测网络，实现生态环境数据互联互通和开放共享。充分发挥互联网在逆向物流回收体系中的平台作用，促进再生资源交易利用便捷化、互动化、透明化，促进生产生活方式绿色化。

（11）“互联网+”人工智能

依托互联网平台提供人工智能公共创新服务，加快人工智能核心技术突破，促进人工智能在智能家居、智能终端、智能汽车、机器人等领域的推广应用，培育若干引领全球人工智能发展的骨干企业和创新团队，形成创新活跃、开放合作、协同发展的产业生态。

8.5.2 3D 打印

3D 打印是一种快速成型技术，主要是以数字模型文件为基础，运用特殊蜡材、粉末状金属或塑料等可黏合材料，通过逐层打印的方式来构造三维物体。

3D 打印需借助 3D 打印机来完成，3D 打印机的工作原理是把数据和原料放进 3D 打印机中，机器按照程序把产品一层一层地打印出来。可用于 3D 打印的介质种类非常多，如塑料、金属、陶瓷、橡胶类物质等，还能结合不同介质打印出不同质感和硬度的物品。

3D 打印技术作为一种新兴的技术，在模具制造、工业设计等领域应用广泛，可在产品制造的过程中直接使用 3D 打印技术打印出零部件。同时，3D 打印技术在珠宝、鞋类、工业设计、建筑、工程施工、汽车、航空航天、医疗、教育、地理信息系统等领域都有所应用。

8.5.3 VR 技术和 AR 技术

虚拟现实（Virtual Reality，VR）技术和增强现实（Augmented Reality，AR）技术是结合了仿真技术、计算机图形学、人机接口技术、图像处理与模式识别、多传感技术、语音处理与音响技术、高性能计算机系统等多项技术的交叉技术。VR 技术的研究和开发萌生于 20 世纪 60 年代，进一步完善和应用是在20世纪90年代到21世纪初，并逐步向增强现实、混合现实、影像现实等方向进行发展。而AR技术是在20世纪90年代被提出，随着时代的进步，其用途也越来越广。

1. VR技术

VR技术可以创建虚拟世界，它通过计算机生成一种模拟环境，通过多源信息融合的交互式三维动态视景和实体行为的系统仿真，带给用户身临其境的体验。

VR技术主要包括模拟环境、感知、自然技能和传感设备等方面，其中模拟环境是指由计算机生成的实时动态的三维图像；感知是指人所具有的一切感知，包括视觉、听觉、触觉、力觉、运动感知，甚至嗅觉和味觉等；自然技能是指计算机对人体行为动作数据进行处理，并对用户输入做出实时响应；传感设备是指三维交互设备。

VR技术将人们带来了三维信息视角，通过它，人们可以全角度观看电影、比赛、风景、新闻等，VR游戏技术甚至可以追踪用户行为，对用户移动、步态等进行追踪和交互。

2. AR技术

AR技术可以实时计算摄影机位置及角度，并赋予其相应的图像、视频、3D模型。AR技术的目标是在屏幕上把虚拟世界套入现实世界，然后与之进行互动。VR技术是百分之百的虚拟世界，而AR技术则是以现实世界的实体为主体，借助数字技术让用户可以探索现实世界并与之交互。用户利用VR技术看到的场景和人物是虚拟的，而利用AR技术看到的场景和人物半真半假，现实场景和虚拟场景的结合需要借助摄像头进行拍摄，在拍摄画面的基础上结合虚拟画面进行展示和互动。

AR技术包含了多媒体、三维建模、实时视频显示及控制、多传感器融合、实时跟踪及注册、场景融合等多项新技术。AR技术和VR技术的应用领域类似，如尖端武器、飞行器的研制与开发，数据模型的可视化，虚拟训练，以及娱乐与艺术等。但因为AR技术对真实环境进行增强显示输出的特性，使其在医疗、军事、古迹复原、工业维修、网络视频通信、电视转播、娱乐游戏、旅游展览等领域的表现更加出色。

习题

1. 简单说明云计算的特征。
2. 简单说明大数据的特点。
3. 简要说明物联网的主要本质。
4. 简单说明机器学习的特点。
5. 简单说明AR技术和VR技术的应用领域。